四川省生态环境质量报告

（2016—2020年）

SICHUANSHENG SHENGTAI HUANJING
ZHILIANG BAOGAO 2016-2020NIAN

四川省生态环境厅 编

四川大学出版社
SICHUAN UNIVERSITY PRESS

项目策划：毕　潜
责任编辑：毕　潜
责任校对：胡晓燕
封面设计：墨创文化
责任印制：王　炜

图书在版编目（CIP）数据

四川省生态环境质量报告 . 2016—2020 年 / 四川省
生态环境厅编 . — 成都：四川大学出版社，2022.1
ISBN 978-7-5690-5200-8

Ⅰ．①四… Ⅱ．①四… Ⅲ．①区域生态环境－环境质
量评价－研究报告－四川－2016-2020 Ⅳ．① X821.271

中国版本图书馆 CIP 数据核字（2021）第 240699 号

书名	四川省生态环境质量报告（2016—2020 年）
编　者	四川省生态环境厅
出　版	四川大学出版社
地　址	成都市一环路南一段 24 号（610065）
发　行	四川大学出版社
书　号	ISBN 978-7-5690-5200-8
印前制作	四川胜翔数码印务设计有限公司
印　刷	四川盛图彩色印刷有限公司
成品尺寸	208mm×281mm
印　张	19.5
字　数	589 千字
版　次	2022 年 6 月第 1 版
印　次	2022 年 6 月第 1 次印刷
定　价	380.00 元

◆ 读者邮购本书，请与本社发行科联系。
　电话：（028）85408408/（028）85401670/
　（028）86408023　邮政编码：610065
◆ 本社图书如有印装质量问题，请寄回出版社调换。
◆ 网址：http://press.scu.edu.cn

四川大学出版社
微信公众号

《四川省生态环境质量报告（2016—2020年）》
编委会

主　任　雷　毅

委　员　方自力　陈　权　史　箴　罗　彬

　　　　刘　政　邓晓钦　韩丽莎　张德良

驻市（州）生态环境监测中心站参与编写人员

四川省成都生态环境监测中心站： 闫 静 邹 孝

四川省自贡生态环境监测中心站： 江 欧 吕敏燕

四川省攀枝花生态环境监测中心站： 龚兴涛 杨 玖

四川省泸州生态环境监测中心站： 扈正权 彭 可

四川省德阳生态环境监测中心站： 杨 贤 高倩倩

四川省绵阳生态环境监测中心站： 郭 丹 高 宇

四川省广元生态环境监测中心站： 罗 丁 肖 沙

四川省遂宁生态环境监测中心站： 匡海艳 唐红军

四川省内江生态环境监测中心站： 陈奕红 吴 建

四川省乐山生态环境监测中心站： 龚 韬 古 丽

四川省南充生态环境监测中心站： 舒 丽 刘 巧

四川省宜宾生态环境监测中心站： 帅 闯 周书华

四川省广安生态环境监测中心站： 陈 平 曾丁山

四川省达州生态环境监测中心站： 黄 梅 张 余

四川省巴中生态环境监测中心站： 张绍斌 唐樱殷

四川省雅安生态环境监测中心站： 赵 兵 周钰人

四川省眉山生态环境监测中心站： 张念华 彭 东

四川省资阳生态环境监测中心站： 易 蕾 刘 平

四川省阿坝生态环境监测中心站： 龙瑞凤 杨 利

四川省甘孜生态环境监测中心站： 王清艳 罗锦玉

四川省凉山生态环境监测中心站： 苏永洁 潘亚群

主 编 单 位	四川省生态环境监测总站
参 加 编 写 单 位	四川省生态环境科学研究院
	四川省环境政策研究与规划院
	四川省辐射环境管理监测中心站
发 布 单 位	四川省生态环境厅
资 料 提 供 单 位	四川省自然资源厅　　四川省住房和城乡建设厅
	四川省交通运输厅　　四川省水利厅
	四川省卫生健康委员会　四川省应急管理厅
	四川省气象局　　四川省统计局
	四川省地震局　　四川省林业和草原局

前 言

2016—2020年是四川省生态环境保护工作卓有成效的时期，四川省委、省政府坚持以习近平新时代中国特色社会主义思想为指导，深入学习贯彻习近平生态文明思想和习近平总书记对四川工作的系列重要指示精神，全面落实党中央、国务院的决策部署，认真践行"绿水青山就是金山银山"的理念，坚定走生态优先、绿色发展的高质量发展之路，着力打好污染防治攻坚战，加快推进绿色低碳发展，持续抓好生态保护修复，切实筑牢长江黄河上游生态屏障，生态文明建设取得积极成效，美丽四川展现新面貌，生态环境质量明显改善。

四川省委、省政府高度重视生态环境保护工作，成立了由省委、省政府主要负责同志任双主任的四川省生态环境保护委员会，加强对全省生态文明建设和生态环境保护的组织领导。省人大监督助力生态环境保护，开展环境保护执法检查，听取和审议生态环境保护的工作情况和报告，督促有关部门加强生态环境保护，统筹做好大气、水污染防治工作，开展"四川环保世纪行"活动。省政协加强生态环境保护工作专题视察，持续开展助推长江上游四川段生态环境保护和跨流域跨区域生态环境保护等监督性调研视察活动。"十三五"以来，先后制（修）订出台了《四川省环境保护条例（2017修订）》《四川省饮用水水源保护管理条例》《四川省沱江流域水环境保护条例》《四川省〈中华人民共和国环境影响评价法〉实施办法》《四川省机动车和非道路移动机械排气污染防治办法》《四川省〈中华人民共和国大气污染防治法〉实施办法（2018修订）》《四川省自然保护区管理条例（2018年修正）》《四川省固体废物污染环境防治条例（2018修正）》等地方法规。

四川省生态环境保护系统紧紧围绕省委、省政府中心工作，全面加强污染防治"三大战役"，狠抓重点流域水质改善，建立健全土壤及农村面源污染防治体系，提升环境监管能力，环境监测事业得到长足发展，为进一步控制污染总量，降低环境风险，保障生态环境、核与辐射环境安全，促进生态环境质量持续改善做出了积极努力。至此，四川省长江黄河上游生态屏障初步建成，全面完成"十三五"生态环境考核9项约束性指标和污染防治攻坚战阶段性目标任务。"十三五"期间，全省河流总体水质由轻度污染明显好转为优，河流首要污染指标总磷超Ⅲ类水质断面占比从34.7%下降至2.0%，下降32.7个百分点；空气质量优良天数率呈逐年上升趋势，2020年优良天数率首次超过90%，超额完成"十三五"国家下达的细颗粒物（$PM_{2.5}$）浓度和优良天数率目标任务；集中式饮用水水源地水质状况总体良好，县级以上城市饮用水水源地断面（点位）达标率从2016年的96.5%升高至2020年的100%，乡镇饮用水水源地断面（点位）达标率从2016年的83.2%升高至2020年的94.1%；城市声环境、生态、农村以及辐射环境质量状况保持稳定。

根据《全国环境监测报告制度》，四川省生态环境厅组织四川省生态环境监测总站等有关部门编写了《四川省生态环境质量报告（2016—2020年）》。本书分为五篇，总结概括了环境保护及环境监测工作情况，详细说明了污染排放状况；采用科学的评价模式评述了"十三五"期间四川省生态环境质量状况，并分析了环境质量的特征、变化趋势和规律，提出了主要环境问题；从自然环境、社会经济发展、环境政策及管理等多个角度，深入分析了环境质量现状及其变化的原因；有针对性地提出了持续改善环境质量的对策建议，体现了环境监测引领污染防治。本书特别开设专题，利用数学模型对"十三五"期间四川省社会经济发展与空气、地表水质量的相关性进行分析，对重点区域/流域环境生态质量变化进行深入分析，以及大气环境、水环境预警预测的研究与应用，大气环境监测前瞻性研究，地表水中持久性有机污染物和新型污染物监测研究，遥感技术在自然灾害生态破坏评估中的应用研究分析，并利用数学模型对"十四五"四川省生态环境质量进行了预测。本书坚持尊重历史、尊重事实，既不拔高成绩，也不回避问题，注重数据准确、文字简练、逻辑严密、图表直观，具有较强的宏观性、综合性、科学性、应用性和可读性，是全面、准确、客观地反映"十三五"时期四川省生态环境质量状况的重要历史资料。

　　本书是集体智慧的结晶，在此感谢所有参与监测、分析的单位和人员，感谢所有参与报告编审的单位和人员。

编委会
2021年6月

目 录

第一篇 概 况

第二篇 污染排放

第三篇　生态环境质量状况

第四篇　结论与对策

第五篇　专题分析

第一篇 概 况

第一章 自然环境概况

一、地理位置

四川简称川或蜀，位于中国西南部，地处长江上游，素有"天府之国"的美誉。介于东经92°21′～108°12′和北纬26°03′～34°19′之间，东西长1075余千米，南北宽900余千米。东连渝，南邻滇、黔，西接西藏，北接青、甘、陕三省。面积为48.6万平方千米，次于新疆、西藏、内蒙古和青海，居全国第五位。四川省地理位置如图1.1-1所示。

图1.1-1 四川省地理位置

二、地形地貌

四川省地貌东西差异大，地形复杂多样，位于我国大陆地势三大阶梯中的第一级青藏高原和第二级长江中下游平原的过渡带，高差悬殊，西高东低的特点明显。西部为高原、山地，海拔多在4000米以上，东部为盆地、丘陵，海拔多在1000～3000米之间。境内最高点在西部大雪山主峰贡嘎山，海拔7556米；最低点在东部邻水县幺滩镇御临河出境处，海拔186.77米。山地和高原占四川省面积的81.4%，可分为四川盆地、川西北高原和川西南山地三大部分。四川省地形地貌如图1.1-2所示。

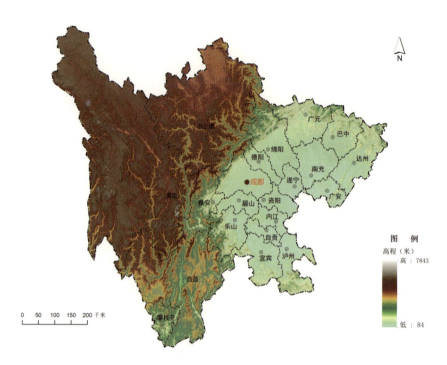

图1.1-2　四川省地形地貌

　　四川省地层发育齐全,从上太古界到第四系均有,具有双层结构特点的前震旦系基底。晋宁、印支、喜马拉雅运动是四川重要的构造运动,可分为四个一级大地构造单元:杨子准地台、松潘—甘孜褶皱系、三江褶皱系和秦岭褶皱系。四川省地震带大多分布在东经104°以西地区,主要集中在鲜水河地震带、安宁河—则木河地震带、金沙江地震带、松潘—较场地震带、龙门山地震带、理塘地震带、木里—盐源地震区、名山—马边—昭通地震带等。四川省断裂带分布如图1.1-3所示。

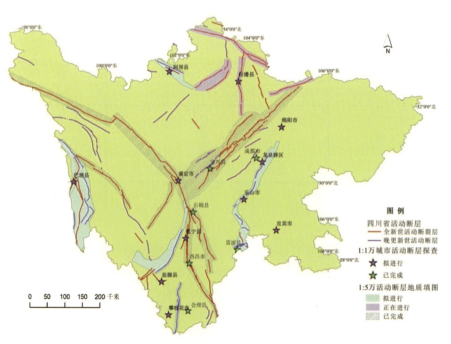

图1.1-3　四川省断裂带分布

三、气候

四川省地处东亚季风区，冬季盛行内陆冬季风，夏季盛行来自南方洋面的东南季风和西南季风，加之青藏高原与周围自由大气的热力差异产生的高原季风，气候复杂多样，地带性和垂直变化明显，表现为区域差异特别大，山地气候垂直变化显著。冬干夏雨的季风气候特点明显，秋雨多于春雨，多夜雨。根据水热条件和光照条件的差异，可分为三大气候区。

盆地中亚热带湿润气候区。全年温暖湿润，年均气温16℃～18℃，日差较小，年差较大，冬暖夏热，无霜期230～340天。盆地云量多，晴天少，年日照时间较短，仅1000～1400小时，比同纬度的长江流域下游地区少600～800小时。雨量充沛，年降水量1000～1200毫米，50%以上集中在夏季，多夜雨。

川西南山地亚热带半湿润气候区。全年气温较高，年均气温12℃～20℃，日差较大，年差较小，早寒午暖，四季不明显。云量少，晴天多，日照时间长，年日照时间2000～2600小时。降水量较少，干湿季分明，全年有7个月为旱季，年降水量900～1200毫米，90%集中在5～10月。河谷地区受焚风影响形成典型的干热河谷气候，山地形成立体气候。

川西北高山高原高寒气候区。海拔高差大，气候立体变化明显，从河谷到山脊依次出现亚热带、暖温带、中温带、寒温带、亚寒带、寒带和永冻带。总体以寒温带气候为主，河谷干暖，山地湿冷，冬寒夏凉，水热不足，年均气温4℃～12℃，年降水量500～900毫米。天气晴朗，日照充足，年日照时间1600～2600小时。四川省常年平均气温分布及降水量分布如图1.1-4所示。

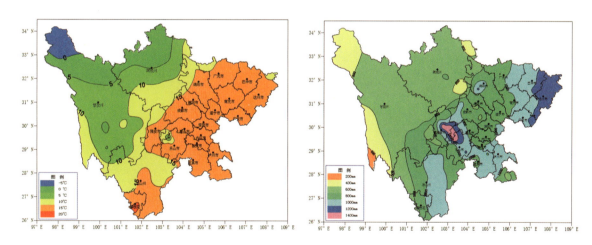

图1.1-4　四川省常年平均气温分布（左）及降水量分布（右）

"十三五"期间，四川省平均气温较常年偏高0.5℃～0.8℃；年降水量2017年较常年略偏少，2018年、2020年是历史最高和次高年份。"十三五"期间四川省年均气温统计见表1.1-1，年均降水量统计见表1.1-2。

表1.1-1　"十三五"期间四川省年均气温统计

单位：℃

年份	2016	2017	2018	2019	2020	常年
全省年均气温	15.7	15.6	15.4	15.4	15.4	14.9
全省距平	0.8	0.7	0.5	0.5	0.5	—

表1.1-2   "十三五"期间四川省年均降水量统计

年份	2016	2017	2018	2019	2020	常年
全省年均降水量（mm）	982.1	947.5	1156.8	1034.4	1132.2	953.2
全省距平（%）	3	−1	21	8	18	—

四、水资源

1. 地表水资源

四川省河流众多，有"千河之省"之称，境内共有大小河流近1400条，其中流域面积在100平方千米以上的河流有1229条，以长江水系为主。长江干流上游青海巴圹河口至四川宜宾岷江口段称为金沙江，位于四川和西藏、云南边界，主要流经四川西部、南部；支流遍布，较大的有雅砻江、岷江、大渡河、沱江、嘉陵江、青衣江、涪江、渠江、安宁河、赤水河等；黄河流经四川西北部，位于四川和青海交界，支流包括黑河和白河。境内遍布湖泊冰川，其中，湖泊1000余个，冰川200余条，主要湖泊有邛海、泸沽湖和马湖等。四川省地表河流分布如图1.1-5所示。

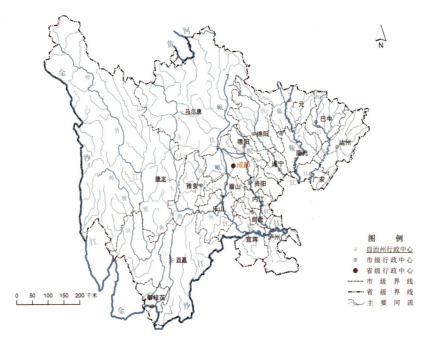

图1.1-5   四川省地表河流分布

2. 地下水资源

四川省地下水主要分为松散岩类孔隙水、碳酸盐岩岩溶水、基岩裂隙水三大类。松散岩类孔隙水主要分布于成都平原、彭眉平原、峨眉平原、安宁河谷平原、盐源盆地、石渠高原河谷、红原—若尔盖草原等地，面积共约2万平方千米。碳酸盐岩岩溶水主要分布于盆周及川西南山地、盆东及川西高原局部地段，面积共约5.8万平方千米。基岩裂隙水可分为碎屑岩类孔隙裂隙水和变质岩、岩浆岩裂隙水。碎屑岩类孔隙裂隙水主要分布在东部盆地（红层）广大地区和局部盆周山地、川西南山地及川西高原区；盆地西侧边缘、威远穹隆北西翼外围和西南山地的西昌、会理等地；盆地内、盆地周边及西南山地区的背斜翼部、倾没端及向斜轴部，形成自流斜地或向斜盆地，分布总面积15.1万平方千米。变质岩、岩浆岩裂隙水主要赋存在西部高原高山区三叠系西康群砂板岩、片岩和东、西、南边缘山地元古界、古生界的石英岩、板岩、千枚岩、结晶灰岩、大理岩、变质火山岩等的构造裂隙、风化网状裂隙中；西部高山高原区（岩浆岩）、西南山地区以喷出酸性玄武岩为主。

3. 水资源储量及变化情况

四川省水资源总量丰富，人均水资源量高于全国，多年平均水资源总量为2615.7亿立方米，其中地表水资源总量多年平均为2614.5亿立方米，地下水资源总量多年平均为616.3亿立方米，不重复量多年为1.1亿立方米，水资源以河川径流最为丰富，占总量的99.9%。

"十三五"期间，四川省受降水变化的影响，水资源总量逐年有所变化，2018年和2020年降水量为历史最高和次高年份，水资源总量也在近十年中处于高值，其中2020年达到3237.3亿立方米。随着节约型经济的发展，供水总量与人均综合用水量总体有下降趋势。"十三五"期间四川省水资源状况统计见表1.1-3。

表1.1-3　"十三五"期间四川省水资源状况统计

单位：亿立方米

年份	降水总量	地表水资源总量	地下水资源总量	不重复总量	水资源总量	供水总量	人均综合用水量（m^3）
2016	4461.5	2339.7	593.3	1.2	2340.9	267.3	323
2017	4558.5	2466.0	607.5	1.2	2467.2	268.4	324
2018	5093.9	2952.6	636.9	1.2	2953.8	259.1	311
2019	4615.9	2747.7	616.2	1.1	2748.9	252.4	303
2020	5109.1	3236.1	649.1	1.1	3237.3	236.9	282

五、土壤及土地面积构成

四川省土壤资源有25个土类、63个亚类、137个土属、380个土种，区域分布特征十分明显。东部盆地丘陵为紫色土区域，东部盆周山地为黄壤区域，川西南山地河谷为红壤区域，川西北高山为森林土区域，川西北高原为草甸土区域。四川省土壤类型分布如图1.1-6所示。

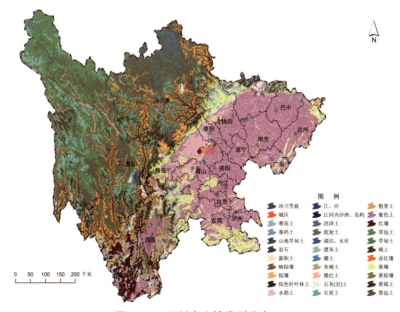

图1.1-6　四川省土壤类型分布

7

根据四川省第二次全国土地调查主要数据成果公报，主要土地类面积构成：耕地6.72万平方千米，园地0.77万平方千米，林地22.20万平方千米，草地12.23万平方千米，城镇村及工矿用地1.42万平方千米，交通运输用地0.31万平方千米，水域及水利设施用地1.03万平方千米，其他土地3.93万平方千米。四川省各类型土地面积构成比例如图1.1-7所示。

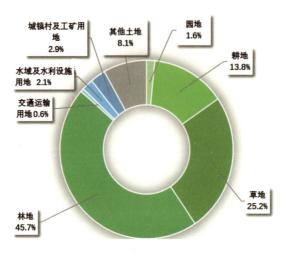

图1.1-7　四川省各类型土地面积构成比例

六、矿产资源

四川省地质单元多样，成矿条件较好，矿产资源种类丰富。截至目前已发现矿产136种，查明资源储量的矿产98种，128个亚矿种。能源矿产、黑色金属矿产、有色金属矿产、稀有（含稀散）及稀土金属矿产、贵金属矿产、化工原料非金属矿产、冶金辅助原料非金属矿产、建材及其他矿产均有分布。矿产资源分布相对集中，区域特色明显，部分能源资源类矿产在全国处于优势地位。

1. 能源矿产

主要分布在川东和川南地区，具有查明资源储量的能源矿产6种：煤炭、石油、天然气、页岩气、煤层气、天然沥青。其中，主要为天然气、页岩气和煤炭。

天然气和页岩气为四川省优势矿产，探明地质储量均排名全国第一位。天然气资源丰富，基本覆盖四川盆地，累计探明地质储量占全国总量的20.7%；页岩气资源储量巨大，主要分布在川南地区的宜宾、内江、自贡等地，累计探明地质储量占全国总量的65.5%；煤炭矿区572个，主要分布在宜宾、泸州、达州、攀枝花等地，煤炭资源储量排名全国第十四位。

2. 金属矿产

主要集中于川西和攀西地区。查明资源储量的黑色金属矿产5种、有色金属矿产13种、贵金属矿产4种、稀有金属矿产15种。

黑色金属矿产中，四川省主要的优势矿产为钒钛磁铁矿，集中分布于攀枝花和凉山州，现有矿区36个，铁矿查明资源储量排名全国第三位，钒、钛查明资源储量位居全国第一。

有色金属矿产、稀有金属矿产、贵金属矿产主要分布在川西高原和凉山州的会理、会东地区。主要的有色金属矿产为铜、铅、锌、铝等，查明资源储量均在全国前十，主要位于凉山州、甘孜州、雅安和乐山等地。稀有金属矿产中，锂矿（Li$_2$O）资源优势巨大，现有矿区16个，主要分布于甘孜州和阿坝州，查明资源储量位居全国第一。贵金属矿产以岩金为主，主要分布于阿坝州和甘孜州。

3. 非金属矿产

非金属矿产中，查明资源储量的冶金辅助原料非金属矿产12种、化工原料非金属矿产16种、建材及其他非金属矿产54种。化工原料非金属矿产中，硫铁矿、芒硝、岩盐资源储量巨大，查明资源储量位居全国第一，其中硫铁矿主要分布在泸州和宜宾等地，芒硝主要分布在成都、雅安和眉山等地，岩盐主要分布在乐山、自贡和宜宾等地。磷矿查明资源储量位居全国第六，主要分布在德阳、凉山州和乐山等地。建材及其他非金属矿产中，石墨（晶质）为重要战略性矿产，资源储量排名全国第四位，主要分布在攀枝花和巴中。

七、国土绿化与动植物资源

四川省积极推进大规模绿化全川行动，切实筑牢长江黄河上游生态屏障，美丽四川绿色生态本底进一步夯实。"十三五"期间，累积完成人造林37286.67平方千米，治理退化草原52426.67平方千米、荒漠化土地3066.67平方千米、湿地146.67平方千米，森林覆盖率持续上升，2020年为40.03%，森林蓄积量为19.16亿立方米，草原综合植被盖度为85.8%，城市建成区绿化率为41.85%，人均公园绿地面积为14.03平方米，与2015年相比有所升高。"十三五"期间四川省国土绿化主要指标变化情况见表1.1-4。

表1.1-4　"十三五"期间四川省国土绿化主要指标变化情况

年份	森林覆盖率（%）	森林蓄积量（亿立方米）	草原综合植被盖度（%）	城市建成区绿化率（%）	人均公园绿地面积（平方米）
2015	36.02	17.33	84.5	33.58	11.26
2020	40.03	19.16	85.8	41.85	14.03
2020年相比2015年	+4.01	+1.83	+1.3	+8.27	+2.77

四川省有除海洋、沙漠生态系统外的森林、草地、湿地等多种自然生态系统，作为世界生物多样性热点地区之一，是我国重要的物种库和基因库，特有物种丰富。据调查统计，四川省境内中国特有种目前记录的数量为6656种。其中，植物特有种为6245种，包括裸子植物64种、被子植物6181种，包含国家Ⅰ级重点保护野生植物18种、国家Ⅱ级重点保护野生植物55种。动物特有种为403种，包括哺乳类79种、鸟类43种、两栖类69种、爬行类66种、鱼类146种，包含国家Ⅰ、Ⅱ级重点保护动物142种。

八、重大自然灾害

四川省地处大陆腹地，但位于欧亚板块和印度板块碰撞俯冲带边缘，具有八条较大的地震断裂带，形成了独特的地形地貌；气候复杂多样，区域差异特别大，发生气象灾害和地震灾害的概率较大。

1. 气象灾害

"十三五"期间，四川省发生了暴雨、干旱、大风、冰雹、雷电、低温冷冻等气象灾害，其中以暴雨最为突出。五年间共发生59次暴雨过程，37次过程达到大型气象灾害标准，累计造成直接经济损失约950亿元。2020年发生气象灾害次数最多，其次分别是2018年、2017年、2019年和2016年，灾害覆盖21个市（州），其中雅安、乐山、成都、德阳受到的直接经济损失最严重，均超过100亿元。"十三五"期间四川省各市（州）气象灾害直接经济损失如图1.1-8所示。

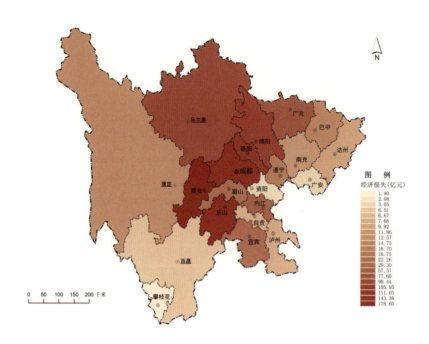

图1.1-8 "十三五"期间四川省各市（州）气象灾害直接经济损失

2. 地震灾害

"十三五"期间，四川省共发生9次较大破坏性地震，累计影响面积2.57万平方千米，累计直接经济损失146.47亿元。其中2017年8月8日九寨沟7.0级地震影响面积最大，直接经济损失最重。"十三五"期间四川省较大地震影响统计见表1.1-5。

表1.1-5 "十三五"期间四川省较大地震影响统计

地震发生日期	地震震中	震级	影响面积（万平方千米）	直接经济损失（亿元）
2017年8月8日	阿坝州九寨沟县	7.0级	1.83	80.43
2017年9月30日	广元市青川县	5.4级	0.08	0.25
2018年10月31日	凉山州西昌市	5.1级	0.06	0.25
2018年12月16日	宜宾市兴文县	5.7级	0.11	6.94
2019年1月23日	宜宾市珙县	5.3级	0.04	0.35
2019年2月24日	自贡市荣县	5.3级	0.03	2.80
2019年6月17日	宜宾市长宁县	6.0级	0.31	52.68
2019年9月8日	内江市威远县	5.4级	0.07	2.44
2019年12月18日	内江市资中县	5.2级	0.04	0.34

第二章　社会经济概况

一、行政区划、建成区面积及人口分布

1. 行政区划

　　四川省总面积48.6万平方千米，辖21个地级行政区，其中18个地级市、3个自治州；共55个市辖区、19个县级市、105个县、4个自治县，合计183个县级区划；街道459个、镇2016个、乡626个，合计3101个乡级区划，常住人口8367.5万人。

　　根据四川省人民政府办公厅《关于印发五大经济区"十三五"发展规划的通知》（川办发〔2016〕62号），四川省21个地级行政区分为五大经济区，各经济区的区域范围分别如下：

　　成都平原经济区：成都、德阳、绵阳、遂宁、资阳、眉山、乐山、雅安。

　　川南经济区：内江、自贡、宜宾、泸州。

　　川东北经济区：广元、巴中、达州、广安、南充。

　　攀西经济区：攀枝花、凉山州。

　　川西北生态经济区：甘孜州、阿坝州。

　　四川省各市（州）行政区划、面积及人口分布见表1.2-1，四川省五大经济区区域范围及地理位置如图1.2-1所示。

表1.2-1　四川省各市（州）行政区划、面积及人口分布

行政区	辖区面积（万平方千米）	县（市、区）（个）	常住人口（万人）	政府驻地
四川省	48.6	183	8367.5	成都市
成都	1.4	20	2093.8	武侯区
自贡	0.4	6	248.9	自流井区
攀枝花	0.7	5	121.2	东区
泸州	1.2	7	425.4	江阳区
德阳	0.6	6	345.6	旌阳区
绵阳	2.0	9	486.8	涪城区
广元	1.6	7	230.6	利州区
遂宁	0.5	5	281.4	船山区
内江	0.5	5	314.1	市中区
乐山	1.3	11	316.0	市中区
南充	1.2	9	560.8	顺庆区
眉山	0.7	6	295.5	东坡区
宜宾	1.3	10	458.9	叙州区
广安	0.6	6	325.5	广安区
达州	1.7	7	538.5	通川区
雅安	1.5	8	143.5	雨城区

行政区	辖区面积（万平方千米）	县（市、区）（个）	常住人口（万人）	政府驻地
巴中	1.2	5	271.3	巴州区
资阳	0.6	3	230.9	雁江区
阿坝州	8.3	13	82.3	马尔康市
甘孜州	15.0	18	110.7	康定市
凉山州	6.0	17	485.8	西昌市

注："常住人口"为四川省第七次全国人口普查结果。

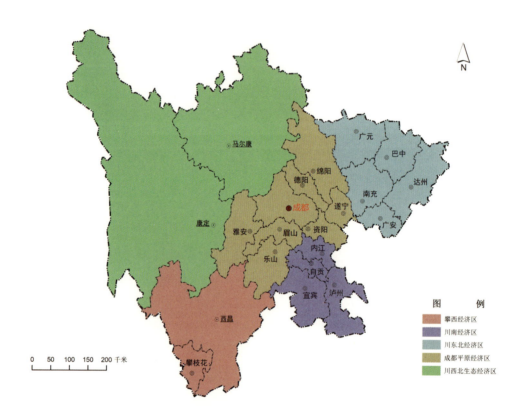

图1.2-1　四川省五大经济区区域范围及地理位置

2. 城镇化发展

"十三五"期间，四川省深入实施城乡规划、基础设施建设、产业发展、公共服务、社会治理"五个统筹"，构建城乡一体化发展新格局；推动实施统筹城乡全域规划，合理安排县（市）域内生态建设、农田保护、产业发展、重大设施和城乡建设等；加快城镇基础设施向农村延伸，促进基础设施城乡联网、共建共享，进一步改善农村基础设施条件，建成区面积逐年升高，新型城镇化建设成效显著。截至2019年，四川省建成区面积3054.3平方千米，与2015年相比升高33.9%；城镇化率53.8%，与2015年相比升高6.1个百分点。"十三五"期间四川省城镇化建设情况见表1.2-2。

表1.2-2　"十三五"期间四川省城镇化建设情况

年份	建成区（平方千米）	城镇化率（%）
2016	2615.6	49.2
2017	2832.3	50.8
2018	2982.3	52.3
2019	3054.3	53.8

注：摘自《四川省统计年鉴》。

3. 人口变化

根据四川省第七次全国人口普查结果统计，2020年四川省常住人口8367.5万人，人口密度172人/平方千米；与2015年相比，四川省常住人口总数增加了163.5万人。"十三五"期间四川省人口状况见表1.2-3。

表1.2-3　"十三五"期间四川省人口状况

类别	2016年	2017年	2018年	2019年	2020年
年末常住人口总数（万人）	8262.0	8302.0	8341.0	8375.0	8367.5
人口密度（人/平方千米）	170	171	172	172	172

注：2016—2019年数据摘自《四川省统计年鉴》。

二、社会经济

1. 主要经济指标

2020年，四川省生产总值（国民生产总值，当年价）从2015年的30103.1亿元跃升至48598.8亿元，继广东省、江苏省、山东省、浙江省、河南省之后，居全国第六位，与2019年相比，增长3.8%，高出全国平均水平1.5个百分点，人均GDP 53408.2元。其中，第一产业增加值5556.6亿元，第二产业增加值17571.1亿元，第三产业增加值25471.1亿元，三次产业对经济增长的贡献率分别为14.1%、43.4%和42.5%，三次产业结构调整为11.4∶36.2∶52.4。"十三五"期间四川省国民经济主要指标统计见表1.2-4。

2020年相比2015年，四川省生产总值（GDP）增长61.4%；五大经济区中，成都平原经济区增长53.3%，川南经济区增长50.9%，川东北经济区增长46.6%，攀西经济区增长23.8%，川西北生态经济区增长68.3%。

表1.2-4　"十三五"期间四川省国民经济主要指标统计

指标	单位	2016年	2017年	2018年	2019年	2020年
生产总值	亿元	32934.5	36980.2	40678.1	46615.8	48598.8
第一产业	亿元	3929.3	4262.4	4427.4	4807.2	5556.6
第二产业	亿元	13448.9	14328.1	16056.9	17365.3	17571.1
第三产业	亿元	15556.3	18389.8	22417.7	24443.3	25471.1
人均生产总值	元	39862.7	44543.7	48768.9	55660.7	53408.2

注：摘自《四川省统计年鉴》。

"十三五"期间，四川省大力推动经济转型升级，综合实力再上新台阶。地区生产总值年均增长7.0%，首次实现3年上一个万亿元台阶。三次产业结构实现了从"十二五"期间的 "二三一"到"三二一"的跨越。五年间，第一产业年均增长8.7%，第二产业年均增长4.4%，第三产业年均增长16.3%，三次产业比例由2015年的12.2：47.5：40.3调整为2020年的11.4：36.2：52.4。创新动能加快释放，高新技术企业超8000家，高新技术产业营业收入近2万亿元，科技对经济增长贡献率达60%，2016年已实现第三产业比重超过第二产业，并保持五年持续增长。2015年和2020年四川省三次产业结构比例如图1.2-2所示。

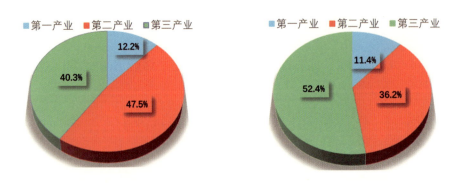

图1.2-2　2015年（左）和2020年（右）四川省三次产业结构比例

2. 能源生产与消费

"十三五"期间，四川省能源消费量和电力消费量呈逐年上升趋势，与2015年相比，能源消费量增长6.5%，电力消费量增长42.3%。"十三五"期间四川省能源生产和消费情况见表1.2-5。

表1.2-5　"十三五"期间四川省能源生产和消费情况

指标	单位	2016年	2017年	2018年	2019年	2020年
能源消费量	万吨标准煤	18755.8	19229	19916.2	20790.6	21185.9
电力消费量	亿千瓦时	2101.0	2205.2	2459.5	2635.8	2865.2

注：摘自《四川省统计年鉴》。

3. 循环经济发展成效

"十三五"期间，四川省全面实施循环发展。企业循环式生产、园区循环式发展、产业循环式组合全面推行，企业微循环、园区中循环、社会大循环的联通互动明显增强，资源产出率大幅提升，循环型产业体系初步建立，完成了万元GDP能耗累计下降16%、万元GDP用水量累计下降23%、单位工业增加值能耗累计降低18%、工业固体废弃物综合利用率达65%、主要再生资源回收率达75%、秸秆综合利用率达90%的目标。

三、城市基础设施

1. 污水处理

截至2020年，四川省建成城镇生活污水处理厂2101座，生活污水处理能力达1210.5万吨/日，建成污水管网3.8万千米；岷江、沱江重点控制区域城市（县城）生活污水处理厂已完成提标改造的规模为484.7万吨/日，增加岷江、沱江标准污水处理能力240万吨/日；市、县和建制镇污水处理率分别为96.3%、91.1%、51.6%。"十三五"期间四川省城镇生活污水处理设施建设情况见表1.2-6。

表1.2-6　"十三五"期间四川省城镇生活污水处理设施建设情况

项目	单位	2016年	2017年	2018年	2019年	2020年
污水处理厂	座	556	942	1324	1877	2101
污水处理能力	万吨/日	803.5	940.94	1054.22	1161.64	1210.5
污水管道长度	万千米	2.2	2.5	2.9	3.3	3.8

2. 垃圾处理

截至2020年，四川省建成生活垃圾无害化处理厂（场）151座，处理总能力6.6万吨/日，无害化处理率达99.9%，其中56%的垃圾通过焚烧进行无害化处理，自贡、泸州、成都已率先实现原生生活垃圾"零填埋"。城市（县城）生活垃圾转运站807个，环卫车辆15532辆，年清运量达到1586万吨。农村生活垃圾收转运处置体系覆盖92%的行政村，全年完成非正规垃圾堆放点整治322处。

3. 交通运输

四川省公路、水路建设投资从2015年的1300亿元跃升至2020年的1900亿元，"十三五"期间累计完成8122亿元，较"十二五"增长29.0%，总规模居全国第一。2020年底，四川省公路总里程39.4万千米，居全国第一，其中，高速公路总里程8140千米，居全国第三，公路总里程与2015年相比增加7.7万千米；铁路总里程5312千米，居西南第一，高速铁路里程1261千米，进出川通道铁路11条。"十三五"期间四川省交通运输基本情况见表1.2-7。

表1.2-7　"十三五"期间四川省交通运输基本情况

指标	2016年	2017年	2018年	2019年	2020年
铁路总里程（万千米）	0.5	0.5	0.5	0.5	0.5
公路总里程（万千米）	32.4	33.0	33.2	33.7	39.4
机动车数量（万辆）	1418	1572	1667	1750	1890

注：摘自《四川省统计年鉴》。

"十三五"期间，四川省机动车保有量年均增长率为6.4%，2017年增长率最高，达10.9%，2018—2019年增长率有所放缓，2020年增长率再度回升，达8.0%。2020年，全省机动车保有量达1890万辆，与2015年相比，增加503万辆，增长36.3%，省会成都超过500万辆，仅次于北京，居全国第二。"十三五"期间四川省机动车保有量变化情况如图1.2-3所示。

图1.2-3　"十三五"期间四川省机动车保有量变化情况

第三章　生态环境保护工作概况

　　"十三五"期间，四川省委、省政府坚持以习近平新时代中国特色社会主义思想为指导，深入学习贯彻习近平生态文明思想和习近平总书记对四川工作的系列重要指示精神，全面落实党中央、国务院的决策部署，认真践行"绿水青山就是金山银山"的理念，坚定走生态优先、绿色发展的高质量发展之路，着力打好污染防治攻坚战，加快推进绿色低碳发展，持续抓好生态保护修复，切实筑牢长江黄河上游生态屏障，生态文明建设取得积极成效，美丽四川展现新面貌，生态环境质量明显改善。

一、生态环境保护重要措施

1. 认真践行"两山"理论，坚决落实中央部署

　　"十三五"以来，四川省委、省政府坚持以习近平新时代中国特色社会主义思想为指导，全面落实习近平总书记对四川工作系列重要指示精神和党中央决策部署，把生态文明建设和生态环境保护摆在重要位置，认真践行"绿水青山就是金山银山"的理念，坚定走生态优先、绿色发展的高质量发展之路，坚决以实际行动践行"两个维护"，切实肩负起维护国家生态安全的职责使命，持续加大推进工作力度，强力推动成渝地区双城经济圈建设，扎实抓好生态环境保护等打基础利长远的事，切实保障和改善民生，坚决守住安全发展底线，筑牢长江黄河上游生态屏障，加快推进美丽四川建设。

　　深入贯彻落实中央部署。多次召开省委常委会会议、省政府常务会议，传达学习习近平总书记关于生态文明建设重要指示批示精神，研究部署四川省生态文明建设和生态环境保护工作。成立由省委、省政府主要负责同志任双主任的四川省生态环境保护委员会，加强对四川省生态文明建设和生态环境保护的组织领导，设立绿色发展、生态保护与修复、污染防治、农业农村污染防治4个专项工作委员会，协调解决实际工作中存在的问题和困难。省委主要负责同志主持召开四川省生态环境保护委员会全体会议、省总河长全体会议研究相关工作，多次对中央生态环境保护督察和长江经济带生态环境问题整改作出安排部署、提出明确要求，撰写的署名文章《筑牢长江上游生态屏障、谱写美丽中国四川篇章》在《学习时报》上发表；省政府主要负责同志组织研究长江流域禁捕退捕、长江经济带生态环境警示片披露问题整改和节能减排应对气候变化等工作，具体协调推进落实。印发《关于构建现代环境治理体系的实施意见》，有力提升四川省生态环境治理能力水平。将生态环境保护工作纳入省委、省政府综合目标绩效考核并赋予较高权重，同时纳入党政同责考核，强化考核结果运用，对考核排名靠后的5个省直部门和11个市（州）进行了约谈，压紧压实地方责任，确保中央关于生态文明建设决策部署落地落实。省人大监督助力生态环境保护，开展环境保护执法检查，听取和审议年度环境状况和环境保护目标完成、节能减排、城乡垃圾处理、河长制湖长制工作等情况的报告，督促有关方面加强生态环境保护，统筹做好大气、水污染防治工作，开展"四川环保世纪行"活动。省政协紧扣建设美丽四川，加强环境保护工作专题视察，持续开展助推长江上游四川段生态环境保护和跨流域跨区域生态环境保护等监督性调研视察活动，推进生态环境保护和绿色发展。

　　全面加强法治体系建设。制（修）订出台了《四川省环境保护条例（2017修订）》《四川省饮用水水源保护管理条例》《四川省沱江流域水环境保护条例》《四川省〈中华人民共和国环境影响评价法〉实施办法》《四川省机动车和非道路移动机械排气污染防治办法》《四川省〈中华人民共和国大气污染防治法〉实施办法（2018修订）》《四川省自然保护区管理条例（2018修正）》《四

川省固体废物污染环境防治条例（2018修正）》等地方法规。强化"两法"衔接，形成生态环境与公检法部门联合打击环境污染犯罪的长效联动机制，四川省设立专兼职打击破坏生态环境公安机构22个、检察机构39个、生态环境资源审判庭59个、环保旅游派出法庭36个。推进川渝跨省流域协同立法和毗邻地区联合执法，夯实依法行政基础。严肃查处各类环境违法行为，"十三五"期间共办理环境违法案件3.01万件，处罚金额20.63亿元，适用《中华人民共和国环境保护法》配套办法及涉嫌环境污染犯罪移送司法机关五类案件4116件。

扎实推进省级环保督察。2016—2018年，在全国率先完成第一轮省级生态环境保护督察及"回头看"四川省全覆盖，完成督察发现问题整改8876个，共处罚金额11893.476万元，行政拘留106人，刑事拘留16人，约谈3747人，移交追责问责线索82个，问责1075人。2019年9月，启动第二轮省级生态环境保护督察，至2020年末已完成对16个市（州）的进驻督察，公开曝光典型案例10个，移送追责问责线索10个，问责132人，向被督察市（州）政府专函督办环境问题14件，完成整改任务273项、信访举报涉及问题1082个。完成整改第一轮中央环境保护督察反馈意见85项、移交信访涉及问题9047个和第一轮中央生态环境保护督察"回头看"及沱江流域水污染防治专项督察反馈意见61项、移交信访涉及问题3626个。

2. 全面加强污染防治，着力打造碧水蓝天

坚决打赢蓝天保卫战。把大气污染治理作为四川省环境保护"一号工程"，研究制定工作方案，开展大气污染防治研究，划定重点区域，推动川渝地区大气污染联防联控，开展毗邻地区交叉执法检查。实施运输结构调整三年行动计划，加快推动淘汰燃煤小锅炉，强化城乡面源污染防治，城市建成区机械化清扫率超72%，四川省秸秆综合利用率达90%，基本消除大面积露天焚烧污染。积极应对污染天气，执行大气污染物特别排放限值，完善应急减排清单，将1.9万家企业纳入管控，编制重点企业"一厂一策"方案1168家。

坚决打赢碧水保卫战。狠抓重点流域水质改善，编制实施11条主要河流水污染防治规划、"一河一策"方案和重点小流域水体达标方案，强力实施沱江、岷江、涪江、渠江流域水生态环境综合治理和黄龙溪断面、出川断面水质达标攻坚，全面推动国、省断面"消劣"行动和长江经济带城市黑臭水体综合治理、长江"三磷"专项排查整治、重点小流域挂牌督办等专项行动。落实河湖长制，设立省、市、县、乡、村五级河长、湖长7万余人，四川省7415条河流、7817座水库、2458条常年流水渠道和12个湿地、29个重要天然湖泊全部纳入河湖长制管理。加强城镇集中式饮用水水源地水质监管，完成农村集中式饮用水水源保护区划定，农村饮水安全受益人口达2766万人。四川省地级及以上城市、县城、建制镇污水处理率分别达96.3%、91.1%、51.6%。强化沱江、岷江水污染防治督查和执法检查，"十三五"以来共查处涉水环境违法案件5069余起，处罚金额约4.49亿元。移送涉嫌环境违法适用行政拘留的涉水案件857件，移送涉嫌犯罪的涉水案件92件。

坚决打赢净土保卫战。严格落实土壤环境保护目标责任制，建立健全土壤污染防治规章制度和省级部门土壤污染防治联席会议制度，全面开展土壤污染防治工作评估考核和土壤污染状况详查、土壤重点区域调查评估、农用地周边142家涉镉等重金属行业企业排查，排查整治1213座非煤矿山和190座尾矿库。有序实施土壤污染风险管控和修复，全面完成178个县（市、区）耕地土壤环境质量类别划分工作，连续三年实现化肥、农药使用量负增长。开展土壤环境质量监测，四川省共布设土壤环境质量国控监测点位1953个、省控监测点位2050个，基本摸清了城市集中式饮用水水源地一、二级保护区陆域、工业园区及尾矿库等222个重点区域土壤环境现状。

着力推动固体废物污染防治。修订《四川省固体废物污染环境防治条例》，健全管理机制，推进"清废行动"，全面减少固体废物的产生量，促进固体废物的综合利用，降低固体废物的危害性，建成生活垃圾无害化处理厂（场）151座，城市（县城）生活垃圾转运站807个，环卫车辆15532辆，创建全国生活垃圾分类及资源化利用示范县9个，县级及以上城市生活垃圾无害化处理率达99.8%。开展尾矿库和矿山环境治理，排查矿山矿企约8000座，对139座尾矿库、1864座非煤矿山、449座煤矿实施环境综合整治，长江干支流10千米范围内废弃非煤矿山全部完成整改。持续开展长江经济带固体废物大排查。开展固体废物堆场整治，全面摸底排查1220座固体废物堆场，将193座堆场、286个环境风险隐患纳入整治范围，已完成整治190座。

着力推动危险废物污染防治。加强危险废物的产生、收集、运输、分类、检测、包装、贮存和处理处置综合利用等全过程污染防治，促进企业清洁生产，防止和减少危险废物的产生，避免二次污染。实施危险废物申报登记制度、转移联单制度和许可证制度，依法依规审批危险废物经营许可企业58家，核发废铅蓄电池收集证31张，办理危险废物跨省转移1199批次约90万吨，每年抽查考核100家重点企业。加强重金属污染防治，制定和实施六大涉重行业污染整治方案，建立重金属总量管理制度，开展22个国控、省控重金属重点防控区和涉汞、涉铊污染重点整治。推进废铅蓄电池污染防治，查获涉废铅蓄电池环境违法行为36起。加强塑料污染治理，现场核查100余家单位"禁塑""限塑"政策落实情况。开展四川省危险化学品领域环境风险排查，排查重点企业2443家，整改环境风险隐患671处。开展国际履约，印发《斯德哥尔摩公约》国家实施计划四川方案。完成480家重点企业生产和使用优先控制化学品等有毒有害化学物质的环境信息统计。

强化核与辐射监管。认真贯彻落实党中央、国务院和省委、省政府关于维护国家核安全的总体工作部署，统筹协调成员单位共同推进核与辐射安全工作，组织开展核与辐射安全和放射性污染防治"十三五"规划期末评估。深入开展核技术利用辐射安全监督检查，先后对157枚Ⅲ类及以上放射源实施了在线监控，实现了四川省高风险移动探伤源在线监控全覆盖。"十三五"期间，四川省放射源100%处于安全状态，组织收贮废旧放射源5920枚，安全收贮率100%，未发生放射源辐射事故。严格辐射类建设项目环评审批和辐射安全许可，共审批辐射类环评文件426个，办理辐射安全许可事项898件、备案事项2635件，四川省核技术利用单位持证率100%。

3. 深入推进绿色发展，奋力建设生态屏障

推动绿色低碳发展。全面落实新发展理念，编制成渝地区双城经济圈国土空间规划，推动传统产业转型升级、新兴产业发展壮大、绿色产业加快培育，四川省累计创建国家级和省级绿色工厂296家、绿色园区35个、绿色供应链管理企业6户、绿色设计产品62种。统筹推进清洁能源产业发展，积极发挥水电优势，削减煤炭消费总量，仅2019年四川省水电装机累计达7689万千瓦、风电297万千瓦、光伏189万千瓦，四川省清洁能源消费占比达53.7%，煤炭消费总量减少6000万吨，煤炭消费占一次能源消费的比重下降到28.3%，与2015年相比下降8.37个百分点。

严格生态环境准入。构建"三线一单"生态环境分区管控体系，加强规划环评管理和产业园区规划环境影响评价，"十三五"期间，共完成157个规划环评（跟踪评价）审查（审核），完成161个开发区环保审核，72个园区升级为省级开发区。规范环评市场，建立环评质量考评"红黑榜"，抽查复核环评文件395份，检查环评单位50家，对22家环评单位49名从业人员实施失信记分，按时完成17家环保系统直属环评单位脱钩。聚焦重大项目、重点建设强化环评服务，实行"三个一批"环评正面清单，对10大类30小类行业实行环评豁免管理，17大类44小类行业实行告知承诺审批。"十三五"期间，省生态环境厅共完成项目环评审批992个，对10个建设项目（全省306个）、1585个拟签约项目出具环评预审意见，实施环评豁免项目4577个，告知承诺审批项目2000余个，保障了成都天府国际机场、川藏铁路等一大批重大项目顺利实施。稳步推进排污许可证核发和登记工作，圆满完成生态环境部下达的各项目标任务。截至2020年12月31日，四川省共核发排污许可证19980张、整改通知书1473张、登记99217家，管控大气污染物排放口37431个，水污染物排放口13065个，实现了固定污染源排污许可全覆盖。

强化生态环境保护。开展生态保护红线评估，生态保护红线面积增加到15.09万平方千米，占四川省总面积的31.03%；优化调整自然保护地10.1万平方千米，占生态保护红线面积的67%；优化调整自然保护区105个，总面积达到63042平方千米。推进生态文明示范县和川西北生态示范区建设，90个县（市、区）编制了生态文明建设示范县规划，14个县获得国家生态文明建设示范县命名，4个县获得"两山"实践创新基地命名。加强生态保护修复，筑牢长江黄河上游生态屏障，全面启动长江流域重点水域"十年禁渔"行动。

加强农村污染治理。制定印发《四川省农村生活污水处理设施水污染物排放标准》《四川省农村生活污水治理三年推进方案》，开展4次农村环境综合整治项目自查自评。在苍溪县、阆中市、仪陇县、巴州区、南江县等5个县（市、区）开展农村生活污水治理试点。建立农村黑臭水体信息化平台，编制《四川省农村黑臭水体清单》，共排查出259条农村黑臭水体，其中国家级177条，省级82条，涉及77个县（市、区），开展农村黑臭水体治理试点。加强畜禽养殖污染防治，落实禁养区划定方案，四川省畜禽粪污综合利用率达到93.1%，规模养殖场粪污处理设施装备配套率达到100%。截至2020年底，四川省共布设耕地质量调查点10000万个，耕地质量长期定位监测点1010个，初步构建了覆盖四川省所有涉农县（市、区）的耕地质量监测网络。

二、生态环境保护主要工程

"十三五"期间，省委、省政府连续3年开展"污染防治三大战役"集中开工仪式，累计开工项目518个，涉及总投资约1500亿元。

1. 大气污染防治

"十三五"期间，四川省整合中央、省级大气污染防治专项资金96790万元（其中，中央资金27790万元，省级资金69000万元），空气质量激励资金73000万元，总计169790万元。累计完成火电超低排放改造690万千瓦、水泥行业深度治理33家45条生产线，淘汰燃煤小锅炉547台。全面启动钢铁行业超低排放改造，累计压减粗钢产能497万吨、炼铁产能227万吨，淘汰退出水泥产能186万吨、平板玻璃产能275.53万重量箱，压减水泥产能400万吨，淘汰落后产能企业982家，清理整治"散乱污"企业3.3万家，重点治理挥发性有机物项目230个，完成造纸、钢铁、氮肥、印染、制药、制革六大行业238家企业清洁化改造。提前实施机动车国六排放标准，累计淘汰老旧车辆130余万辆，完成加油站油气回收改造4300个，登记备案非道路移动机械10万台，18个市划定非道路移动机械高排放禁止区，建成维护站（M站）1083个，推广新能源、清洁能源车辆15万余辆。建成港口岸电设施48套，公务船舶岸电使用率超90%。

2. 水污染防治

"十三五"期间，四川省共计整合中央和省财政资金21亿元，累计组织申报水生态环境保护中央库项目519个，完工156个，在建272个。2018—2020年，统筹中央和省财政资金，累计对推行流域横向生态保护补偿的市（州）安排奖励资金31.83亿元，市（州）累计共同筹集资金30.8亿元，用于流域生态环境保护。加大水环境质量考核激励，共计扣缴54973.9万元。加快工业集聚区污水处理设施建设，134个省级及以上工业园区建成污水集中处理设施，实现在线监测联网。完成城镇污水和城乡垃圾处理投资848.4亿元，完成沱江、岷江流域污水处理设施提标改造249座，占总目标的74.5%。排查整治"散乱污"企业2.9万家、"三磷"企业136家、磷石膏堆场17个。开展船舶港口水污染防治，完成2000余艘船舶改造，全面取缔非法危险货物经营港口，船舶垃圾、生活污水、含油污水接收设施覆盖率达100%。

3. 土壤污染防治

"十三五"期间，四川省累计投入中央土壤污染防治资金和省级土壤污染防治专项资金共计19亿元。实施农用地源头防控及安全利用、治理项目31个，投入资金6.1亿元，风险管控和修复农用地面积26.67平方千米。确定疑似污染地块842个，完成初步调查548个。6个全国土壤污染治理与修复技术应用试点项目已全面完工。对800家重点监管单位、100家工业园区、323家污水集中处理设施、165家固体废物处置设施开展土壤监督性监测。2019年农业农村部门投入3700多万元用于耕地质量监测，布设184个耕地质量监测点。

4. 固体废物污染防治

四川省危险废物和医疗废物年处置能力分别为70.32万吨和12.97万吨，依法依规审批危险废物经营许可企业58家，新增利用处置能力224万吨/年。

5. 农村面源污染防治

"十三五"期间，四川省农村垃圾处理设施建设项目累计完工1009个，完成投资19.31亿元，生活垃圾收转运处置体系覆盖92%的行政村。完成9235个建制村的环境综合整治，确定1190个村为示范村，新增高效节水灌溉面积1097.93平方千米，创建部省级畜禽养殖标准化示范场1401个，畜禽粪污综合利用率达93.1%，规模养殖场粪污处理设施装备配套率达100%。

三、生态环境保护成效

"十三五"以来，四川省长江黄河上游生态屏障初步建成，生态环境质量明显改善，全面完成"十三五"生态环境考核9项约束性指标和污染防治攻坚战阶段性目标任务，荣获中央2019年度污染防治攻坚战成效考核优秀等次。细颗粒物（$PM_{2.5}$）浓度下降26.2%，优良天数率提高5.6个百分点，达标城市增加9个，重污染天数平均减少6.2天。国考断面水质优良率为98.9%，上升26.4个百分点，出川断面水质全部达到优良标准；省考断面水质优良率为69.6%，上升34.8个百分点；实现Ⅴ类及劣Ⅴ水质断面全面清零。15个纳入考核的重点湖库水质持续保持优良，地级及以上城市建成区黑臭水体消除比例达到99.0%，高于国家要求9个百分点。森林覆盖率达40.03%，草原综合植被覆盖率达85.8%，水土流失治理面积2.5万平方千米。

第四章　生态环境监测工作概况

"十三五"期间，生态环境监测事业得到了长足发展，先后出台了《四川省生态环境监测网络建设工作方案》《四川省生态环境机构监测监察执法垂直管理制度改革实施方案》《四川省生态环境监测网络建设规划（2019—2020年）》等文件，部署并实施环境监测机构垂直管理改革，提出加快建设科学、统一、高效、权威的四川省生态环境监测网络，全面建立环境监测数据质量保障责任体系，推动形成了政府主导、部门协同、社会参与的四川省生态环境监测新格局。

一、生态环境监测能力建设及工作成效

1. 环境监测能力大幅提升

"十三五"期间，四川省全面启动并落实环境监测机构垂直管理制度改革，明确调整县、市两级生态环境监测机构管理体制，驻市（州）监测中心站机构规格上升，出台配套文件明确其职能职责、管理体制、考核机制等，基本完成市、县两级监测机构垂直管理制度改革工作。目前共有生态环境监测管理与技术机构163个，其中省、市、县各级机构数量分别为2个、27个和134个，监测用房面积达到34.2万平方米，其中实验室面积23.6万平方米，监测人员约4600人；另有各行业及社会监测机构约300家，从业人员约10000人。目前，生态环境监测人员累计约15000人，基本形成环境质量监测、生态质量监测、污染源监测等能力。在第二届全国生态环境监测专业技术人员大比武中，四川省成绩全国第六、西部第一。

2. 环境监测网络不断完善

遵循"部门管理、分级建设、全省覆盖"的建设模式，按照"一网两体系"架构，共建成生态环境监测点位27853个，相比2015年增加了30%，实现区域基本覆盖，要素基本完整。

夯实环境监测信息化基础支撑能力，建成生态环境监测大数据中心，在全国率先实现省级生态环境监测规划、基础站点、标准规范、评价方法和信息发布"五个统一"。

3. 环境监测数据质量明显提高

"十三五"期间，四川省各市、县党委政府初步建立防范和惩治环境监测数据弄虚作假的责任体系和工作机制，强化环境监测数据质量监管，开展生态环境监测质量监督检查行动，打击环境监测数据弄虚作假行为；建成"四川省生态环境监测业务管理系统"，对环境监测机构开展全流程动态监控；定期开展实验室间比对，比对合格率逐年提升。坚持"保真"与"打假"两手抓，监测数据质量得到有效保证。

4. 环境管理决策支撑能力明显提高

"十三五"期间，根据生态环境管理的需求，四川省定期开展水、气、土、声、辐射等各环境要素监测，开展县域生态环境质量考核排名、56个重点生态功能区生态状况监测与评价、"三江"流域水环境生态补偿监测、14天空气质量预警预报、污染源监督执法监测、重点行业自行监测质量专项检查及抽测等工作，及时编制各类监测报告和信息，开展污染物排放标准研究，完善污染源监测技术体系，空气质量预报准确率达97%，及时组织开展应急、执法监测，为环境管理决策和执法提供有力支撑。

5. 环境监测信息公开力度不断加大

"十三五"期间，为满足公众对环境信息的需求，四川省实时发布城市环境空气质量状况、重点流域水质自动站监测结果，每日发布空气质量预报信息，定期发布各类环境质量和污染源监测信息，每年发布《四川省生态环境状况公报》，充分利用手机APP、微信等各种新媒体，为公众提供

"四川空气"等手机查询客户端,保障了公众对环境质量的知情权和个性化需求。

二、生态环境部区域中心建设

"十三五"期间,依托四川省生态环境监测总站(原四川省环境监测总站),生态环境部在四川建设了空气质量预测预报、环境监测质量控制、土壤样品制备与流转三个区域中心,服务于四川、重庆、云南、贵州、西藏五省(市、自治区)空气质量预测预报、质量控制、土壤样品制备与流转等工作。

1. 西南区域空气质量预测预报中心

西南区域空气质量预测预报中心作为国家空气质量预测预报区域节点,主要负责西南区域级环境空气质量预报业务系统建设和运行管理,为区域内省(市、自治区)提供精细化的数值预报指导产品和信息共享;负责组织区域内省(市、自治区)相关单位联合开展预报联合会商,为区域重污染过程、重要节假日和重大活动的联合预报提供技术服务,为大气污染防控和环境管理提供技术支持;负责开展区域内技术交流、科研合作、人员培养,做好环保宣传和公众信息服务。

中心建成后除常规空气质量预报工作外,在模式应用方面开始探索,具备了长期潜势预报能力,可预测成渝地区未来30天空气质量形势。在气象评估、污染应急评估、卫星遥感数据应用、小尺度模型(CALPUFF)应用等领域进行了拓展,具备了定量评估气象条件对污染物浓度影响的能力,污染期间应急减排效果评估能力,利用卫星遥感数据反演二氧化氮、甲醛等柱浓度的能力,利用小尺度模型模拟污染源扩散影响的能力等。

根据统计结果,近年来中心24小时跨级预报准确率居全国前列,还参与国家总站《环境空气质量预报预警方法技术指南(第二版)》《环境空气质量预报信息交换技术指南》《环境空气质量预报成效评估方法技术指南》等相关技术指南、规范的编制和出版工作,形成了多套业务成果。

2. 西南区域环境监测质量控制中心

四川省落实建立健全国家质控平台、区域质控中心、环境监测机构和运维机构组成的国家环境监测三级质控体系,区域质控中心在建设初期就增配了专职技术人员3人、质控设备共计34台(套),价值574万余元。

2018—2020年,在中国环境监测总站的组织领导下,中心配合国家质控平台开展国控网质量监督、区域量值溯源、质控工作规程制定、质控技术研究等工作,重点完成了西南区域国控网城市空气自动站颗粒物、二氧化硫(SO_2)、氮氧化物(NO_x)、一氧化碳(CO)和臭氧(O_3)自动监测质控抽查工作,抽查了重庆、四川、贵州、云南等西南4省(市)26个国控站点;开展臭氧量前体物挥发性有机物(VOCs)监测质量监督核查工作;开展空气自动监测、地表水水质自动监测运维质量专项检查;开展采测分离数据异常审核和地方投诉处理、查实;参与空气自动监测质量保障与质量控制体系等技术文件编写工作;对区域内臭氧校准仪(二级传递标准)进行量值传递工作。

3. 西南区域土壤样品制备与流转中心

生态环境部西南区域土壤样品制备与流转中心(以下简称西南区域流转中心)位于成都市温江区共耕浩旺产业园B15-2号,建筑面积约1100平方米。西南区域流转中心于2016年8月开始着手规划、选址、建设,建设初期目标为服务于四川省土壤污染状况详查专项的流转中心及样品库,2016年投入300万元,并于2017年1月初步建成。2017年11月环保部下达了建设西南区域土壤样品制备与流转中心的任务后,经升级改造于2018年10月第一批通过国家验收。

西南区域流转中心由样品库、风干区、烘干区、流转间、制样间、办公室、资料及储藏室以及会议室和交接区等组成。重要区域设置有网络监控系统,可通过摄像头对风干区、制样间和样品库等现场进行全方位视频录制,并可通过网络进行远程监控。配备有全进口的颚式破碎仪、行星式球磨仪、臼式研磨仪、刀式研磨仪等研磨设备,振荡筛分仪、自动分样仪、快速干燥仪等辅助设备,多功能粒径分析仪、便携式X射线荧光光谱仪、分析天平等检测仪器，共计约100台套，价值约1000万元。另外，还配有样品风干架、固定架和密集架等，现具备7万个样品的储存能力。

西南区域流转中心主要为国家安排的土壤采样进行资料审核、土壤样品制备、分析测试比对样品发放等相关质控任务，包括现场平行样品的制备和省内、省间、国家实验室比对样品和标准样品的发放工作，组织开展国家比对样品和省间比对样品的测试。现阶段已完成四川省国家网土壤环境质量监测所有土壤样品的制备、流转工作，四川省土壤污染状况农用地详查的全部土壤样品和水稻样品的流转和质控工作，以及全部土壤样品的入库和永久性保存。

三、监测业务能力提升

四川省为全面落实习近平新时代中国特色社会主义思想，实施人才强国战略，弘扬工匠精神，"十三五"期间通过生态环境监测大比武以及业务标兵和岗位能手竞赛，提高生态环境监测水平，营造良好的工作氛围，为各地区生态环境监测单位相互学习、相互交流、相互促进创造条件，切实打造生态环境保护铁军。

1. 生态环境监测大比武

2019年7月29—31日，由四川省生态环境厅、四川省人力资源和社会保障厅、四川省总工会、四川省省团委和四川省市场监管局联合举办了四川省第二届生态环境监测专业技术人员大比武暨生态环境监测技能竞赛活动。此次大比武活动共有39支队伍195名选手参加，分别来自21个市（州）生态环境监测站和18家社会检测机构。本次大比武分为理论考试和实际操作技能竞赛，经过2天半的激烈角逐，共评选出个人一等奖10名，个人二等奖20名，个人三等奖30名，团体一等奖3个，团体二等奖7个，团体三等奖10个。

根据大比武的比赛结果及后期选拔赛，选拔出7名选手参加综合比武集训，备战全国比武。按四川省生态环境厅要求，由四川省生态环境总站作为主责任单位负责组织制定全国比武集训方案、技术培训及后期保障，最终取得1个团体二等奖、3个个人二等奖、1个个人三等奖的优异成绩，位居全国第六、西部第一。

四川省第二届大比武开幕式

四川省参加第二届全国大比武

2. 生态环境监测业务标兵和岗位能手竞赛

2020年7—11月，在四川省生态环境厅的组织下，四川省总工会、共青团四川省委、四川省妇女联合会联合开展了"四川省2020年生态环境系统环境监测类业务标兵和岗位能手竞赛比武"活动。比武包括辐射类和非辐射类，分别举行了理论知识考试和现场操作竞赛，最终评选出10名业务标兵和30名岗位能手。

废气二氧化硫测定竞赛复赛现场　　　　　　　　氨氮测定决赛现场

四、质量管理与质量控制

"十三五"期间，环境监测质量管理工作以实现监测数据"代表性、准确性、精密性、可比性和完整性"和监测数据"真、准、全"为目标，深入贯彻《关于深化环境监测改革提高环境监测数据质量的意见》，逐步构建形成覆盖监测全程序的环境监测质量管理体系，不断强化监测人员质量意识，提高监测站质量管理水平。

（一）资质认定

"十三五"期间，四川省生态环境监测总站通过了国家认证认可监督管理委员会组织的1次资质认定复评审、4次扩项评审以及1次监督检查工作。截至"十三五"期末，四川省生态环境监测总站资质认定通过检测项目能力覆盖了水（含大气降水）和废水、环境空气和废气、土壤和水系沉积物、固体废物、生物、煤质、噪声和振动共8大类253项的监测能力；21个驻市（州）生态环境监测中心站都通过了资质认定并根据监测工作的需求实现了空气和废气、水和废水、噪声和振动、固体废物、土壤和底质、生物、煤质等要素全覆盖，进一步拓展了环境监测工作范围，增强了为环保管理部门和社会提供服务的技术基础。

（二）监测技术人员持证上岗

"十三五"期间，四川省生态环境监测总站积极参加由中国环境监测总站组织的监测人员持证上岗考核，五年间参加考核共计229人次，2000余项次。

四川省生态环境监测总站组织开展对省内市、县两级生态环境监测站技术人员能力的考核，考核形式主要包括理论考试、现场操作、盲样考核、原始记录和报告评价等。五年间共有8078人次接受了四川省生态环境监测总站组织的技术能力考核。

（三）环境监测质量管理

1.质量管理体系

"十三五"期间，四川省各级生态环境监测站按照《检验检测机构资质认定 能力评价检验检测机构通用要求》（RB/T 214—2017）和《检验检测机构资质认定 生态环境监测机构评审补充要求》的规定建立完善了管理体系，编制了由质量手册、程序文件、作业指导书和记录构成的管理体系文件。各级生态监测站在开展国家网环境质量监测工作中，严格按照国家网质量管理体系文件要求进行监测并上报数据。

2.环境监测内部管理

日常工作中，各级生态环境监测站进一步加强了内部管理，通过实施内审、管理评审、纠正措施、方法管理、记录控制等对管理体系实施改进；通过密码样考核、加标回收、留样复测、分析方法/人员/仪器比对监测、能力验证等方式开展了实验室内部质量控制，全面提升环境监测质量内部管理水平。

同时，各级生态环境监测站对监测人员的日常监测工作实施了有效监督，对发现的问题及时采取纠正和预防措施，以确保监测工作按照质量体系文件和国家相关标准、规范进行。

3. 环境监测监督管理

（1）能力考核。

"十三五"期间，四川省生态环境监测总站共参加国家认监委或中国环境监测总站组织的29次能力验证/考核，共44个项目，考核结果全部合格。四川省生态环境监测总站每年对市、县两级生态环境监测站和参与监测工作的社会监测机构开展能力考核，"十三五"期间共开展五轮考核，涉及水质、环境空气和废气、土壤、生物等要素28个项目，参与考核机构共计814家次，合格率达88.3%。

（2）污染源监督性监测质量抽查。

为加强对重点污染源监督性监测数据质量的管理控制，确保监测数据的代表性、准确性和可比性，及时了解和掌握重点污染源监督性监测数据质量状况，"十三五"期间四川省生态环境监测总站开展了污染源监督性监测质量核查，每年抽取部分开展污染源监督性监测的市（州）或县（区）监测站进行飞行检查，方式为盲样考核、实验室现场检查以及监测报告检查等，通过检查发现和解决问题，确保监测数据质量。

（3）国家网土壤环境监测。

"十三五"期间，四川省生态环境监测总站每年依据中国环境监测总站发布的《国家网土壤环境监测工作技术要求》编制《四川省国家网土壤环境监测质量管理方案》，内容涉及本站承担的质量控制任务分工以及对样品采集、流转、制备、分析测试等环节的质控要求，质量监督检查的具体要求。每年完成各分析实验室附加体系文件审核、方法验证报告审核并上报。

2018—2020年，共完成958个点位的土壤样品流转、省级质控样插入、样品二次编码、建包发放，共计插入178件省级质控样品（包括密码平行样和有证标准物质）。四川省生态环境监测总站对省内各实验室提交的质控数据进行质量评价，汇总分析每年国家网土壤环境监测工作情况，编制年度《四川省国家网土壤环境监测质量管理报告》，并提交国家总站。

（4）土壤详查。

农用地土壤污染状况详查：共计完成11次对西南区域流转中心的质量监督检查，提出整改意见并及时追踪验证。完成10包共计112个土壤二噁英样品的转码、流转，插入外部质控样品30个，上传土壤二噁英全部监测数据，出具了10份《农用地土壤污染状况详查质控报告》。

重点行业企业用地调查：四川省生态环境监测总站承担方法验证报告审核、二噁英样品流转和质量控制、外部比对测试以及上报数据审核等工作。对5家检测实验室开展了能力备案审核，对4家检测实验室共计97份方法验证报告开展审核，流转70个地块的二噁英土壤样品和审核上报数据。根据《重点行业企业用地调查质量保证与质量控制技术规定（试行）》编制了《四川省重点行业企业用地调查数据审核作业指导书》，同时，完成了对5家检测实验室和2家比对检测实验室系统备案的审核确认工作。共计完成802个地块的上报数据审核工作，并编写《四川省重点行业企业用地调查质控工作总报告》。

五、监测科研与合作

1. 大气科研与合作

"十三五"以来，为实现"五个说清"，四川省积极开展大气环境科研工作，以四川省生态环境监测总站为核心承担或参与科技部、国家自然科学基金、省科技厅及省生态环境厅的大气污染防治科研课题17项，与北京大学、复旦大学、四川大学、成都信息工程大学等高校开展紧密合作，联合开展"成渝地区空气质量精细化预报关键技术与预警体系研究""PM$_{2.5}$化学组分和光化学污染立体监测网设计与建设""冬春季四川盆地西南涡活动对大气复合污染影响与机制研究""大气污染天空地一体化实施监测技术应用示范""四川省重污染天气预警预报模拟技术研究及应用示范""四川盆地雾霾和臭氧污染潜势预报技术研究""基于多源城市大数据的空气质量全面域时空计算推断技术应用示范""空气中挥发性有机物在线监测仪研发""四川省环境空气质量自动监测点位存在的问题及对策研究""四川盆地区县城市空气质量数值预报系统研究"等大气监测点位研究、大气数值模拟及大气污染成因与特征、颗粒物及光化学监测技术、大气复合污染、污染气象条件、精细化预测预报、潜势预测等方向的研究。科研项目的实施及落地有利于解决盆地地区复杂地形和特殊气象条件对空气质量模拟性能提升的难题，科研成果的运用有助于完善四川省空气质量预警预报平台，提升四川省空气质量预测预报水平，实现空气质量管理的信息化和科学化，为精细化的靶向目标污染防治提供实时的科学决策和技术支撑。

2. 水环境科研与合作

"十三五"期间，为探索水环境从现状监测评价向预测预警跨越提升，以四川省生态环境监测总站为核心承担或参与国家水专项办、中国工程院、省科技厅及省生态环境厅的水环境污染防治科研课题，与中国环境监测总站、武汉大学、西南交通大学、四川农业大学等高校及研究院所开展紧密合作，联合开展"三峡库区上游入库污染物通量监控预警技术研究及示范""中国工程院高端智库重点项目《生态环境监测网络建设方案》实施情况评估项目""四川省科技计划重点研发项目饮用水水源地污染控制及安全保障体系研究""四川省水环境污染负荷实时自动监控系统研究""涪江流域'十四五'新增国控断面水质达标预测预警研究"，围绕水质自动监测网络研究、分布式水文水质模型构建、非点源污染负荷时空分布特征及变化趋势研究、非点源污染负荷模拟核算技术研究、水环境自动监测预报预警系统关键技术等方向开展项目实施及落地，有利于完善基于流域分布式水文面源污染模型、河网水质模型耦合的四川省主要流域水环境预报预警系统集成技术，提升四川省水环境质量成因分析、预测预警、优化评估等科研技术能力。基于上述研究成果，获得2019年四川省科技进步奖三等奖、2020年中国大坝工程学会科技进步奖特等奖。

3. 土壤科研与合作

为了增强耕地土壤重金属污染防治工作的精准性、科学性和合法性，深入推进耕地土壤污染源头管控和安全利用，依据生态环境部印发的《关于开展耕地土壤污染成因排查和分析试点工作的函》（环办土壤函〔2019〕874号）的要求，四川省开展了耕地土壤污染成因排查和分析试点工作。

四川省耕地土壤污染成因排查和分析试点工作是四川省农用地土壤污染状况详查工作的延伸工作和成果应用，在四川省生态环境厅统一组织领导下，以四川省生态环境监测总站为核心，联合生态环境部土壤与农业农村生态环境监管技术中心，对耕地污染来源排查、分析技术研究、耕地污染防控响应机制和指标体系研究开展技术合作。重点排查和分析受污染耕地现有污染源以及农用地土壤污染时空变化规律、重点污染区域识别、农用地土壤与农产品重金属污染源解析方法策略等，为实施耕地土壤污染源头管控提供依据。

六、应急监测

1. 应急监测能力建设

"十三五"期间，为了补齐生态环境应急监测短板，全面提升省、市、县三级应急监测能力，四川省生态环境厅协调1880万元为四川省生态环境监测总站、四川省生态环境科学研究院和四川省环境应急与事故调查中心三家省级单位购置了一批便携式气相色谱—质谱仪、便携式ICP-MS移动分析测试系统等16种设备。同时协调1515.2万元为三家省级单位和21个市（州）分别配置或更换了应急监测车辆38辆。

四川省生态环境厅综合分析了历年境内突发环境事件污染特点和应急监测与应急处置现场需求，指导省内各市（州）生态环境局购置了一批便携式气相色谱仪、便携式分光光度计、便携式重金属测定仪等7类应急监测设备，配备到各驻市（州）环境监测中心站；同时，购置了一批便携式重金属分析仪、便携式分光光度计和便携式多参数测试仪，配备到尾矿库和重金属污染风险较大的县（市、区）环境监测站或执法大队。这极大地提升了四川省市级、县级监测部门的应急监测能力。

2. 应急监测演练

"十三五"期间，为了检验各市（州）生态环境监测中心站的应急监测能力，提高环境应急监测水平，分别于2016年和2020年开展了应急监测演练。

2016年12月，四川省生态环境监测总站组织21个市（州）监测站开展了环境应急监测演练，考验了各市（州）站快速集结，便携式气相色谱仪、傅里叶红外仪、重金属测定仪、X荧光检测仪、生物急性毒性测试仪等应急监测仪器设备的使用，应急监测现场临时实验室的搭建以及突发环境事件处置的能力，为持续提高应急监测能力起到了积极作用。

2020年10月29日，四川省组织开展了"天府行动——2020年沱江中下游流域突发环境事件应急演练"，此次演练模拟一化工企业苯加氢生产装置因生产安全事故引发燃爆，大量甲苯燃烧伴随浓烟滚出。同时，旁边甲苯、柴油储存罐区储罐发生泄漏，造成外环境污染，威胁下游饮用水水源地及长江干流出川断面水质安全。演练成立了省、市、县三级联动突发环境事件应急指挥部，应急监测组作为3个专项小组之一，负责应急监测指挥、调度、信息报告等工作。此次应急监测演练，全省共出动应急监测队伍8支、应急监测人员800余人次、应急监测车辆200余台次，动用皮划艇10艘、无人船4艘、无人机5台、各种应急监测仪器100多台套。此次演练进行了全流程拉动、模拟实战、重在练兵，对样品采集、前沿现场实验室搭建及运作、样品分析、数据报送等环节进行了重点练习。

应急监测演练中地表水采样及现场监测

应急监测演练中无人机采集气体样品

3. 突发环境事件处置

"十三五"期间，四川省发生环境污染事件共计30起，主要包括嘉陵江输入性锑、铊污染事件，运输车粗苯泄漏事件，尾矿库泄漏事件，废弃矿井涌水事件，新型冠状病毒肺炎疫情防控应急监测等。污染事件发生后，各级生态环境监测部门积极应对，在四川省生态环境厅和四川省生态环境监测总站的统一指挥下，及时开展污染事件应急监测，查找污染来源、跟踪污染进程、分析应对措施，为处置环境污染事件提供了坚实的科学支撑，有力地保障了生态环境安全和人民群众的生命财产安全。

（1）嘉陵江铊污染事件四川省广元段应急监测。

2017年5月5日，四川省广元市嘉陵江干流发生铊污染事件，四川省立即启动突发环境事件应急预案，从嘉陵江入川到广元出境设置应急监测断面12个，并根据污染团变化趋势，先后6次调整监测方案，应急监测工作从5月5日起，至嘉陵江广元段水质全面达标，历时5天。应急监测工作出动监测车辆300余车次，应急监测人员2000余人次，形成应急监测快报70期，监测数据600余组。

应急监测中夜间水样采集

应急监测中水样分析

（2）新型冠状病毒肺炎疫情防控应急监测。

2020年春节前后，全国新型冠状病毒肺炎疫情暴发，四川省生态环境厅迅速做出应急监测响应，组织省级、市级、县级监测站对定点医院、隔离点、饮用水水源地和医疗废物处置企业等疫情防控重点部门持续开展应急监测。本次疫情防控应急监测贯穿全年。截至2020年12月底，各级监测站出动应急监测人员7万余人次，出具疫情应急监测快报2300余期，为疫情处置提供了坚实的科学技术支撑，有力地保障了生态环境安全和人民群众的生命财产安全。

污水处理厂余氯监测

饮用水断面水样采集

第二篇 污染排放

第一章　污染源普查

一、基本概况

四川省第二次全国污染源普查标准时点为2017年12月31日，时期资料为2017年度资料，普查对象为四川省行政区域内有污染源的单位和个体经营户，普查内容包括工业污染源、农业污染源、生活污染源、集中式污染治理设施、移动源，涉及60张报表和1796个指标。四川省第二次全国污染源普查历时三年，在省委、省政府的坚强领导和国务院第二次全国污染源普查领导小组办公室的统一安排部署下，通过全省上下共同努力，圆满完成了普查各个阶段的工作任务，实现了预期目标。据统计，全省共成立污染源普查机构723个，其中，生态环境部门工作机构205个，配备专职人员1389名、兼职人员796名，选聘普查员24405名、普查指导员5787名，委托252家第三方机构开展普查工作，动员4000多名乡镇（街道）普查联络员、10万多名普查对象信息填报员参与污染源普查。全省共划分普查小区53868个，全面调查普查对象137710个，填报各类报表1228544份。

二、各类普查对象数量

2017年底，四川省各类污染源数量13.77万个（不含移动源）。其中，工业源7.08万个，畜禽规模养殖场1.49万个，生活源4.83万个，集中式污染治理设施3512个。全省机动车保有量1492.37万辆，工程机械保有量18.5万台，农业机械柴油总动力2825.73万千瓦，铁路内燃机车燃油消耗量1.79万吨，民航起降架次33.71万次。四川省普查对象统计情况见表2.1-1。

表2.1-1　四川省普查对象统计情况

单位：个

行政区划	工业源	畜禽规模养殖场	生活源					集中式污染治理设施	以行政区为单位的普查对象	合计
			行政村	非工业锅炉	储油库	加油站	小计			
四川省	70803	14911	41747	1975	52	4498	48272	3512	212	137710

三、废水排放

四川省工业废水排放量4.66亿吨，占废水排放量的14.2%；生活污水排放量28.05亿吨，占废水排放量的85.7%；其他废水排放量占0.1%。全省化学需氧量排放量116.36万吨，总氮排放量16.53万吨，氨氮排放量5.92万吨，总磷排放量1.58万吨。

与"一污普"相比，全省化学需氧量排放量降低3.8%，氨氮排放量降低40.4%，工业废水排放量降低44.1%，因2017年全省城镇常住人口比2007年增加45.8%，城镇生活污水排放量增长83.7%。四川省废水污染物排放统计情况见表2.1-2。

表2.1-2　四川省废水污染物排放统计情况

单位：万吨

污染物	工业源		农业源		生活源		集中式污染治理设施		合计	
	产生量	排放量	产生量	排放量	产生量	排放量	产生量	排放量	产生量	排放量
化学需氧量	55.34	4.22	343.28	43.04	116.95	68.98	5.48	0.12	521.05	116.36
氨氮	11.42	0.17	2.74	0.85	10.48	4.88	0.02	0.02	24.66	5.92
总氮	15.9	0.66	22.32	6.64	14.94	9.19	0.89	0.04	54.05	16.53
总磷	0.34	0.05	4.03	0.92	1.25	0.61	0.01	—	5.63	1.58
石油类	0.26	0.03	—	—	—	—	—	—	0.26	0.03

四、大气污染物排放

四川省二氧化硫排放量26.36万吨，氮氧化物排放量64.68万吨，颗粒物排放量65.20万吨。通过对部分行业和领域的挥发性有机物开展的尝试性调查，全省排放量41.38万吨。

与"一污普"相比，全省二氧化硫排放量降低65.1%，颗粒物排放量降低20.2%。二氧化硫排放量和颗粒物排放量降低的主要原因是全省近年来进一步加大了生态环境保护工作力度，强化了污染治理。如脱硫设施由"一污普"的471台增长到3718台，除尘设施由"一污普"的5312台增长到43778台。四川省大气污染物排放统计情况见表2.1-3。

表2.1-3　四川省大气污染物排放统计情况

单位：万吨

污染物	工业源		生活源		移动源		合计	
	产生量	排放量	产生量	排放量	产生量	排放量	产生量	排放量
二氧化硫	105.16	21.12	5.25	5.24	—	—	110.40	26.36
氮氧化物	39.65	24.75	3.90	3.90	36.03	36.03	79.58	64.68
颗粒物	2344.26	44.08	19.96	19.76	1.36	1.36	2365.58	65.20
挥发性有机物	16.41	12.73	17.16	17.16	11.49	11.49	45.06	41.38

五、工业危险废物产生与处置

2017年，四川省工业危险废物产生量307.73万吨，2016年末贮存量19.26万吨，2017年综合利用处置量296.90万吨，2017年末贮存量30.08万吨，综合利用处置率为90.8%。与"一污普"相比，危险废物产生量增加214.47万吨，综合利用处置量比"一污普"增加了两倍多。危险废物2017年年末贮存量是"一污普"2007年年末贮存量的5.74倍。

六、伴生放射性矿

四川省伴生放射性矿开发利用企业共48家，主要分布在凉山州和乐山、德阳，以稀土等矿产为主。全省伴生放射性固体废物累积贮存量87.29万吨，其中放射性活度浓度超过10贝可/克的固体废物主要分布在铁钍渣、铅钡渣等，总量为90吨。

专栏1 长江经济带入河排污口排查

"十三五"期间,四川省首次对长江入河排污口进行"全口径"摸排。为打好长江保护修复攻坚战,筑牢长江上游生态屏障,2019年,四川省全面开展长江入河排污口排查工作。此次排查按照"有口必查、应查尽查"的原则,以长江干流和岷江、沱江、嘉陵江、赤水河4条支流两侧现状岸线为基准向陆域一侧延伸2千米为范围,涉及成都、自贡、泸州、德阳、广元、内江、乐山、南充、宜宾、广安、眉山、资阳、阿坝州13个市(州)近1万平方千米面积,排查对象包括所有通过管道、沟、渠、涵闸、隧洞等直接向长江干流及主要支流排放废水的排污口。采用"三级排查"方式:第一级排查即利用卫星遥感、无人机航测等,按照"全覆盖"的要求开展技术排查;第二级排查即人工徒步现场排查,对各类排污"口子"开展"全口径"排查;第三级排查即开展难点重点攻坚,对暗管、隐蔽区域开展"点穴式"排查,系统推进排查工作。

全省累计排查发现入河排污口8879个,为四川省长江入河排污口整治工作和水环境质量改善奠定了坚实基础。

第二章　废气污染物排放

一、废气主要污染物排放现状及区域分布

1.二氧化硫

2019年，四川省二氧化硫排放量为18.8万吨。其中，工业排放量为17.6万吨，占比为93.6%；城镇生活及生活垃圾焚烧厂和危险废物（医疗废物）处理厂集中式污染治理设施排放量为1.2万吨，占比为6.4%。

攀枝花、乐山、内江、宜宾、达州的二氧化硫排放量位居全省前5位，二氧化硫排放量合计为10.5万吨，占全省的55.7%。2019年四川省各市（州）二氧化硫排放量对比如图2.2-1所示。

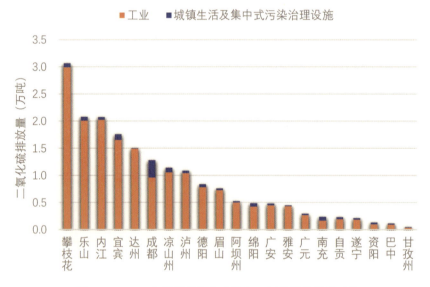

图2.2-1　2019年四川省各市（州）二氧化硫排放量对比

2.氮氧化物

2019年，四川省氮氧化物排放量为48.5万吨。其中，工业排放量为21.7万吨，占比为44.7%；机动车排放量为25.3万吨，占比为52.2%；城镇生活及生活垃圾焚烧厂和危险废物（医疗废物）处理厂集中式污染治理设施排放量为1.5万吨，占比为3.1%。

攀枝花、乐山、成都、内江、达州的氮氧化物排放量（不含机动车）位居全省前5位，氮氧化物排放量合计为13.2万吨，占全省排放总量（不含机动车）的57.1%。2019年四川省各市（州）氮氧化物排放量对比如图2.2-2所示。

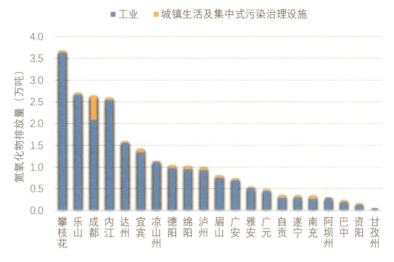

图2.2-2　2019年四川省各市（州）氮氧化物排放量对比

3. 颗粒物

2019年，四川省颗粒物排放量为34.5万吨。其中，工业排放量为32.2万吨，占比为93.3%；机动车排放量为0.3万吨，占比为0.9%；城镇生活及生活垃圾焚烧厂和危险废物（医疗废物）处理厂集中式污染治理设施排放量为2.0万吨，占比为5.8%。

攀枝花、成都、达州、广安、宜宾的颗粒物排放量（不含机动车）位居全省前5位，颗粒物排放量合计为17.3万吨，占全省排放总量（不含机动车）的50.4%。2019年四川省各市（州）颗粒物排放量对比如图2.2-3所示。

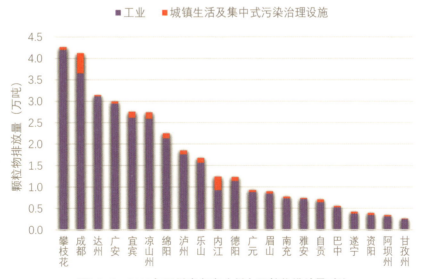

图2.2-3　2019年四川省各市（州）颗粒物排放量对比

二、工业废气主要污染物行业排放状况

"十三五"期间，由于火电行业超低排放改造的推行，电力行业的污染物减排成效显著，主要污染物排放行业重点集中在非金属矿物制品业和黑色金属冶炼和压延加工业上。

1. 二氧化硫

2019年，四川省工业二氧化硫排放量为17.6万吨，排放量位于前四位的行业依次为非金属矿物制品业，黑色金属冶炼和压延加工业，电力、热力生产和供应业，有色金属冶炼和压延加工业，占工业排放总量的80.4%。其中，非金属矿物制品业贡献最大，占比为32.9%；其次是黑色金属冶炼和压延加工业，占比为26.4%。2019年四川省重点工业行业二氧化硫排放占比如图2.2-4所示。

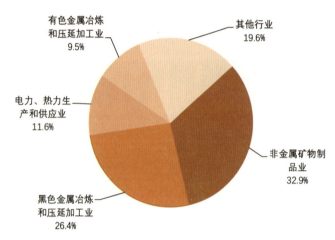

图2.2-4 2019年四川省重点工业行业二氧化硫排放占比

2. 氮氧化物

2019年，四川省工业氮氧化物排放量为21.7万吨，排放量位于前四位的行业依次为非金属矿物制品业，电力、热力生产和供应业，黑色金属冶炼和压延加工业，化工行业，占工业排放总量的83.9%。其中，非金属矿物制品业贡献最大，占比为40.3%；其次是黑色金属冶炼和压延加工业，占比为26.7%。2019年四川省重点工业行业氮氧化物排放占比如图2.2-5所示。

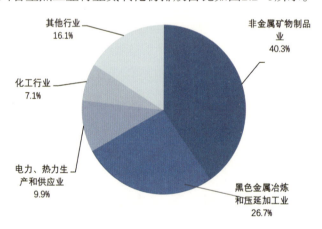

图2.2-5 2019年四川省重点工业行业氮氧化物排放占比

3. 颗粒物

2019年，四川省工业颗粒物排放量为32.2万吨，排放量位于前四位的行业依次为非金属矿物制品业，电力、热力生产和供应业，化工行业，黑色金属冶炼和压延加工业，占工业排放总量的66.2%。其中，非金属矿物制品业贡献最大，占比为34.1%；其次是电力、热力生产和供应业，占比为15.3%。2019年四川省重点工业行业颗粒物排放占比如图2.2-6所示。

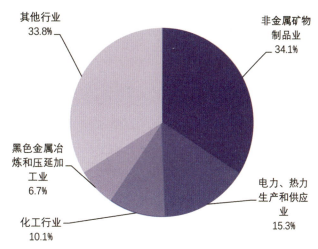

图2.2-6　2019年四川省重点工业行业颗粒物排放占比

三、废气污染物排放变化趋势

1. 二氧化硫

"十三五"期间，四川省二氧化硫排放量总体呈现下降趋势，由2016年的30.7万吨下降至2019年的18.8万吨。其中，工业二氧化硫排放量由2016年的95.0%下降至2019年的93.6%。"十三五"期间四川省二氧化硫排放量变化情况见表2.2-1。

表2.2-1　"十三五"期间四川省二氧化硫排放量变化情况

年份	二氧化硫排放量（万吨）			排放量占比（%）	
	工业	城镇生活及集中式污染治理设施	全省	工业	城镇生活及集中式污染治理设施
2016	29.2	1.5	30.7	95.0	5.0
2017	21.1	1.2	22.3	94.6	5.4
2018	17.9	1.3	19.2	93.4	6.6
2019	17.6	1.2	18.8	93.6	6.4

注：集中式污染治理设施为生活垃圾焚烧厂和危险废物（医疗废物）处理厂集中式污染治理设施。

2. 氮氧化物

"十三五"期间，四川省氮氧化物排放量总体呈现下降趋势，由2016年的57.1万吨下降至2019年的48.4万吨。其中，工业氮氧化物排放量由2016年的51.8%下降至2019年的44.7%，机动车氮氧化物排放量由2016年的45.8%增加至2019年的52.2%。"十三五"期间四川省氮氧化物排放量变化情况见表2.2-2。

表2.2-2　"十三五"期间四川省氮氧化物排放量变化情况

年份	氮氧化物排放量（万吨）				排放量占比（%）		
	工业	城镇生活及集中式污染治理设施	机动车	全省	工业	城镇生活及集中式污染治理设施	机动车
2016	29.6	1.4	26.1	57.1	51.8	2.4	45.8
2017	24.7	1.3	25.3	51.4	48.2	2.6	49.2
2018	21.9	1.4	25.7	49.0	44.8	2.9	52.3
2019	21.7	1.5	25.3	48.4	44.7	3.0	52.2

注：集中式污染治理设施为生活垃圾焚烧厂和危险废物（医疗废物）处理厂集中式污染治理设施。

3. 颗粒物

"十三五"期间，四川省颗粒物排放量总体呈现下降趋势，由2016年的41.9万吨下降至2019年的34.5万吨。其中，工业和城镇生活及集中式污染治理设施排放量有所下降，机动车排放量保持平稳。"十三五"期间四川省颗粒物排放量变化情况见表2.2-3。

表2.2-3　"十三五"期间四川省颗粒物排放量变化情况

年份	颗粒物排放量（万吨）				排放量占比（%）		
	工业	城镇生活及集中式污染治理设施	机动车	全省	工业	城镇生活及集中式污染治理设施	机动车
2016	38.7	2.8	0.4	41.9	92.4	6.7	0.9
2017	38.5	2.1	0.3	41.9	94.1	5.1	0.8
2018	32.2	2.1	0.3	34.6	93.0	6.1	0.9
2019	32.2	2.0	0.3	34.5	93.3	5.8	0.9

注：集中式污染治理设施为生活垃圾焚烧厂和危险废物（医疗废物）处理厂集中式污染治理设施。

第三章 废水污染物排放

一、废水污染物排放现状及区域分布

（一）废水

2019年，四川省废水排放量为26.3亿吨。其中，城镇生活污水排放量为21.6亿吨，占比为82.1%；工业废水排放量为4.7亿吨，占比为17.9%。

成都、绵阳、宜宾、德阳、南充的废水排放量位居全省前5位，排放量合计15.6亿吨，占全省废水排放总量的59.0%。省会城市成都因常住人口远超其他市（州），城镇生活污水排放量与其他市（州）存在明显差异，为废水排放量最大的城市，占全省废水排放总量的35.0%以上；甘孜州废水排放量为全省最低。2019年四川省各市（州）废水排放量对比如图2.3-1所示。

图2.3-1 2019年四川省各市（州）废水排放量对比

（二）主要废水污染物

1.化学需氧量

2019年，四川省化学需氧量排放量为32.9万吨。其中，城镇生活排放量为28.9万吨，占比为87.8%；工业排放量为3.9万吨，占比为11.9%；垃圾填埋厂和危险废物处理厂集中式污染治理设施排放量为0.05万吨，占比为0.2%；农业大型畜禽养殖场排放量为0.05万吨，占比为0.2%。

成都、南充、达州、宜宾、泸州的化学需氧量排放量位居全省前5位，排放量合计15.6万吨，占全省化学需氧量排放总量的47.5%。甘孜州排放量最低。2019年四川省各市（州）化学需氧量排放量对比如图2.3-2所示。

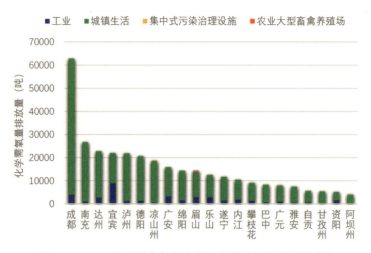

图2.3-2　2019年四川省各市（州）化学需氧量排放量对比

注：集中式污染治理设施为垃圾填埋厂和危险废物处理厂集中式污染治理设施。

2. 氨氮

2019年，四川省氨氮排放量为3.4万吨。其中，城镇生活氨氮排放量为3.2万吨，占比为94.1%；工业氨氮排放量为0.2万吨，占比为5.9%。垃圾填埋厂和危险废物处置厂集中式污染治理设施与农业大型畜禽养殖场的氨氮排放量占比太低，不作统计。

成都、达州、南充、绵阳、泸州的氨氮排放量位居全省前5位，排放量合计1.7万吨，占全省氨氮排放总量的50.2%。甘孜州最低。2019年四川省各市（州）氨氮排放量对比如图2.3-3所示。

图2.3-3　2019年四川省各市（州）氨氮排放量对比

注：集中式污染治理设施为垃圾填埋厂和危险废物处理厂集中式污染治理设施。

3. 总磷

2019年，四川省总磷排放量为3538.6吨。其中，城镇生活总磷排放量为3023.1吨，占比为85.4%；工业总磷排放量为507.7吨，占比为14.3%；垃圾填埋厂和危险废物处置厂集中式污染治理设施总磷排放量为1.0吨，占比为0.03%；农业大型畜禽养殖场总磷排放量为6.8吨，占比为0.2%。

成都、达州、南充、绵阳、泸州的总磷排放量位居全省前5位，排放量合计1666.5吨，占全省总磷排放总量的47.1%。资阳最低。2019年四川省各市（州）总磷排放量对比如图2.3-4所示。

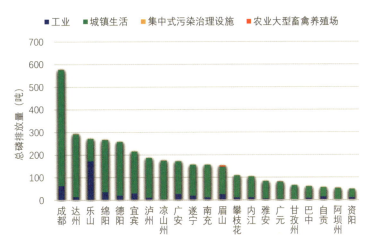

图2.3-4 2019年四川省各市（州）总磷排放量对比

注：集中式污染治理设施为垃圾填埋厂和危险废物处理厂集中式污染治理设施。

（三）其他废水污染物

2019年，四川省其他废水污染物排放情况为毒理性污染物砷788.2千克、汞21.4千克、铬1233.2千克、镉38.9千克、铅1149.5千克、氰化物666.5千克，有机污染物挥发酚1350.6千克，油类污染物石油类242.1吨。2019年四川省其他废水污染物排放结构见表2.3-1。

表2.3-1 2019年四川省其他废水污染物排放结构

污染物	排放总量	分类			
		工业源	占比	集中式污染治理设施	占比
砷（千克）	788.2	782.6	99.3%	5.6	0.7%
汞（千克）	21.4	21.1	98.6%	0.3	1.4%
铬（千克）	1233.2	1224	99.3%	9.2	0.7%
镉（千克）	38.9	33.2	85.3%	5.7	14.7%
铅（千克）	1149.5	1010.7	87.9%	138.8	12.1%
氰化物（千克）	666.5	666.5	100%	—	—
挥发酚（千克）	1350.6	1350.6	100%	—	—
石油类（吨）	242.1	242.1	100%	—	—

砷排放主要集中在德阳、达州、攀枝花3个市，排放量合计359.0千克，占全省的45.5%。
汞排放主要集中在乐山、雅安、德阳3个市，排放量合计19.4千克，占全省的90.8%。
铬排放主要集中在攀枝花、绵阳、成都3个市，排放量合计1004.4千克，占全省的81.4%。
镉排放主要集中在雅安、自贡、成都3个市，排放量合计178.0千克，占全省的82.5%。
铅排放主要集中在雅安、广安、凉山州3个市（州），排放量合计907.5千克，占全省的78.9%。
氰化物排放主要集中在达州、绵阳、广安3个市，排放量合计650.6千克，占全省的97.6%。
挥发酚排放主要集中在自贡、绵阳、宜宾3个市，排放量合计1276.5千克，占全省的94.5%。
石油类排放主要集中在成都、宜宾、绵阳3个市，排放量合计121.7吨，占全省的50.3%。

二、工业废水主要污染物行业排放状况

1. 化学需氧量

2019年，四川省工业化学需氧量排放量为3.9万吨，主要集中在酒水饮料制造业、农副食品加工业、化工行业和食品制造业4个行业，占全省重点工业排放总量的63.6%。其中，酒水饮料制造业对重点工业贡献最大，为0.9万吨，占工业排放总量的22.9%；其次是农副食品加工业，占工业排放总量的21.4%。2019年四川省重点工业行业化学需氧量排放结构如图2.3-5所示。

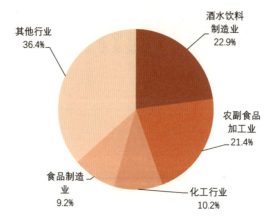

图2.3-5 2019年四川省重点工业行业化学需氧量排放结构

2. 氨氮

2019年，四川省工业氨氮排放量为1658.2吨，主要集中在化工行业、农副食品加工业、化学纤维制造业、酒水饮料制造业4个行业，占全省重点工业排放总量的73.4%。其中，化工行业对重点工业贡献最大，为567.1吨，占工业排放总量的34.2%；其次是农副食品加工业，占工业排放总量的20.0%。2019年四川省重点工业行业氨氮排放结构如图2.3-6所示。

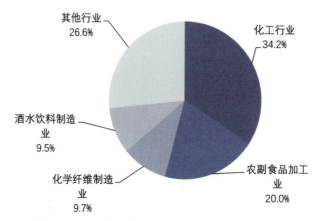

图2.3-6 2019年四川省重点工业行业氨氮排放结构

三、废水污染物排放变化趋势

1. 废水排放量

"十三五"期间，四川省废水排放量总体呈现上升趋势，废水排放量由2016年的25.7亿吨上升

到2019年的26.4亿吨,其中工业废水排放量占比下降,城镇生活污水排放量占比上升。"十三五"期间四川省废水排放量变化情况见表2.3-2。

表2.3-2 "十三五"期间四川省废水排放量变化情况

年份	废水排放量（亿吨）			排放量占比（%）	
	工业	城镇生活	全省	工业	城镇生活
2016	5.5	20.2	25.7	21.4	78.6
2017	4.7	21.0	25.7	18.3	81.7
2018	4.3	21.2	25.5	16.9	83.1
2019	4.7	21.7	26.4	17.8	82.2

2. 化学需氧量

"十三五"期间,四川省化学需氧量排放量总体呈现下降趋势,由2016年的33.9万吨下降至2019年的33.1万吨,其中工业化学需氧量占比逐年下降,城镇生活化学需氧量占比逐年增加。"十三五"期间四川省化学需氧量排放量变化情况见表2.3-3。

表2.3-3 "十三五"期间四川省化学需氧量排放量变化情况

年份	化学需氧量排放量（万吨）					排放量占比（%）			
	工业	城镇生活	集中式污染治理设施	农业大型畜禽养殖场	全省	工业	城镇生活	集中式污染治理设施	农业大型畜禽养殖场
2016	6.0	27.6	0.1	0.2	33.9	17.7	81.4	0.3	0.6
2017	4.2	27.6	0.1	0.6	32.5	12.9	84.9	0.3	1.8
2018	4.1	28.3	0.1	0.1	32.6	12.6	86.8	0.3	0.3
2019	3.9	29.0	0.1	0.1	33.1	11.8	87.6	0.3	0.3

注：集中式污染治理设施为垃圾填埋厂和危险废物处理厂集中式污染治理设施。

3. 氨氮

"十三五"期间四川省氨氮排放量总体呈现波动,其中工业占比下降,城镇生活占比增加。"十三五"期间四川省氨氮排放量变化情况见表2.3-4。

表2.3-4 "十三五"期间四川省氨氮排放量变化情况

年份	氨氮排放量（吨）					排放量占比（%）			
	工业	城镇生活	集中式污染治理设施	农业大型畜禽养殖场	全省	工业	城镇生活	集中式污染治理设施	农业大型畜禽养殖场
2016	2078.5	31650.3	158.2	97.6	33984.6	6.1	93.1	—	—
2017	1701.0	30423.6	219.6	190.8	32535.0	5.2	93.5	—	—
2018	1873.7	31602.3	196.6	9.6	33682.2	5.6	93.8	—	—
2019	1658.2	32191.9	81.8	9.1	33941.0	4.9	94.8	—	—

注：①集中式污染治理设施为垃圾填埋厂和危险废物处理厂集中式污染治理设施；②集中式污染治理设施与农业大型畜禽养殖场的氨氮排放量太低,不作占比统计。

4. 总磷

"十三五"期间，四川省总磷排放量总体呈现下降趋势，由2016年的4456.2万吨下降至2019年的3538.6万吨，其中工业占比下降，城镇生活占比增加。"十三五"期间四川省总磷排放量变化情况见表2.3-5。

表2.3-5 "十三五"期间四川省总磷排放量变化情况

年份	总磷排放量（万吨）					排放量占比（%）			
	工业	城镇生活	集中式污染治理设施	农业大型畜禽养殖场	全省	工业	城镇生活	集中式污染治理设施	农业大型畜禽养殖场
2016	1213.7	3211.9	2.7	27.9	4456.2	27.2	72.1	—	0.6
2017	487.2	3208.6	7.0	64.8	3767.6	12.9	85.2	—	1.7
2018	503.5	3142.4	6.2	7.3	3659.4	13.8	85.9	—	0.2
2019	507.7	3023.1	1.0	6.8	3538.6	14.3	85.4	—	0.2

注：①集中式污染治理设施为垃圾填埋厂和危险废物处理厂集中式污染治理设施；②集中式污染治理设施总磷排放量太低，不作占比统计。

关于主要污染物排放量统计数据的说明

根据生态环境部下发的《2016—2019年污染源统计数据更新工作指南》，"十三五"环境统计数据根据"二污普"成果进行核算，污染物排放量数据与2015年环境统计数据排放量的差异主要表现在以下三个方面：

（1）核算方式发生改变。2015年环境统计核算主要采用产排污系数法计算污染物产排量，"十三五"数据是基于"二污普"成果进行调整的，"二污普"获取是优先采用具有有效性传输的在线监测数据，监测数据的监测结果普遍低于产排污系数法核算结果。

（2）产排污系数差异。"十二五"主要污染物排放数据是基于"一污普"产排污系数进行核算的，与"二污普"产排污系数存在较大差异。因此，主要污染物排放量统计存在较大差异。

（3）大型畜禽养殖场规模：生猪≥5000头（出栏），奶牛≥500头（存栏），肉牛≥1000头（出栏），蛋鸡≥15万羽（存栏），肉鸡≥30万羽（出栏）。

第四章 固体废弃物的产生、处置和综合利用

一、一般工业固体废物

根据环境统计，"十三五"期间，四川省一般工业固体废物产生量逐年增加，由2016年的13620.2万吨增长至2019年的18721.8万吨，增长37.5%，年均增长率9.4%。2019年，一般工业固体废物主要产生于工业较为发达的五个市（州），其中攀枝花占比43.5%，凉山州占比22.5%，乐山占比4.8%，德阳占比4.1%，达州占比3.8%。

综合利用量逐年增加，由2016年的5313.9万吨增长至2019年的7631.6万吨，综合利用率总体平稳，基本保持在40%左右。2019年，综合利用率较高的市（州）为资阳（96.5%）、泸州（93.8%）、绵阳（93.7%）、宜宾（93.0%）。

处理处置量总体呈下降趋势，由2016年的3096.8万吨下降至2019年的2231.3万吨，处置率呈波动下降趋势，由2016年的22.7%下降至2019年的11.9%。2019年，无害化处置率较高的市（州）为南充（37.7%）、阿坝州（27.2%）、乐山（21.3%）、攀枝花（18.2%）。"十三五"期间四川省一般工业固体废物产生、利用、处置情况见表2.4-1。

表2.4-1 "十三五"期间四川省一般工业固体废物产生、利用、处置情况

单位：万吨

年份	产生量	综合利用量	处理处置量	贮存量
2016	13620.2	5313.9	3096.8	3212.1
2017	15220.6	5422.4	1601.0	8339.7
2018	16708.3	6804.5	1737.2	6896.6
2019	18721.8	7631.6	2231.3	6636.2

二、危险废物（不含医疗废物）

根据四川省危险废物申报登记，"十三五"期间，全省危险废物产生量逐年增加，由2016年的254.4万吨增长至2019年的384.1万吨，增长51%，年均增长率12.8%。2019年，危险废物主要产生于攀枝花（占比51.4%）、雅安（占比11.3%）、成都（占比8.0%）、宜宾（占比6.4%）、绵阳（占比5.9%）五个城市，主要产生种类为废酸（HW34，占比57.0%）、有色金属冶炼废物（HW48，占比12.0%）、废矿物油（HW08，占比8.2%）。"十三五"期间四川省危险废物（不含医疗废物）产生量变化情况如图2.4-1所示。

图2.4-1 "十三五"期间四川省危险废物（不含医疗废物）产生量变化情况

　　"十三五"期间，四川省危险废物自行处置利用率逐年降低，由2016年的79.6%下降至2019年的64.2%。2019年，自行处置利用率较高的市（州）为攀枝花（占比99.2%）、凉山州（占比75.4%）、雅安（占比56.81%）、泸州（占比43.69%），自行处置利用量较高的种类为废酸（HW34，217.7万吨）、有色金属冶炼废物（HW48，34.1万吨）、精（蒸）馏残渣（HW11，7.1万吨）、焚烧处置残渣（HW18，5.4万吨）。

　　"十三五"期间，四川省危险废物委托处置利用率逐年增加，由2016年的11.8%增长至2019年的21.4%。其中，2019年委托处置利用率较高的市（州）为巴中（占比98.4%）、广元（占比95.5%）、成都（占比84.9%）、阿坝州（占比82.32%），委托处置利用量较高的种类为焚烧处置残渣（HW18，22.2万吨）、废矿物油（HW08，21.2万吨）、精（蒸）馏残渣（HW11，10.7万吨）、有色金属冶炼废物（HW48，7.4万吨）。"十三五"期间四川省危险废物（不含医疗废物）处置利用率变化情况如图2.4-2所示。

图2.4-2 "十三五"期间四川省危险废物（不含医疗废物）处置利用率变化情况

三、医疗废物

　　根据四川省危险废物申报登记，"十三五"期间，全省医疗废物产生量逐年增加，由2016年的3.8万吨增长至2019年的5.9万吨。2019年，医疗废物主要产生于成都（占比15.7%）、攀枝花（占比7.7%）、乐山（占比7.3%）、达州（占比6.4%）、泸州（占比5.8%）五个城市，主要产生种类为感染性废物（占比87.6%）、损伤性废物（占比10.7%）、病理性废物（占比0.5%）。

　　"十三五"期间，四川省医疗废物无害化处置率均为100%。"十三五"期间四川省医疗废物产生量与处理率变化情况如图2.4-3所示。

图2.4-3　"十三五"期间四川省医疗废物产生量与处理率变化情况

四、生活垃圾

根据环境统计，"十三五"期间，四川省生活垃圾处理量逐年增加，由2016年的1288.8万吨增长至2019年的1564.4万吨，增长21.4%，年均增长率5.4%。2019年，生活垃圾主要产生于成都（占比37.6%）、绵阳（占比6.2%）、南充（占比5.3%）、宜宾（占比5.2%）、达州（占比4.7%）等人口较多的5个市。

四川省生活垃圾卫生填埋处理量总体呈上升趋势，由2016年的917.3万吨增长至2019年的934.2万吨，增长1.8%，年均增长率0.5%。卫生填埋处理量占总处理量的比例逐年降低，由2016年的71.2%降低至2019年的59.7%。2019年，卫生填埋处理率为100%的市（州）有5个，分别为广元、内江、眉山、资阳和甘孜州。

四川省生活垃圾焚烧处理量逐年提高，由2016年的370.7万吨增长至2019年的574.2万吨，增长21.4%，年均增长率13.7%。焚烧处理量占总处理量的比例逐年提高，由2016年的28.8%增长至2019年的36.7%。2019年，焚烧处理率较高的市有5个，分别为攀枝花（79.7%）、自贡（78.0%）、巴中（76.6%）、泸州（68.3%）、广安（59.7%）。

专栏2　新型冠状病毒肺炎疫情防控下医疗废物的处置

2020年，新型冠状病毒肺炎疫情爆发初期，由四川省生态环境厅牵头，会同四川省公安厅、住房和城乡建设厅、交通运输厅、卫生健康委等部门，在全国率先出台了省级《新型冠状病毒感染的肺炎疫情医疗废物应急处置污染防治技术指南（试行）》，印发了《关于加强新型冠状病毒感染的肺炎疫情医疗废物应急处置工作的紧急通知》《关于加强新型冠状肺炎疫情医疗废物全过程监管的补充通知》，明确和细化新型冠状病毒肺炎医疗废物和社会源废弃口罩应急处置程序和技术要求，从政策层面规范收集、运输、处置全过程监管要求，形成联防联控监管合力。2020年12月，为进一步加强全省新型冠状病毒肺炎疫情医疗废物等的处置工作，印发了《关于加强新冠肺炎疫情医疗废物等处置监管工作的通知》，确保全省涉疫医疗废物、隔离点生活垃圾、社会源废弃口罩等得到及时、有序、高效、无害化处置。

按照"因地制宜、风险可控、科学有效、协同联动、全省统筹"的原则，制定全省疫情医疗废物应急处置"1234"保障措施。一是释放现有处置设施能力。按照疫情应急要求，适当延长运行时间，加强维护管理，有效挖掘处置潜力，为疫情医疗废物处置腾出空间和资源。二是借力生活垃圾焚烧设施。在医疗废物处置能力不足或设备检修的情况下，充分发挥生活垃圾焚烧设施协同处置医疗废物的优势，降低远距离运输环境风险。三是跨区域协同处置。统筹考虑空间距离、运输能力等，科学协调临近区域开展跨区域协同处置。四是启用省级备用设施。印发《关于确定全省新型冠状病毒感染的肺炎疫情医疗废物应急处置备用设施的紧急通知》，发挥成都、眉山、南充、攀枝花的危险废物集中处置设施优势，为全省医疗废物应急处置提供兜底保障。

　　截至2021年5月，全省医疗废物持证处置单位共49家，核准持证处置能力12.97万吨/年（355吨/天），较疫情暴发初期，新增处置单位17家，新增处置能力3.76万吨/年，增幅约40.8%。累计处置量共80461.2吨，其中，2021年处置15974.8吨，涉疫医疗废物5239.5吨。全省医疗废物均得到及时、有序、高效、规范的无害化处置，切实做到了"应收尽收、应处尽处"，未发生二次污染。

第五章　总量减排

一、水约束性指标削减情况

2020年，四川省化学需氧量、氨氮排放总量分别较2015年减少17.2%、18.6%。其中，较2015年重点工程减排量分别为27.7万吨、3.5万吨，均全面超额完成国家下达的《"十三五"及2017年全省环保约束性指标计划》目标。"十三五"期间四川省主要水污染物较2015年累计削减情况见表2.5-1，化学需氧量、氨氮减排目标完成情况分别如图2.5-1、图2.5-2所示。

表2.5-1　"十三五"期间四川省主要水污染物较2015年累计削减情况

指标	较2015年	2016年	2017年	2018年	2019年	2020年	"十三五"目标完成率
化学需氧量	累计削减比例（%）	1.5	5.4	11.2	14.9	17.2	115.4%
	累计重点工程削减量（万吨）	4.6	9.4	15.7	22.2	27.7	124.8%
氨氮	累计削减比例（%）	2.8	6	9.9	15.3	18.6	121.6%
	累计重点工程削减量（万吨）	0.7	1.2	1.9	2.8	3.5	125.0%

图2.5-1　"十三五"期间四川省化学需氧量减排目标完成情况

图2.5-2 "十三五"期间四川省氨氮减排目标完成情况

二、气约束性指标削减情况

2020年，四川省二氧化硫、氮氧化物排放总量分别较2015年减少26.4%、19.7%。其中，较2015年重点工程减排量分别为17.8万吨、9.4万吨，均全面超额完成国家下达的《"十三五"及2017年全省环保约束性指标计划》目标。"十三五"期间四川省主要气污染物较2015年累计削减情况见表2.5-2，二氧化硫、氮氧化物减排目标完成情况分别如图2.5-3、图2.5-4所示。

表2.5-2 "十三五"期间四川省主要气污染物较2015年累计削减情况

指标	较2015年	2016年	2017年	2018年	2019年	2020年	"十三五"目标完成率
二氧化硫	累计削减比例（%）	3.6	11.0	17.0	21.5	26.4	123.0%
	累计重点工程削减量（万吨）	2.2	6.9	11.2	14.4	17.8	123.5%
氮氧化物	累计削减比例（%）	2.2	7.8	12.1	14.6	19.7	123.4%
	累计重点工程削减量（万吨）	0.7	3.1	5.4	6.8	9.4	139.9%

图2.5-3 "十三五"期间四川省二氧化硫减排目标完成情况

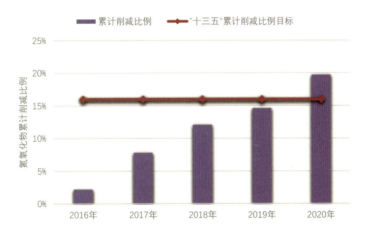

图2.5-4 "十三五"期间四川省氮氧化物减排目标完成情况

第六章　重点排污单位监测

"十三五"期间，四川省各级环境监测站根据生态环境部和四川省生态环境厅的相关要求，按照任务分工和属地化管理原则，共对7099家重点排污单位开展了监督性监测，主要涉及水环境、大气环境、土壤环境、声环境和其他五大类型。

一、2020年重点排污单位监测达标情况

2020年，四川省共监测785家水环境重点排污单位，监测达标率为97.3%；大气环境重点排污单位535家，监测达标率为97.8%；土壤环境重点监管单位574家，监测达标率为89.0%；声环境重点监管单位5家，监测达标率为100%；其他重点排污单位314家，监测达标率为95.9%。2020年四川省各市（州）重点工业污染源监测达标率见表2.6-1。

表2.6-1　2020年四川省各市（州）重点工业污染源监测达标率

单位：%

市（州）	水环境	大气环境	土壤环境	声环境	其他
阿坝州	88.9	92.3	66.7	—	33.3
巴中	100	100	100	—	100
成都	97.6	100	95.5	—	98.3
达州	100	100	100	—	94.9
德阳	94.9	96.7	94.0	—	100
甘孜州	100	—	—	—	—
广安	97.2	86.4	92.3	—	100
广元	97.1	100	96.4	—	100
乐山	100	100	100	—	100
凉山州	100	100	—	—	—
泸州	93.8	97.4	85.2	—	100
眉山	100	94.6	93.8	—	100
绵阳	100	100	60.0	100	100
南充	95.0	93.3	100	—	93.5
内江	94.1	100	95.7	—	90.6
攀枝花	100	100	—	100	83.3
遂宁	100	100	100	—	—
雅安	100	100	100	—	100
宜宾	96.7	100	37.5	—	100
资阳	93.3	100	100	—	100
自贡	90.5	83.3	72.7	—	100
全省	97.3	97.9	89.0	100	95.9

二、主要污染物达标情况

1. 化学需氧量

2020年，四川省废水污染源化学需氧量外排达标率为99.4%。其中，水环境重点排污单位化学需氧量外排达标率为99.3%，其他重点排污单位化学需氧量外排达标率为99.7%。

各市（州）中，阿坝州、巴中、达州、德阳、甘孜州、广安、广元、乐山、凉山州、眉山、绵阳、攀枝花、遂宁、雅安、宜宾、资阳、自贡17个市（州）化学需氧量外排达标率为100%。2020年四川省各市（州）化学需氧量外排达标率如图2.6-1所示。

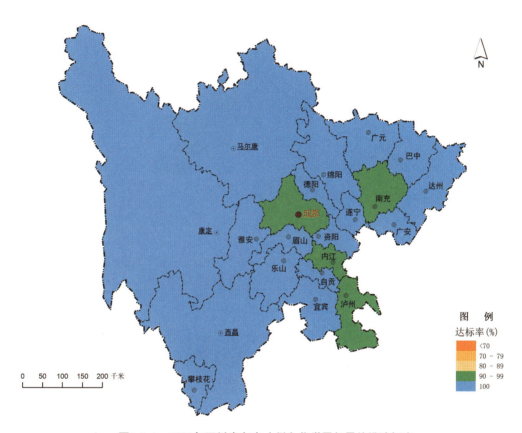

图2.6-1　2020年四川省各市（州）化学需氧量外排达标率

2. 氨氮

2020年，四川省废水污染源氨氮外排达标率为99.6%。其中，水环境重点排污单位氨氮外排达标率为99.5%，其他重点排污单位氨氮外排达标率为100%。

各市（州）中，阿坝州、巴中、达州、德阳、甘孜州、广安、广元、乐山、凉山州、眉山、绵阳、南充、内江、攀枝花、遂宁、雅安、自贡17个市（州）氨氮外排达标率为100%。2020年四川省各市（州）氨氮外排达标率如图2.6-2所示。

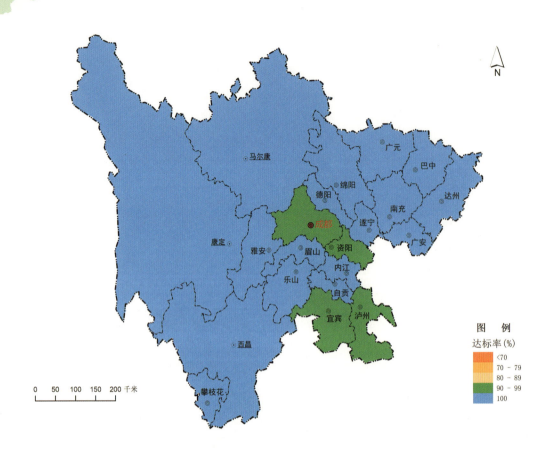

图2.6-2 2020年四川省各市（州）氨氮外排达标率

3. 二氧化硫

2020年，四川省工业废气污染源二氧化硫外排达标率为99.9%。其中，大气环境重点排污单位二氧化硫外排达标率为99.9%，其他重点排污单位二氧化硫外排达标率为100%。

各市（州）中，阿坝州、巴中、成都、达州、广安、广元、乐山、凉山州、泸州、眉山、绵阳、南充、内江、攀枝花、遂宁、雅安、宜宾、资阳、自贡19个市（州）二氧化硫外排达标率为100%。2020年四川省各市（州）二氧化硫外排达标率如图2.6-3所示。

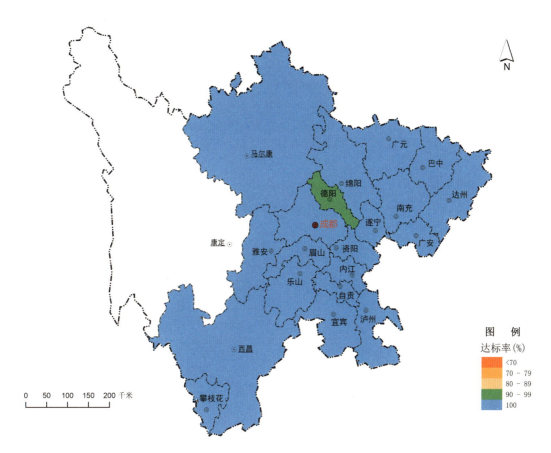

图2.6-3　2020年四川省各市（州）二氧化硫外排达标率

注：甘孜州未开展大气环境重点排污单位监测。

4.氮氧化物

2020年，四川省工业废气污染源氮氧化物外排达标率为99.4%。其中，大气环境重点排污单位氮氧化物外排达标率为99.3%，其他重点排污单位氮氧化物外排达标率为100%。

各市（州）中，阿坝州、巴中、成都、达州、广安、广元、乐山、凉山州、泸州、眉山、绵阳、内江、攀枝花、遂宁、雅安、宜宾16个市（州）氮氧化物外排达标率为100%。2020年四川省各市（州）氮氧化物外排达标率如图2.6-4所示。

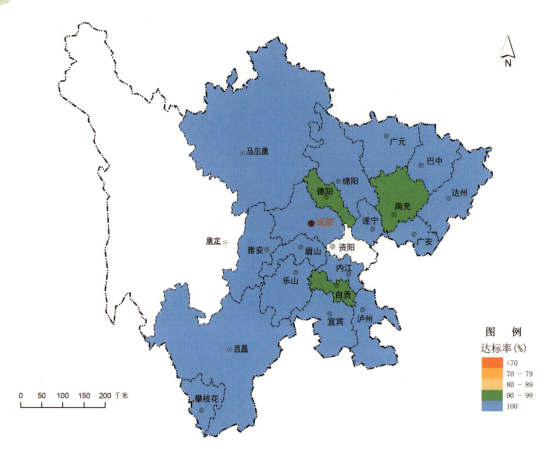

图2.6-4 2020年四川省各市（州）氮氧化物外排达标率

注：资阳、甘孜州未开展大气环境重点排污单位监测。

三、"十三五"期间重点污染源达标率变化趋势

1. 水环境重点排污单位

"十三五"期间，四川省水环境重点排污单位达标率出现波动，总体呈上升趋势。2020年与2016年相比，达标率提高2个百分点。"十三五"期间四川省水环境重点排污单位达标率变化趋势如图2.6-5所示。

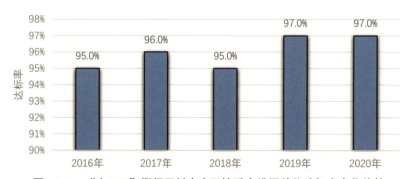

图2.6-5 "十三五"期间四川省水环境重点排污单位达标率变化趋势

2. 大气环境重点排污单位

"十三五"期间,四川省大气环境重点排污单位达标率出现波动,总体呈上升趋势。2020年与2016年相比,达标率提高3个百分点。"十三五"期间四川省大气环境重点排污单位达标率变化趋势如图2.6-6所示。

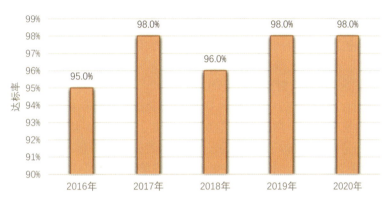

图2.6-6 "十三五"期间四川省大气环境重点排污单位达标率变化趋势

专栏3 重点排污单位执法监测、抽测抽查

"十三五"期间,四川省生态环境监测总站组织对成都、自贡、泸州、德阳、绵阳、遂宁、内江、乐山、南充、宜宾、广安、达州、巴中、雅安、眉山、资阳、阿坝州共17个市(州)重点排污单位开展了执法监测、抽测抽查,涉及水环境、大气环境和危险废物的重点排污单位共346家。

"十三五"期间,重点排污单位执法监测、抽测抽查的达标率整体与监督性监测达标率变化趋势一致,呈波动上升的趋势。2020年与2016年相比,全省执法监测、抽测抽查达标率提高4.4个百分点。成都、泸州、绵阳、遂宁、宜宾、广安、资阳、阿坝州8个市(州)执法监测、抽测抽查达标率为100%。

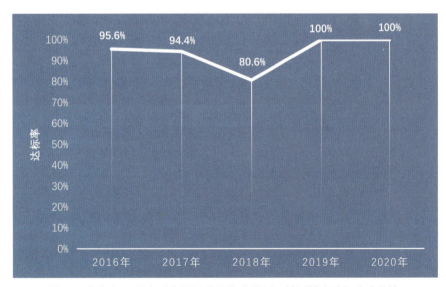

"十三五"期间四川省重点排污单位执法监测、抽测抽查达标率变化情况

第七章　辐射污染源状况

一、电离辐射污染源

四川省境内核设施包括铀矿冶，核燃料元件制造，核反应堆及乏燃料的暂存、处理，放射性废物的处理与处置等设施，还有门类繁多的核技术利用单位，包括民用放射性同位素密封源辐照场、粒子加速器等射线装置、非密封放射性同位素应用。

截至2020年，四川省境内共有在用放射性同位素密封源5166个，涉及使用单位502家，其中使用Ⅰ类放射源的单位24家（包含Ⅰ类或Ⅰ、Ⅱ类或Ⅰ、Ⅱ、Ⅲ类等，以下以此类推），使用Ⅱ类放射源的单位68家，使用Ⅲ类放射源的单位38家，使用Ⅳ类放射源的单位180家，使用Ⅴ类放射源的单位192家；Ⅱ类射线装置1887台，使用Ⅱ类射线装置的单位496家，Ⅲ类射线装置13022台，使用Ⅲ类射线装置的单位5732家。此外，四川省还有民用城市放射性废物暂存库1座。

二、铀矿冶设施

中核蓝天铀业有限责任公司龙江铀矿（以下简称龙江铀矿）位于阿坝州若尔盖县降扎乡，距若尔盖县城约100千米。矿区内生产设施有变电所、井口工业广场、浸出车间、堆浸场、尾矿库、水冶车间及废水处理站等，沿南北走向依次布置在羊肠沟内。龙江铀矿目前处于停产状态。停产期间，该矿对矿区井下废水进行了处理，环保设施运行正常。外围环境敏感点以其厂址为中心，半径为10千米评价范围内居民点主要有降扎温泉、降扎乡政府等单位。

三、重点民用核技术利用单位

1. 中国工程物理研究院辐照场

中国工程物理研究院辐照场位于绵阳市绵山路64号，使用钴-60密封放射源作为辐照装置。主要用于中国工程物理研究院的科学研究，也用于对外来食品的辐照保鲜和药品杀菌灭菌。该辐照场自20世纪90年代末建成后，一直安全运行。至2020年末，装源总活度为6.14×10^{15}贝可。

2. 四川省原子能研究院辐照场

四川省原子能研究院辐照场位于成都市龙泉驿区驿都西路4128号，占地20亩。原子能研究院共有2个辐照场，其中一个使用设计装源能力7.4×10^{16}贝可的γ型钴-60辐照装置，另一个使用1台功率20千瓦、束流强度10微安、电子射线最大能量2.0MeV的GJ-2型工业电子加速器。这两个辐照装置于2005年开始运行，主要用于医疗器械、生物材料、药品、生化制品和化妆品的消毒灭菌、辐照交联、材料改性及科研。至2020年末，γ型辐照装置装源总活度为2.04×10^{16}贝可，电子加速器正常运行。

3. 四川省农业科学院生物技术核技术研究所辐照场

四川省农业科学院生物技术核技术研究所辐照场位于成都市锦江区狮子山路106号，有2个钴-60密封放射源辐照装置。其中1#钴-60密封放射源辐照场建于20世纪70年代，2#钴-60密封放射源辐照场于2008年建成。四川省农业科学院生物技术核技术研究所的两个辐照场主要用于食品、药品、卫生用品、包装用品的消毒灭菌，文物、档案等的辐照杀虫，辐射化工以及农业科学研究等。至2020年末，四川省农业科学院生物技术核技术研究所1#与2#钴-60辐照场内，放射源总活度分别为1.32×10^{15}贝可和1.14×10^{16}贝可。

4. 中金辐照成都有限公司辐照场

中金辐照成都有限公司辐照场是中金辐照成都有限公司设立在四川，由中金辐照股份有限公司、四川有友食品开发有限公司、中国黄金四川公司三方共同出资组建，于2011年12月23日在四川省彭州市注册成立，专业从事辐照加工服务的企业。四川中金辐照场于2013年底在彭州工业开发区银厂沟北路198号建成投产，使用钴-60密封放射源作为辐照装置，主要用于医疗产品灭菌、食品保鲜、化工材料改性等。至2020年末，该辐照场装源总活度为6.18×10^{16}贝可。

5. 中核同辐（四川）辐射技术有限公司辐照场

中核同辐（四川）辐射技术有限公司隶属于中国核工业集团核技术应用产业平台，是中国同辐股份有限公司根据中核集团总体发展战略在西南地区设立的专业性全资企业。现为中国同位素与辐射行业协会成员单位、四川省核技术应用协会常任理事单位。公司位于成都天府新区中国同辐四川核能基地内。公司使用BFT-IV型地辊传送式钴-60伽马辐照装置，设计容量为400万居里。主要用于灭菌服务、伽马辐照老化试验、高分子材料辐照裂解、辐照接枝和辐照交联技术的应用研究，开发具有先进性能的新型高分子材料。至2020年末，该辐照场装源总活度为1.89×10^{16}贝可。

6. 四川省金核辐照技术有限公司辐照场

四川省金核辐照技术有限公司成立于2013年1月，是由四川省核工业地质局及其下属单位投资成立的股份制企业。公司位于成都天府新区成眉工业集中发展区，占地面积70亩。公司拥有500万居里钴-60辐照装置，目前是一家专业从事辐照应用技术服务与开发，军民两用辐射化工高分子材料合成及改性研究生产、销售，环保产业等领域的国有控股企业。至2020年末，该辐照场装源总活度为2.85×10^{16}贝可。

四、四川省城市放射性废物库

四川省城市放射性废物库位于彭州市九尺镇金沙村一组，距离成都市50千米，由四川省辐射环境管理监测中心站负责运营管理的国家二级暂存库，是四川省生态环境厅下属的重要环保设施，负责全省放射性废源（物）的收贮暂存工作。四川省城市放射性废物库始建于1988年，1990年建成，同年通过国家级验收，1993年11月投入运行。经过多次改扩建，目前库区占地面积约35亩，建有放射源库两座，库容共700立方米，极低放射性废物暂存间两座，库容540立方米，高放实验室800平方米。

截至2020年底，四川省城市放射性废物库共收贮放射源1720枚，放射性废物（含极低放射性废物）共100余立方米。"十三五"期间，完成了四川省城市放射性废物库安防系统升级改造工作，目前处于全国领先水平。

五、电磁辐射污染源

四川省电磁辐射污染源包括电视调频发射、调频广播、中短波广播发射塔、移动通信基站、变电站等电磁辐射设施。

第八章 小 结

"十三五"期间,四川省随着《大气污染防治行动计划》《打赢蓝天保卫战三年行动计划》的推进,《岷江流域水污染防治规划》《沱江流域水污染防治规划》等十条重点流域规划的实施,全省主要污染物实现了持续降低,2020年,国家认定全省化学需氧量、氨氮、二氧化硫和氮氧化物排放总量分别较2015年减少17.2%、18.6%、26.4%和19.7%,均超额完成国家下达的"十三五"约束性指标。重点污染源排放达标率的升高,污染物排放总量的减少,体现在环境质量的改善上,国考断面劣Ⅴ类水体基本消除,全省地级及以上城市空气优良天数比率达到90.8%。随着火电行业、钢铁行业、水泥行业等超低排放改造项目的实施,造纸行业、氮肥制造行业的深度治理,主要污染物行业排放结构发生了变化,污染物排放重点也从工业点源向生活源、机动车等面源污染转移。

"十三五"期间,随着全省城镇化进展,城镇规模扩大,人口持续增长,生活垃圾和医疗垃圾均呈现较大幅度增加,生活垃圾2019年较2016年增长21.4%,医疗垃圾增长55.3%。但随着全省生态环境保护工作的强力推进,医疗废物无害化处理率保持100%,垃圾焚烧的年均增长量较卫生填埋高出13.2个百分点,生活垃圾的处置方式已逐步从卫生填埋转换为垃圾焚烧。

第三篇 生态环境质量状况

第一章 生态环境质量监测及评价方法

一、环境空气

1. 监测点位

"十三五"期间，四川省环境空气质量监测点位共计265个，按环境空气质量监测点位级别和用途共分为四类。

国控城市环境空气质量监测点位：总计94个，21个市（州）城市均有布设，其中城市评价点78个，清洁对照点16个。

省控城市环境空气质量监测点位：总计156个，21个市（州）的县（市、区）均有布设，均为城市评价点位。

农村区域环境空气质量监测点位：总计14个，其中国控4个，省控10个。

区域背景环境空气质量监测点位：1个，为海螺沟国家环境空气背景自动监测站。

四川省环境空气监测点位分布如图3.1-1所示。

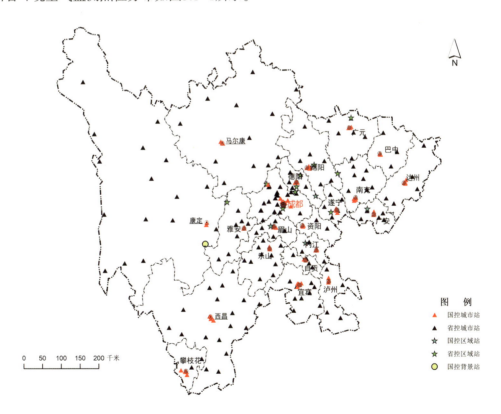

图3.1-1 四川省环境空气监测点位分布

2. 监测指标及频次

国控、省控、省控农村区域空气质量监测指标：二氧化硫（SO_2）、二氧化氮（NO_2）、一氧化碳（CO）、臭氧（O_3）、可吸入颗粒物（PM_{10}）、细颗粒物（$PM_{2.5}$）以及气象五参数（温度、湿度、气压、风向、风速）。

国控农村区域空气质量监测指标：二氧化硫（SO_2）、二氧化氮（NO_2）、可吸入颗粒物（PM_{10}）以及气象五参数（温度、湿度、气压、风向、风速）。

区域背景空气质量监测指标：二氧化硫（SO_2）、二氧化氮（NO_2）、一氧化碳（CO）、臭氧（O_3）、可吸入颗粒物（PM_{10}）、细颗粒物（$PM_{2.5}$）、气象五参数（温度、湿度、气压、风向、风速）、能见度、黑碳（七波段）、降水量、电导率、pH、主要阴阳离子、温室气体二氧化碳（CO_2）、甲烷（CH_4）、氧化亚氮（N_2O）。

所有监测点位均采取每天24小时连续自动监测。

3. 评价标准和评价方法

环境空气质量评价按照《环境空气质量标准》（GB 3095—2012）及修改单、《环境空气质量指数（AQI）技术规定（试行）》（HJ 633—2012）、《环境空气质量评价技术规范（试行）》（HJ 663—2013）、《城市环境空气质量排名技术规定》（环办监测〔2018〕19号），对二氧化硫（SO_2）、二氧化氮（NO_2）、一氧化碳（CO）、臭氧（O_3）、可吸入颗粒物（PM_{10}）和细颗粒物（$PM_{2.5}$）的实况浓度数据进行评价。空气质量指数（AQI）范围及相应的空气质量级别见表3.1-1。

表3.1-1 空气质量指数（AQI）范围及相应的空气质量级别

AQI	空气质量级别	表征颜色	对健康影响情况
0～50	一级（优）	绿色	空气质量令人满意，基本无空气污染
51～100	二级（良）	黄色	空气质量可接受，但某些污染物可能对极少数异常敏感人群健康有较弱影响
101～150	三级（轻度污染）	橙色	易感人群症状有轻度加剧，健康人群出现刺激症状
151～200	四级（中度污染）	红色	进一步加剧易感人群症状，可能对健康人群心脏、呼吸系统有影响
201～300	五级（重度污染）	紫色	心脏病和肺病患者症状显著加剧，运动耐受力降低，健康人群普遍出现症状
>300	六级（严重污染）	褐红色	健康人群运动耐受力降低，有明显强烈症状，提前出现某些疾病

4. 环境空气质量评价

城市环境空气质量评价范围：21个市（州）政府所在地城市的78个国控监测点位，均采用实况数据进行评价。

县级城市环境空气质量评价范围：150个县（市、区）政府所在地城市的156个省控监测点位和33个区的35个国控监测点位，均采用实况数据进行评价。

农村区域空气质量自动监测评价范围：10个省控点位，均采用实况数据进行评价。

区域背景环境空气质量评价范围：海螺沟国家环境空气背景自动监测站，采用实况数据进行评价。

二、降水

1. 监测点位

"十三五"期间，四川省21个市（州）城市共布设降水监测点位71个，与"十二五"期间相比，统计的城市减少3个县级市，监测点位减少4个。四川省降水监测点位分布如图3.1-2所示。

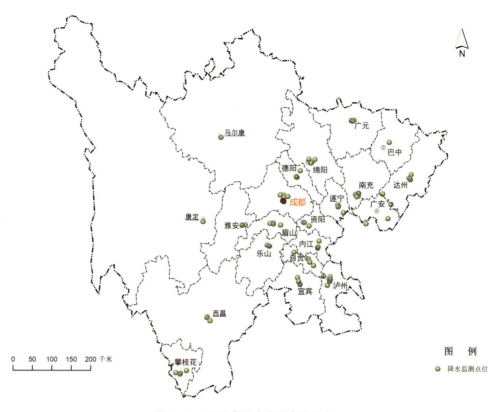

图3.1-2　四川省降水监测点位分布

2. 监测指标及频次

降水监测指标为降水量、电导率、pH、硫酸根离子、硝酸根离子、氟离子、氯离子、铵离子、钙离子、镁离子、钾离子和钠离子；监测频次为逢雨必测。

3. 评价标准和评价方法

采用《酸沉降监测技术规范》（HJ/T 165—2004）评价，以pH<5.60作为判断酸雨的依据。降水pH<4.50为重酸雨区，4.50≤pH<5.00为中酸雨区，5.00≤pH<5.60为轻酸雨区，pH≥5.60为非酸雨区。

三、地表水

1. 监测点位

"十三五"期间，四川省经过持续的点位优化调整后，共计布设191个地表水监测断面，包括在长江（四川段）、黄河干流（四川段）、金沙江、嘉陵江、岷江、沱江六大水系布设的153个河流监测断面和在13个重点湖库布设的38个湖库监测断面。

与"十二五"末期相比，河流监测断面新增24个，取消10个；湖库监测断面新增4个，合计8个断面。"十三五"期间四川省地表水监测断面分布如图3.1-3所示。

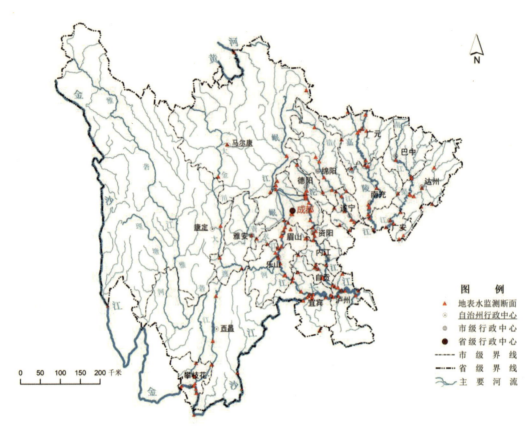

图3.1-3 "十三五"期间四川省地表水监测断面分布

2. 监测指标及频次

地表水监测指标为水温、pH、溶解氧、高锰酸盐指数、化学需氧量、五日生化需氧量、氨氮、总磷、总氮、铜、锌、氟化物、硒、砷、汞、镉、六价铬、铅、氰化物、挥发酚、石油类、阴离子表面活性剂、硫化物、粪大肠菌群共24项,湖库增加透明度、叶绿素a。每月监测一次,一年监测12次。

3. 评价标准和评价方法

地表水环境质量评价依据《地表水环境质量标准》（GB 3838—2002），按照《地表水环境质量评价办法（试行）》进行评价。

水质评价指标：除水温、总氮、粪大肠菌群以外的21项指标，湖库总氮、粪大肠菌群单独评价。

湖库营养状态评价指标：高锰酸盐指数、总磷、总氮、叶绿素a、透明度。

河流断面水质定性评价见表3.1-2，河流、流域（水系）水质定性评价见表3.1-3。

表3.1-2　河流断面水质定性评价

水质类别	水质状况	表征颜色	水质功能
Ⅰ～Ⅱ类水质	优	蓝色	饮用水源一级保护区、珍稀水生生物栖息地、鱼虾类产卵场、仔稚幼鱼的索饵场等
Ⅲ类水质	良好	绿色	饮用水源二级保护区、鱼虾类越冬场、洄游通道、水产养殖区、游泳区
Ⅳ类水质	轻度污染	黄色	一般工业用水和人体非直接接触的娱乐用水
Ⅴ类水质	中度污染	橙色	农业用水及一般景观用水
劣Ⅴ类水质	重度污染	红色	除调节局部气候外，几乎无使用功能

表3.1-3　河流、流域（水系）水质定性评价

水质类别比例	水质状况	表征颜色
Ⅰ～Ⅲ类水质比例≥90%	优	蓝色
75%≤Ⅰ～Ⅲ类水质比例<90%	良好	绿色
Ⅰ～Ⅲ类水质比例<75%，且劣Ⅴ类比例<20%	轻度污染	黄色
Ⅰ～Ⅲ类水质比例<75%，且20%≤劣Ⅴ类比例<40%	中度污染	橙色
Ⅰ～Ⅲ类水质比例<60%，且劣Ⅴ类比例≥40%	重度污染	红色

四、集中式饮用水水源地

1. 监测点位

四川省21个市（州）政府所在地共布设和监测了46个市级集中式饮用水水源地的46个断面（点位），其中地表水型43个，地下水型3个；县（区）所在地城镇集中式饮用水水源地总计217个，布设监测断面（点位）220个，其中地表水型185个，地下水型35个。目前，已实现全省183个县（市、区）集中式饮用水水源地监测全覆盖。四川省县级以上集中式饮用水水源地监测断面（点位）分布如图3.1-4所示。

乡镇集中式饮用水水源地监测断面（点位）总计2778个，其中地表水型1884个（包括河流型1347个、湖库型537个），地下水型894个。断面（点位）较2015年增加了141个。四川省乡镇集中式饮用水水源地监测断面（点位）分布如图3.1-5所示。

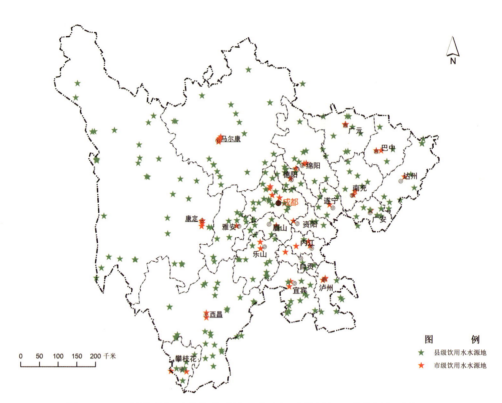

图3.1-4　四川省县级以上集中式饮用水水源地监测断面（点位）分布

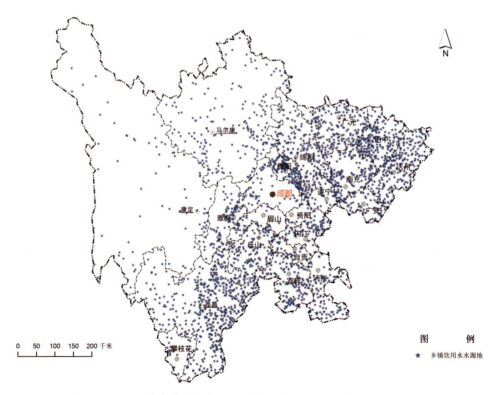

图3.1-5　四川省乡镇集中式饮用水水源地监测断面（点位）分布

2. 监测指标及频次

市级、县级地表水型饮用水水源地监测指标为《地表水环境质量标准》中基本项目28项（表1中除水温23项和表2中5项）和表3中优选特定项目33项，总计61项，并统计取水量；全分析监测指标为所有109项，并统计取水量；地下水型监测指标为《地下水质量标准》表1中23项或39项，并统计取水量。

乡镇地表水型饮用水水源地监测指标为《地表水环境质量标准》中基本项目28项，并统计取水量；地下水型监测指标为《地下水质量标准》表1中23项或39项，并统计取水量。

2015—2020年集中式饮用水水源地监测指标统计情况见表3.1-4，不同类型集中式饮用水水源地监测频次见表3.1-5。

表3.1-4　2015—2020年集中式饮用水水源地监测指标统计情况

监测时间	点位性质	地表水型		地下水型	
		基本监测项目28项	优选特定项目33项	《GB/T 14848—93》表1中23项	《GB/T 14848—2017》表1中39项
2015年	市级	必测	必测	必测	—
	县级	必测	必测	必测	—
	乡镇	必测	—	必测	—
2016年	市级	必测	必测	必测	—
	县级	必测	必测	必测	—
	乡镇	必测	—	必测	—
2017年	市级	必测	必测	必测	—
	县级	必测	必测	必测	—
	乡镇	必测	—	必测	—
2018年	市级	必测	必测	必测（上半年）	必测（下半年）
	县级	必测	必测		
	乡镇	必测	—	必测	
2019年	市级	必测	必测	—	必测
	县级	必测	必测		必测
	乡镇	必测	—		必测
2020年	市级	必测	必测		必测
	县级	必测	必测		必测
	乡镇	必测	—		必测

表3.1-5　不同类型集中式饮用水水源地监测频次

水源地类型		监测频次
市级饮用水水源地	地表水型	每月1次，全年12次
	地下水型	每月1次，全年12次
	全分析	每年1次
县级饮用水水源地	地表水型	每季度1次，全年4次
	地下水型	每半年1次，全年2次
	全分析	双数年1次
乡镇饮用水水源地	地表水型	每半年1次，全年2次
	地下水型	每半年1次，全年2次

3. 评价标准和评价方法

依据《地表水环境质量标准》（GB 3838—2002）和《地下水质量标准》（GB/T 14848—2017）中Ⅲ类标准限值，采用单因子评价。

为便于地下水型饮用水水源地达标率及变化趋势对比分析，2015—2017年四川省地下水型饮用水水源地监测结果按照《地下水质量标准》（GB 14848—2017）重新评价。

五、地下水

（一）国家地下水质量考核

1. 监测点位

"十三五"期间，四川省地下水环境质量考核点位共有34个，分布于成都、德阳所辖的平原区域。成都辖区监测点位损毁1个，无法找到的监测点位2个，2020年实际监测国家地下水质量考核点位共计31个，其中成都16个，德阳15个。地下水监测点位分布见表3.1-6。

表3.1-6　地下水监测点位分布

序号	原始编号	市	点位位置	备注
1	J1101	成都	金牛区王贾社区王贾村6组	
2	R3	成都	都江堰市崇义镇界牌村5村79号	
3	W1004	成都	新都区大丰镇双林村6组	
4	W8205	成都	温江区万春镇幸福村2组	
5	W6363	成都	邛崃市固驿镇春台社区18组（华美商务酒店旁）	
6	J109	成都	郫都区安德镇黄龙村3组（黄广路）	
7	W0298	成都	青羊区苏坡街道百仁村1组（摸底河）	
8	J0293	成都	武侯区机投镇半边街3组（九康2路）	2019年已毁，无替代点
9	J0289	成都	武侯区簇桥锦街道福锦路一段（西府兰庭）	
10	J9992	成都	武侯区金花桥街道川西营村3组（永康路）	
11	W7014	成都	都江堰市石羊镇苏院村2组	
12	J0886	成都	武侯区第一人民医院旁	无法找到点位，2020年未监测

序号	原始编号	市	点位位置	备注
13	W6681	成都	崇州市燎原乡行政村6组（顺兴街18号）	
14	W7379	成都	大邑县董场镇铁溪社区1组（铁溪路376号）	
15	W6111	成都	崇州市街子镇唐公村4组	
16	J0500	成都	金牛区金牛宾馆（成都金泉路2号）	
17	W9338	成都	彭州市隆丰镇黄高村12组	
18	J1290	成都	武侯区四川大学望江校区放化馆附近	无法找到点位，2020年未监测
19	W2214	成都	新都区新都镇封赐村8组	
20	W0958	德阳	什邡市洛水镇幸福村7组	
21	W2381	德阳	绵竹市汉旺镇牛鼻村4组	
22	W1832	德阳	广汉市南兴镇塔子村14组	
23	13843_2	德阳	旌阳区工农街道千佛社区耐火材料厂（金山街260号）	
24	D3947_3	德阳	旌阳区孝感镇黄河村8组	
25	D4248_3	德阳	旌阳区北郊水厂1号井	
26	W4362	德阳	旌阳区黄许镇江林村7组	
27	W2548	德阳	什邡市禾丰镇禾丰社区	
28	W3622	德阳	广汉市三水镇宝莲村19组	
29	ZK10	德阳	旌阳区孝感镇联合村4组80号	
30	D3940_1	德阳	旌阳区工农街道东升村9组	2016年新增
31	W3478	德阳	绵竹市绵远镇广西村2组（富乐路）	
32	W1340	德阳	什邡市隐峰镇黄龙村4组	
33	W1551	德阳	什邡市马祖镇高桥村4组（两路口）	
34	W3058	德阳	绵竹市孝德镇孝北路（中林商务酒店旁）	

注：W、J、D分别代表民井、生产机井、农灌大口沉井。

2. 监测指标及频次

（1）自然资源部门监测指标和频次。

2016—2019年，自然资源部门按照《地下水监测网运行维护规范》的要求，监测指标主要包括地下水感观性状指标、一般化学指标及部分毒理学指标等35项。每年分别在枯水期3月和丰水期8月各监测一次，监测指标见表3.1-7。

表3.1-7 自然资源部门地下水环境质量监测指标（2016—2019年）

序号	监测指标	序号	监测指标
1	浑浊度	19	铝
2	色	20	氯化物
3	嗅和味	21	氰化物

序号	监测指标	序号	监测指标
4	肉眼可见物	22	氟化物
5	钠	23	碘化物
6	钾离子	24	碳酸根
7	钙离子	25	重碳酸根
8	镁离子	26	硫酸盐
9	铁	27	硝酸盐
10	铜	28	亚硝酸盐
11	锰	29	偏硅酸
12	铅	30	溶解性总固体
13	锌	31	总硬度
14	镉	32	高锰酸盐指数
15	铬（六价）	33	氨氮
16	汞	34	挥发性酚类
17	砷	35	pH
18	硒	—	—

（2）2020年生态环境部门监测指标和频次。

2020年生态环境部门监测指标为《地下水质量标准》（GB/T 14848—2017）表1中39项，以及钴、钼、铍、钡、镍、滴滴涕、六六六，分别在丰水期和枯水期各监测1次。

3. 评价标准和评价方法

自然资源部门采用的评价方法主要依据《地下水质量标准》（GB/T 14848—93），选取pH、氨氮、硝酸盐、亚硝酸盐、挥发性酚类、氰化物、砷、汞、铬（六价）、总硬度、铅、氟化物、镉、总铁、锰、溶解性总固体、高锰酸盐指数、硫酸盐、氯化物19项指标，采用枯水期、丰水期监测值的平均值进行综合评价，计算得出地下水质量级别。

按《地下水质量标准》（GB/T 14848—93）综合评价方法，划分地下水质量级别为优良、良好、较好、较差和极差五个等级。为了工作延续性及便于比较，2020年生态环境部门考核评价指标及评价方法与2020年前自然资源部门采用的评价指标和方法一致。

（二）地下水"双源"试点监测

1. 德阳地下水"双源"试点监测

按照生态环境部和中国环境监测总站的要求，2019年四川省在德阳辖区内开展了污染企业地下水和城镇集中式地下水型饮用水水源地水质监测（简称"双源"监测）。选择污染企业11家32口井，饮用水水源地6个6口井。德阳地下水"双源"试点监测统计情况见表3.1-8。

表3.1-8　德阳地下水"双源"试点监测统计情况

"双源"数量（个）					监测井数量（口）				
饮用水源	污染源				饮用水源	污染源			
	化学品生产企业	工业集聚区	危险废物处置场	垃圾填埋场		化学品生产企业	工业集聚区	危险废物处置场	垃圾填埋场
6	7	1	1	2	6	20	1	4	7

（1）污染企业地下水监测。

德阳选择的11家污染企业涵盖化学品生产企业、工业集聚区、危险废物处置场、垃圾填埋场四种类型。监测方式为企业自行监测和监督性监测。德阳试点监测污染企业名称、类型以及监测指标、时间、方式见表3.1-9。

表3.1-9　德阳试点监测污染企业名称、类型以及监测指标、时间、方式

序号	企业类型	企业名称	监测指标	指标总数	监测时间	监测方式
1	垃圾填埋场	广汉市海天生活垃圾卫生填埋场	pH、总硬度、溶解性总固体、硫酸盐、硝酸盐、亚硝酸盐、耗氧量、氨氮、氟化物、氰化物、氯化物、铁、锰、铜、锌、汞、砷、镉、铅、六价铬、挥发性酚类	21	3月、7月	企业自行监测
2	化学品生产企业	四川广宇化工股份有限公司	色、嗅和味、浑浊度、肉眼可见物、pH、总硬度、溶解性总固体、硫酸盐、氟化物、氯化物、铁、锰、铜、铅、锌、砷、阴离子表面活性剂、挥发性酚类、耗氧量、氨氮、硫化物、钠、镍、总大肠菌群、菌落总数	25	7月、9月	企业自行监测
3	化学品生产企业	四川省广汉市万福磷肥实业有限公司	色、嗅和味、浑浊度、肉眼可见物、pH、总硬度、溶解性总固体、硫酸盐、氯化物、铁、锰、铜、锌、铝、挥发性酚类、阴离子表面活性剂、耗氧量、氨氮、硫化物、钠、总大肠菌群、菌落总数、铬、镉、氟化物、铅、砷、钴	28	8月	企业自行监测
4	化学品生产企业	四川广汉星光冶金化工有限责任公司	色、嗅和味、浑浊度、肉眼可见物、pH、总硬度、溶解性总固体、硫酸盐、氯化物、铅、铁、锰、铜、锌、钠、挥发性酚类、阴离子表面活性剂、耗氧量、氨氮、硫化物、总大肠菌群、菌落总数、钴	23	8月	企业自行监测
5	化学品生产企业	四川金路树脂有限公司	色、嗅和味、浑浊度、肉眼可见物、pH、总硬度、溶解性总固体、硫酸盐、氯化物、铁、锰、铜、锌、铝、挥发性酚类、阴离子表面活性剂、耗氧量、氨氮、硫化物、钠、总大肠菌群、菌落总数	22	8月	企业自行监测
			铅、砷、汞、氟化物、氯乙烯、二氯乙烷、二氯甲烷、氟化物	8	6月、9月	企业自行监测

续表3.1-9

序号	企业类型	企业名称	监测指标	指标总数	监测时间	监测方式
6	垃圾填埋场	中江县生活垃圾处理场	pH、总硬度、溶解性总固体、硫酸盐、氯化物、硝酸盐、亚硝酸盐、氟化物、氰化物、六价铬、铁、锰、铜、锌、镉、铅、砷、汞、挥发性酚类、耗氧量、氨氮	21	8月	企业自行监测
7	危险废物处置场	德阳市固体废物处置有限公司	色、嗅和味、浑浊度、肉眼可见物、pH、总硬度、溶解性总固体、硫酸盐、氯化物、铁、锰、铜、锌、铝、挥发性酚类、阴离子表面活性剂、耗氧量、氨氮、硫化物、钠、总大肠菌群、菌落总数	22	8月	企业自行监测
			苯、甲苯、二甲苯、镍、铅、汞、砷、镉	8	6月、8月、10月	企业自行监测
8	化学品生产企业	龙佰四川钛业有限公司（原四川龙蟒钛业股份有限公司）	色、嗅和味、浑浊度、肉眼可见物、pH、总硬度、溶解性总固体、硫酸盐、氯化物、铁、锰、铜、锌、挥发性酚类、阴离子表面活性剂、耗氧量、氨氮、硫化物、钠、总大肠菌群、菌落总数、氟化物、总磷、六价铬、砷、铅、镉	27	7月、8月、10月	企业自行监测
9	化学品生产企业	四川盘龙矿物质有限责任公司	色、嗅和味、浑浊度、肉眼可见物、pH、总硬度、溶解性总固体、硫酸盐、氯化物、氟化物、铅、铁、锰、铜、锌、钠、汞、镍、砷、镉、挥发性酚类、阴离子表面活性剂、耗氧量、氨氮、六价铬、硫化物、总大肠菌群、菌落总数	28	6月、8月	企业自行监测
10	化学品生产企业	宏达股份有限公司（洛水基地）	色、嗅和味、浑浊度、肉眼可见物、pH、总硬度、溶解性总固体、硫酸盐、氯化物、铁、锰、铜、锌、铝、挥发性酚类、阴离子表面活性剂、耗氧量、氨氮、硫化物、钠、总大肠菌群、菌落总数	22	8月	企业自行监测
			氟化物、砷、汞、镉	4	7月、8月、10月	企业自行监测
			色、浑浊度、pH、水温、总硬度、溶解性总固体、硫酸盐、氯化物、铁、锰、铜、锌、挥发性酚类、阴离子表面活性剂、耗氧量、氨氮、硫化物、钠、总大肠菌群、菌落总数、氟化物、砷、汞、镉	24	8月	监督性监测

续表3.1-9

序号	企业类型	企业名称	监测指标	指标总数	监测时间	监测方式
11	工业集聚区	宏达股份有限公司（师古基地）	色、嗅和味、浑浊度、肉眼可见物、pH、总硬度、溶解性总固体、硫酸盐、氯化物、铁、锰、铜、锌、铝、挥发性酚类、阴离子表面活性剂、耗氧量、氨氮、硫化物、钠、总大肠菌群、菌落总数	22	8月	企业自行监测
			氟化物、砷、汞、镉	4	7月、8月、10月	
			色、浑浊度、pH、水温、总硬度、溶解性总固体、硫酸盐、氯化物、铁、锰、铜、锌、挥发性酚类、阴离子表面活性剂、耗氧量、氨氮、硫化物、钠、总大肠菌群、菌落总数、氟化物、砷、汞、镉	24	8月	监督性监测

污染源企业地下水质评价依据《地下水质量标准》（GB/T 14848—2017），采用单因子监测评价法。

（2）地下水型集中式饮用水水源地。

地下水型集中式饮用水水源地监测包括市级1家，县级5家。市级为德阳市西郊水厂，县级为广汉市三星堆水厂、绵竹市自来水3厂、绵竹市自来水4厂、绵竹市自来水5厂和中江县继光水厂。地下水型集中式饮用水水源地监测信息见表3.1-10。

表3.1-10　地下水型集中式饮用水水源地监测信息

监测对象	监测指标	指标总数	监测频次
德阳市西郊水厂 广汉市三星堆水厂 绵竹市自来水3厂 绵竹市自来水4厂 绵竹市自来水5厂 中江县继光水厂	色、嗅和味、浑浊度、肉眼可见物、pH、总硬度、溶解性总固体、硫酸盐、氯化物、铁、锰、铜、锌、铝、挥发性酚类、阴离子表面活性剂、耗氧量、氨氮、硫化物、钠、总大肠菌群、菌落总数	22	每月1次

评价依据《地下水质量标准》（GB/T 14848—2017），采用单因子监测评价法。

2. 成都地下水"双源"试点监测

按照生态环境部和中国环境监测总站的要求，2020年四川省在成都辖区内开展了污染企业地下水和城镇集中式地下水型饮用水水源地水质监测（简称"双源"监测）。包括21个源38口井，其中17个饮用水源17口井和4个污染源21口井，从监测井含水层类型来看，全部为潜水层。成都地下水"双源"试点监测统计情况见表3.1-11。

表3.1-11　成都地下水"双源"试点监测统计情况

"双源"数量（个）			监测井数量（口）		
饮用水源	污染源		饮用水源	污染源	
	危险废物处置场	生活垃圾填埋场		危险废物处置场	生活垃圾填埋场
17	1	3	17	6	15

（1）污染企业地下水监测。

成都污染企业地下水监测信息见表3.1-12。

表3.1-12　成都污染企业地下水监测信息

序号	企业类型	企业名称	区（县）	监测井数量（口）	监测频次
1	危险废物处置场	四川省成都危险废物处置中心	龙泉驿区	6	2次/年（丰水期、枯水期各1次）
2	生活垃圾填埋场	崇州市生活垃圾卫生填埋场	崇州市	4	
3	生活垃圾填埋场	长安垃圾填埋处置中心	龙泉驿区	5	
4	生活垃圾填埋场	彭州市生活卫生垃圾填埋场	彭州市	6	

危险废物处置中心监测指标：《地下水质量标准》（GB/T 14848—2017）表1中39项指标并根据《危险废物填埋污染控制标准》（GB 18598—2019），综合考虑危险废物处置场性质，增测非常规指标：镍、钴、钒、锑、铊、钼、钡、银、总铬、总磷、总有机碳、苯并[a]芘，共51项。

垃圾填埋场（处置中心）监测指标：《地下水质量标准》（GB/T 14848—2017）表1中39项指标并根据《生活垃圾填埋污染控制标准》（GB 16889—2008），综合考虑填埋物的性质和成分，增测非常规指标：镍、钴、钒、锑、钡、铊、铍、钼、总铬，共48项。

评价标准及方式：依据《地下水质量标准》（GB/T 14848—2017），采用单因子监测评价法。

（2）地下水型集中式饮用水水源地监测。

地下水型集中式饮用水水源地监测信息见表3.1-13。

表3.1-13　地下水型集中式饮用水水源地监测信息

序号	监测对象	区（县）	监测井数量（口）	监测频次
1	金马自来水厂	温江区	1	2次/年（丰水期、枯水期各1次）
2	棋盘村北	崇州市	1	
3	三水厂取水口	大邑县	1	
4	南宝山镇油榨水厂饮用水水源保护区	邛崃市	1	
5	羊安镇自来水厂饮用水水源保护区	邛崃市	1	
6	牟礼镇自来水厂饮用水水源保护区	邛崃市	1	
7	桑园镇通泉水厂饮用水水源保护区	邛崃市	1	
8	隆兴水厂水源地	崇州市	1	
9	羊马水厂水源地	崇州市	1	
10	中兴镇工业大道30号	都江堰市	1	

序号	监测对象	区（县）	监测井数量（口）	监测频次
11	安仁水厂集中供水厂	大邑县	1	2次/年（丰水期、枯水期各1次）
12	安仁水厂	大邑县	1	
13	董场西河水厂	大邑县	1	
14	上安水厂	大邑县	1	
15	三岔集中供水厂	大邑县	1	
16	新场集中水厂	大邑县	1	
17	通济水厂鱼洞村地下水水源地集中式饮用水水源	彭州市	1	

评价依据《地下水质量标准》（GB/T 14848—2017），采用单因子评价法。评价指标为《地下水质量标准》（GB/T 14848—2017）表1中39项。

六、城市声环境

1. 监测点位

2020年，四川省21个市（州）政府所在地城市声环境质量监测点位4773个，其中区域声环境质量监测点位3843个、道路交通干线声环境质量监测点位763个，全年各监测一次；功能区声环境质量监测点位167个，按季度监测。四川省声环境质量监测点位分布如图3.1-6所示。

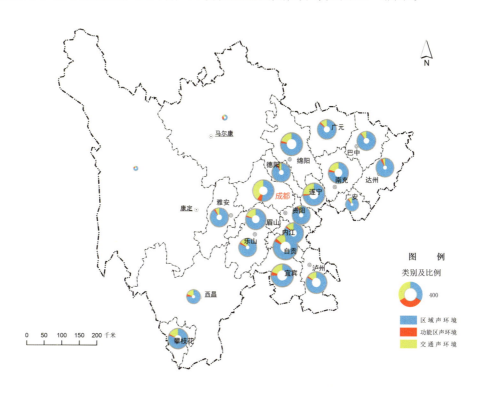

图3.1-6 四川省声环境质量监测点位分布

2. 评价标准和评价方法

采用《声环境质量标准》（GB 3096—2008）和《环境噪声监测技术规范 城市声环境常规监

测》（HJ 640—2012）进行评价。

七、生态环境

1. 监测范围

生态环境状况监测涉及四川省21个市（州）、183个县（市、区），总面积48.6万平方千米。遥感监测项目为土地利用/植被覆盖数据6大类、26小项，其他监测项目为归一化植被指数、土壤侵蚀、水资源量、降水量、主要污染物排放量等。

2. 监测指标体系

生态环境状况评价利用一个综合指数（生态环境状况指数EI）反映区域生态环境的整体状态，EI数值范围为0~100。指标体系包括生物丰度指数、植被覆盖指数、水网密度指数、土地胁迫指数、污染负荷指数五个分指数和一个环境限制指数。五个分指数分别反映被评价区域内生物的丰贫、植被覆盖的高低、水的丰富程度、遭受的胁迫强度、承载的污染物压力；环境限制指数是约束性指标，指根据区域内出现的严重影响人居生产生活安全的生态破坏和环境污染事项对生态环境状况进行限制和调节。

3. 评价标准和评价方法

评价依据为《生态环境状况评价技术规范》（HJ 192—2015）。

权重：各项监测指标在生态环境状况评价中的权重见表3.1-14。

表3.1-14　各项评价指标权重

指标	生物丰度指数	植被覆盖指数	水网密度指数	土地胁迫指数	污染负荷指数	环境限制指数
权重	0.35	0.25	0.15	0.15	0.10	约束性指标

生态环境状况计算方法：生态环境状况指数（EI）=0.35×生物丰度指数+0.25×植被覆盖指数+0.15×水网密度指数+0.15×土地胁迫指数+0.10×污染负荷指数。

生态环境状况分级：生态环境状况共分为五级，分别是优、良、一般、较差和差。具体分级详见表3.1-15。

表3.1-15　生态环境状况分级

级别	优	良	一般	较差	差
指数	$EI \geq 75$	$55 \leq EI < 75$	$35 \leq EI < 55$	$20 \leq EI < 35$	$EI < 20$
描述	植被覆盖度高，生物多样性丰富，生态系统稳定	植被覆盖度较高，生物多样性较丰富，适合人类生活	植被覆盖度中等，生物多样性一般水平，较适合人类生活，但有不适合人类生活的制约性因子出现	植被覆盖较差，严重干旱少雨，物种较少，存在着明显限制人类生活的因素	条件较恶劣，人类生活受到限制

生态环境状况变化分析：根据生态环境状况指数与基准值的变化情况，将生态环境质量变化幅度分为4级，即无明显变化、略有变化（好或差）、明显变化（好或差）、显著变化（好或差）。各分指数变化分级评价方法可参考生态环境状况变化度分级（见表3.1-16）。

生态环境状况波动分析：如果生态环境状况指数呈现波动变化的特征，则该区域生态环境敏感。根据生态环境质量波动变化幅度，将生态环境变化状况分为稳定、波动、较大波动和剧烈波动。生态环境状况波动变化分级见表3.1-17。

表3.1-16 生态环境状况变化度分级

级别	无明显变化	略有变化	明显变化	显著变化
变化值	$\|\Delta EI\|<1$	$1\leqslant\|\Delta EI\|<3$	$3\leqslant\|\Delta EI\|<8$	$\|\Delta EI\|\geqslant 8$
描述	生态环境质量无明显变化	如果$1\leqslant\Delta EI<3$，则生态环境质量略微变好；如果$-3<\Delta EI\leqslant-1$，则生态环境质量略微变差	如果$3\leqslant\Delta EI<8$，则生态环境质量明显变好；如果$-8<\Delta EI\leqslant-3$，则生态环境质量明显变差；如果生态环境状况类型发生改变，则生态环境质量明显变化	如果$\Delta EI\geqslant 8$，则生态环境质量显著变好；如果$\Delta EI\leqslant-8$，则生态环境质量显著变差

表3.1-17 生态环境状况波动变化分级

级别	稳定	波动	较大波动	剧烈波动
变化值	$\|\Delta EI\|<1$	$1\leqslant\|\Delta EI\|<3$	$3\leqslant\|\Delta EI\|<8$	$\|\Delta EI\|\geqslant 8$
描述	生态环境质量状况稳定	如果$\|\Delta EI\|\geqslant 1$，并且ΔEI在-3和3之间波动变化，则生态环境状况呈现波动特征	如果$\|\Delta EI\|\geqslant 3$，并且ΔEI在-8和8之间波动变化，则生态环境状况呈现较大波动特征	如果$\|\Delta EI\|\geqslant 8$，并且ΔEI变化呈现正负波动特征，则生态环境状况剧烈波动

八、农村环境

1. 监测点位

"十三五"期间，四川省农村环境质量监测范围涉及21个市（州）、83个县、272个村庄。2020年监测96个县、96个村庄，布设环境空气质量监测点96个；饮用水水源地水质监测断面（点位）100个，其中地表水型76个，地下水型24个；土壤监测点264个；县域地表水监测断面（点位）215个。

2015—2020年，四川省农村环境质量监测村庄和县每年均有一定的变化，部分村庄持续开展了监测。2015—2020年农村环境质量监测村庄情况见表3.1-18。"十三五"期间四川省农村环境质量监测村庄分布如图3.1-7所示。

表3.1-18 2015—2020年农村环境质量监测村庄情况

年份	监测县（个）	监测村庄（个）	与上年一致的监测村庄（个）
2020	96	96	72
2019	80	80	42
2018	52	52	39
2017	47	76	31
2016	38	113	50
2015	28	112	—

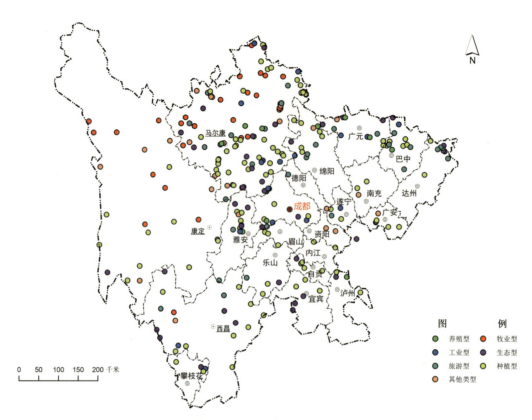

图3.1-7 "十三五"期间四川省农村环境质量监测村庄分布

2. 监测指标及频次

农村环境质量监测包括村庄空气、村庄饮用水水源地、村庄土壤、村庄污水处理厂出水水质、县域地表水和县域生态监测。

2016—2017年，四川省开展村庄地表水的监测。2019年增加了农村千吨万人饮用水水源地、灌溉面积在10万亩及以上的灌溉水源水、日处理能力20吨及以上农村生活污水处理设施出水监测。2020年，农村环境质量例行监测任务取消了村庄生活污水处理设施出水、人工湿地出水水质监测。"十三五"期间四川省农村环境质量监测内容见表3.1-19。

3. 评价指标和评价方法

农村环境状况指数（I_{env}）：为环境空气质量指数、饮用水水源地水质指数、地表水水质指数、土壤环境质量指数之和，各指数权重分别为0.35、0.20、0.20、0.25。

农村生态状况指数（I_{eco}）：为生物丰度指数、植被覆盖指数、水网密度指数、土地退化指数、人类干扰指数之和，各指数权重分别为0.20、0.20、0.20、0.15、0.15。

农村环境质量综合状况指数（RQI）：为农村环境状况指数（I_{env}）和农村生态状况指数（I_{eco}）之和，各指数权重分别为0.6和0.4。

农村环境质量指数与农村生态状态级别对应见表3.1-20。

空气、饮用水水源地、土壤、地表水和县域生态监测均按照各环境要素现行有效的评价指标及评价方式进行。

2015—2020年，农村环境质量地下水型饮用水水源地、土壤监测数据均按照最新环境质量标准进行评价。

表3.1-19 "十三五"期间四川省农村环境质量监测内容

环境质量要素	监测项目	监测时间	监测频次
村庄环境空气	二氧化硫（SO_2）、氮氧化物（NO_x）、可吸入颗粒物（PM_{10}）、一氧化碳（CO）、臭氧（O_3）、细颗粒物（$PM_{2.5}$）	2016—2020年	每个季度1次
村庄地表水型饮用水水源地	《地表水质量标准》（GB 3838—2002）表1、表2共28项	2016—2020年	每个季度1次
村庄地下水型饮用水水源地	pH、氨氮、硝酸根、亚硝酸根、挥发性酚类、氰化物、硒、汞、镉、铬（六价）、总硬度、铅、氟、铁、锰、溶解性总固体、高锰酸盐指数、硫酸盐、氯化物、大肠菌群、阴离子表面活性剂、铜、锌	2016—2018年	每个季度1次
	《地下水质量标准》（GB/T 14848—2017）表1共39项	2019—2020年	
村庄土壤	pH、阳离子交换量，镉、汞、砷、铅、铬，以及自选特征污染物	2016—2018年	5年1次
	pH、阳离子交换量，镉、汞、砷、铅、铬、铜、镍、锌等元素的全量，以及自选特征污染物	2019—2020年	
村庄地表水	《地表水环境质量标准》（GB 3838—2002）表1中24项	2016—2017年	每个季度1次
县域地表水	《地表水环境质量标准》（GB 3838—2002）表1中24项	2016—2020年	每个季度1次
村庄污水处理设施出水、人工湿地出水	必测项目：化学需氧量和氨氮 选测项目：pH、五日生化需氧量、悬浮物、总磷、粪大肠菌群	2016—2019年	上、下半年各1次
农村千吨万人饮用水水源地	《地表水环境质量标准》（GB 3838—2002）表1、表2共28项； 《地下水质量标准》（GB/T 14848—2017）表1、表2共39项	2019—2020年	每个季度1次
灌溉面积在10万亩及以上的灌溉水源水	《农田灌溉水质标准》（GB 5084—2005）表1的基本控制项目16项和表2选择项目	2019—2020年	上、下半年各1次
日处理能力20吨及以上农村生活污水处理设施出水	必测项目：化学需氧量和氨氮 选测项目：pH、五日生化需氧量、悬浮物、总磷、粪大肠菌群	2019—2020年	上、下半年各1次

表3.1-20 农村环境质量指数与农村生态状态级别对应

指数名称	农村生态状态级别				
	优	良	一般	较差	差
农村环境状况指数（I_{env}）	$I_{env} \geq 90$	$75 \leq I_{env} < 90$	$55 \leq I_{env} < 75$	$40 \leq I_{env} < 55$	$I_{env} < 40$
农村生态状况指数（I_{eco}）	$I_{eco} \geq 75$	$55 \leq I_{eco} < 75$	$35 \leq I_{eco} < 55$	$20 \leq I_{eco} < 35$	$I_{eco} < 20$
农村环境质量综合状况指数（RQI）	$RQI \geq 85$	$70 \leq RQI < 85$	$50 \leq RQI < 70$	$35 \leq RQI < 50$	$RQI < 35$

九、土壤环境

1. 监测点位

"十三五"期间，四川省国家网土壤环境质量监测点位总计1380个，其中基础点1046个，风险点279个，背景（剖面）点55个。土地利用类型包括耕地983个，草地114个，园地40个，林地227个，其他类型用地16个。背景点主要分布于甘孜州、阿坝州和凉山州等偏远地区。基础点按照网格布点，覆盖21个市（州）。风险点包括21个工业企业周边的95个土壤点位、6个危险废物集中处置场周边的50个土壤点位、21个饮用水水源地周边的61个土壤监测点和14个畜禽养殖场周边的73个土壤监测点。"十三五"期间四川省土壤监测点位分布如图3.1-8所示，土壤监测点位统计情况见表3.1-21。

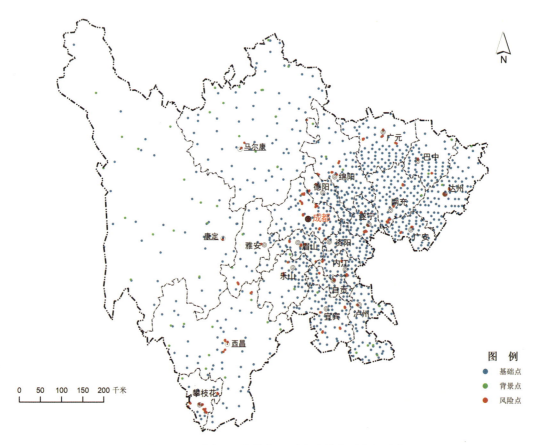

图3.1-8 "十三五"期间四川省土壤监测点位分布

表3.1-21 "十三五"期间四川省土壤监测点位统计情况

序号	市（州）	背景点（个）	基础点（个）	风险点（个）
1	成都	0	57	23
2	自贡	0	32	7
3	攀枝花	1	10	34
4	泸州	5	60	3
5	德阳	0	33	7

序号	市（州）	背景点（个）	基础点（个）	风险点（个）
6	绵阳	3	63	16
7	广元	0	64	15
8	遂宁	0	44	17
9	内江	0	37	20
10	乐山	2	42	7
11	南充	1	76	20
12	眉山	0	37	16
13	宜宾	1	64	23
14	广安	0	46	7
15	达州	2	72	20
16	雅安	2	19	11
17	巴中	2	56	8
18	资阳	0	46	2
19	阿坝州	12	84	3
20	甘孜州	14	43	3
21	凉山州	10	61	17

2. 监测项目及监测频次

基础点和风险点监测指标：共计14项指标，其中理化指标为pH、阳离子交换量、有机质含量3项，金属指标为镉、汞、砷、铅、铬、铜、锌、镍8项，有机指标为多环芳烃、六六六总量、滴滴涕总量3项。工业企业周边点位增加特征污染物钒和锰。

背景（剖面）点监测指标：共计67项指标。除基础点的监测指标外，增加53种无机指标：钴、氟、锰、硒、钒、锂、氧化钠、氧化钾、铷、铯、银、铍、氧化镁、氧化钙、锶、钡、硼、三氧化二铝、镓、铟、铊、钪、钇、镧、铈、镨、钕、钐、铕、钆、铽、镝、钬、铒、铥、镱、镥、钍、铀、锗、锡、钛、锆、铪、锑、铋、钽、碲、钼、钨、溴、碘和三氧化二铁。

监测频次：所有点位5年完成1次监测，2016年和2020年完成土壤风险点监测，2017年和2019年完成土壤基础点监测，2018年完成土壤背景（剖面）点监测。

3. 评价指标和评价标准

（1）评价指标。

参与评价指标11项，为镉、汞、砷、铅、铬、铜、锌、镍、苯并[a]芘、六六六总量、滴滴涕总量。

（2）评价标准。

依据《土壤环境质量 农用地土壤污染风险管控标准（试行）》（GB 15618—2018）进行评价。

十、辐射环境

1. 监测范围及点位

"十三五"期间，电离辐射监测包括环境γ辐射、大气、水体和土壤等环境样品中放射性水平监测；开展的电磁辐射监测包括工频电磁场监测、射频电场监测。

四川省共设置了120个国家级辐射环境质量监测点，113个省级辐射环境质量监测点。截至2020年底，电离辐射环境监测点位208个，电磁辐射环境监测点位25个，其中电离辐射环境自动监测站29个，电磁辐射环境自动监测站18个。四川省辐射环境监测点位统计情况见表3.1-22。

表3.1-22　四川省辐射环境监测点位统计情况

类别	监测要素	监测项目	点位数	国控点（个）	省控点（个）
电离辐射	环境γ辐射剂量率	γ空气吸收剂量率连续测量	29	14	15
		γ空气吸收剂量率瞬时测量	21	0	21
		γ辐射累积剂量率	24	12	12
	大气中放射性水平	气溶胶	27	20	7
		沉降物	11	10	1
		空气中氚	3	2	1
		空气中氡	2	1	1
		空气中碘	10	10	0
	水体中放射性水平	地表水中放射性水平	22	6	16
		饮用水中放射性水平	35	21	14
		地下水中放射性水平	1	1	0
	土壤中放射性水平	土壤中放射性水平	21	21	0
电磁辐射	电磁环境	环境电磁辐射（连续）	18	0	18
		环境电磁辐射（瞬时）	7	2	5
合计			231	120	111

2. 监测指标及频次

不同类型辐射环境监测项目及频次见表3.1-23。

表3.1-23　不同类型辐射环境监测项目及频次

监测要素	监测项目	监测指标	监测频次
环境γ辐射剂量率	γ空气吸收剂量率连续测量	—	连续监测
	γ空气吸收剂量率瞬时测量	—	1次/年
	γ辐射累积剂量率	—	1次/季
大气中放射性水平	气溶胶	^7Be、^{226}Ra、^{228}Ra、^{137}Cs、^{134}Cs、^{131}I、^{234}Th、^{40}K、^{210}Pb、^{210}Po	1次/月
		^{90}Sr、^{137}Cs、总α、总β	1次/年
	沉降物	^7Be、^{228}Ra、^{137}Cs、^{134}Cs、^{131}I、^{234}Th、^{226}Ra、^{40}K	1次/季
		^{90}Sr、^{137}Cs	1次/年

监测要素	监测项目	监测指标	监测频次
大气中放射性水平	空气中氚	水汽氚	1次/年
		降水氚	1次/季
	空气中氡	^{222}Rn	1次/季
	空气中碘	^{131}I	1次/季
水体中放射性水平	地表水中放射性水平	U、Th、^{90}Sr、^{226}Ra、^{137}Cs、总α、总β	连续监测
	饮用水中放射性水平	U、Th、^{90}Sr、^{226}Ra、^{137}Cs、总α、总β	2次/年
	地下水中放射性水平	U、Th、^{226}Ra、总α、总β	1次/年
土壤中放射性水平	土壤中放射性水平	^{238}U、^{232}Th、^{226}Ra、^{137}Cs、^{40}K	1次/年
电磁环境	环境电磁辐射（连续）	工频电磁场、射频电场	连续监测
	环境电磁辐射（瞬时）	工频电磁场、射频电场	1次/年

3. 评价标准和评价方法

辐射环境质量监测结果的评价采用与本底水平和相关标准限值的比较，依据《电离辐射防护与辐射源安全基本标准》（GB 18871—2002）、《电磁环境控制限值》（GB 8702—2014）、《生活饮用水卫生标准》（GB 5749—2006）进行评价。

第二章　环境空气质量

一、环境空气质量现状

1. 主要监测指标状况

2020年，四川省环境空气中六项主要监测指标年均浓度全部达到国家环境空气质量二级标准。21个市（州）城市中，攀枝花市、绵阳市、广元市、遂宁市、内江市、乐山市、眉山市、广安市、雅安市、巴中市、资阳市、马尔康市、康定市、西昌市共14个城市全部达到国家环境空气质量二级标准。2020年四川省主要监测指标年均浓度及达标情况如图3.2-1所示。

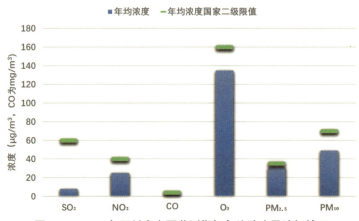

图3.2-1　2020年四川省主要监测指标年均浓度及达标情况

二氧化硫（SO_2）：2020年，四川省年均浓度为8微克/立方米，与2019年相比，下降11.1%。全省21个市（州）城市均达标，年均浓度范围为4～25微克/立方米。2020年四川省21个市（州）二氧化硫（SO_2）年均浓度分布如图3.2-2所示。

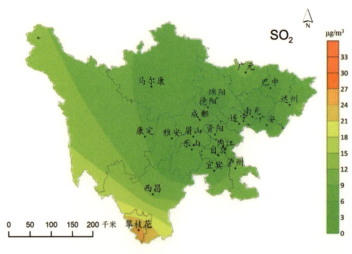

图3.2-2　2020年四川省21个市（州）二氧化硫（SO_2）年均浓度分布

二氧化氮（NO₂）：2020年，四川省年均浓度为25微克/立方米，与2019年相比，下降10.7%。全省21个市（州）城市均达标，年均浓度范围为10～37微克/立方米。2020年四川省21个市（州）二氧化氮（NO₂）年均浓度分布如图3.2-3所示。

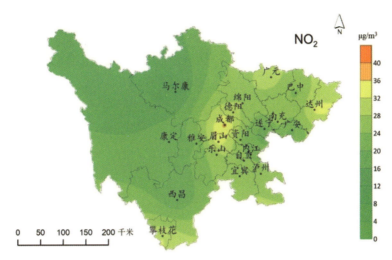

图3.2-3　2020年四川省21个市（州）二氧化氮（NO₂）年均浓度分布

可吸入颗粒物（PM₁₀）：2020年，四川省年均浓度为49微克/立方米，与2019年相比，下降7.5%。全省21个市（州）城市均达标，年均浓度范围为16～64微克/立方米。2020年四川省21个市（州）可吸入颗粒物（PM₁₀）年均浓度分布如图3.2-4所示。

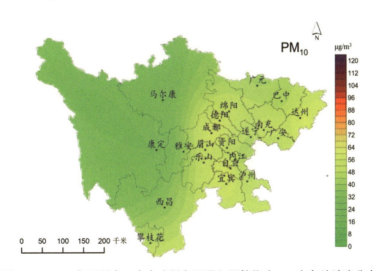

图3.2-4　2020年四川省21个市（州）可吸入颗粒物（PM₁₀）年均浓度分布

细颗粒物（PM₂.₅）：2020年，四川省年均浓度为31微克/立方米，与2019年相比，下降8.8%。全省21个市（州）城市中有14个城市达标，占66.7%；成都市、自贡市、宜宾市、达州市、泸州市、德阳市、南充市7个城市超标，占33.3%，超标倍数为0.06～0.22倍。全省各城市年均浓度范围为9～43微克/立方米。2020年四川省21个市（州）细颗粒物（PM₂.₅）年均浓度分布如图3.2-5所示。

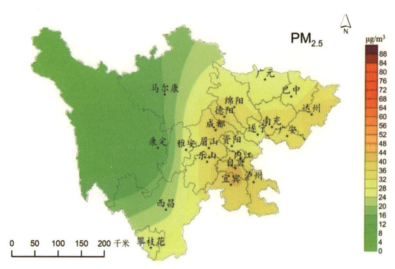

图3.2-5　2020年四川省21个市（州）细颗粒物（PM₂.₅）年均浓度分布

一氧化碳（CO）：2020年，四川省一氧化碳（CO）第95百分位浓度为1.1毫克/立方米，与2019年相比，保持不变。全省21个市（州）城市均达标，一氧化碳（CO）第95百分位浓度范围为0.6～2.5毫克/立方米。2020年四川省21个市（州）一氧化碳（CO）第95百分位浓度分布如图3.2-6所示。

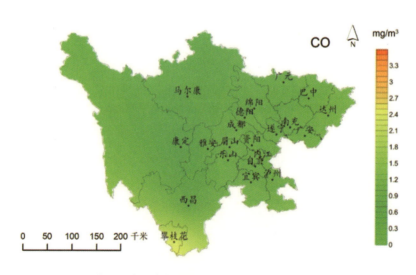

图3.2-6　2020年四川省21个市（州）一氧化碳（CO）第95百分位浓度分布

臭氧（O₃）：2020年，四川省臭氧（O₃）第90百分位浓度为135微克/立方米，与2019年相比，上升0.7%。全省21个市（州）城市中仅成都市超标，占4.8%，超标倍数为0.66倍；其余20个市（州）城市均达标。全省各城市臭氧（O₃）第90百分位浓度范围为102～169微克/立方米。2020年四川省21个市（州）臭氧（O₃）第90百分位浓度分布如图3.2-7所示。

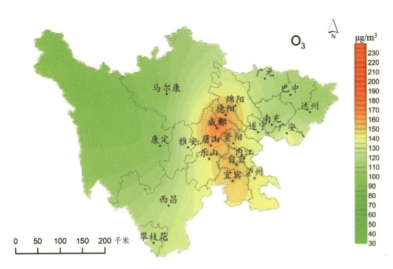

图3.2-7 2020年四川省21个市（州）臭氧（O_3）第90百分位浓度分布

2. 空气质量指数

2020年，四川省环境空气质量总体优良天数率为90.8%，其中优占44.7%，良占46.2%；总体污染天数率为9.1%，其中轻度污染为7.9%，中度污染为1.1%，重度污染为0.1%。21个市（州）城市优良天数率为76.5%～100%。空气污染天数率较多的城市依次为成都市、德阳市、自贡市。2020年四川省空气质量级别分布如图3.2-8所示。

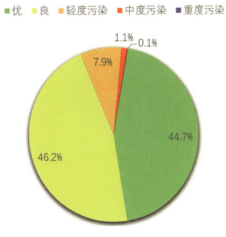

■ 优　■ 良　■ 轻度污染　■ 中度污染　■ 重度污染

图3.2-8 2020年四川省空气质量级别分布

2020年，四川省五大经济区中，川西北生态经济区环境空气质量最好，优良天数率为100%；攀西经济区次之，优良天数率为98.2%；川东北经济区优良天数率为93.5%；成都平原经济区优良天数率为87.5%；川南经济区优良天数率为85.7%。2020年四川省五大经济区空气质量状况如图3.2-9所示。

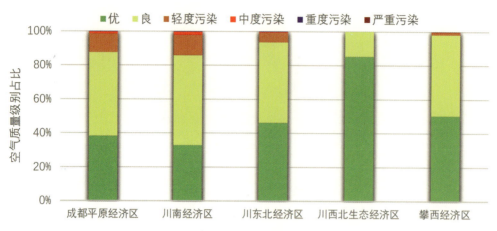

图3.2-9　2020年四川省五大经济区空气质量状况

3. 超标天数及污染指标

2020年，四川省21个市（州）城市累积超标天数为705天，污染主要由细颗粒物（PM$_{2.5}$）和臭氧（O$_3$）造成。污染越严重，细颗粒物（PM$_{2.5}$）为首要污染物的占比越大，污染天气时全省首要污染指标为细颗粒物（PM$_{2.5}$）、臭氧（O$_3$）、可吸入颗粒物（PM$_{10}$）、二氧化氮（NO$_2$），占比分别为50.3%、41.0%、8.5%、0.3%。2020年四川省污染天气时各污染指标构成如图3.2-10所示。

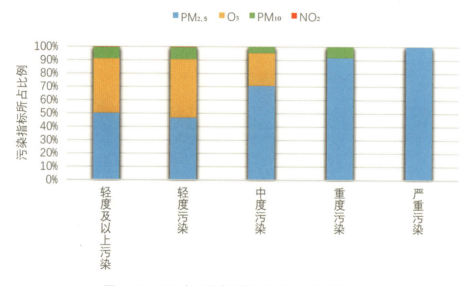

图3.2-10　2020年四川省污染天气时各污染指标构成

4. 空气质量综合指数

2020年，四川省空气质量综合指数为3.46，21个市（州）城市的空气质量综合指数为1.93~4.41，康定市、马尔康市、西昌市环境空气质量相对较好，成都市、攀枝花市、自贡市环境空气质量相对较差。2020年四川省21个市（州）城市空气质量综合指数如图3.2-11所示。

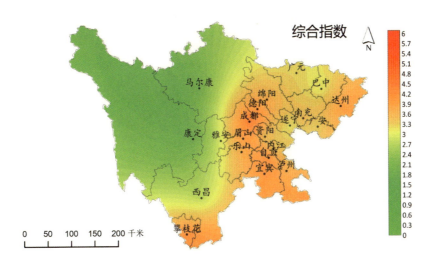

图3.2-11 2020年四川省21个市（州）城市空气质量综合指数

六项指标分指数中，成都市的二氧化氮（NO_2）、臭氧（O_3）、可吸入颗粒物（PM_{10}）分指数最大，攀枝花市的二氧化硫（SO_2）和一氧化碳（CO）分指数最大，自贡市的细颗粒物（$PM_{2.5}$）分指数最大。2020年四川省21个市（州）城市空气质量综合指数结构如图3.2-12所示。

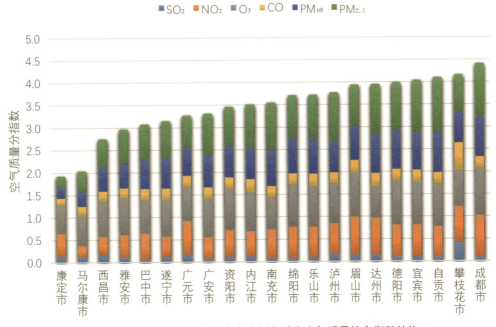

图3.2-12 2020年四川省21个市（州）城市空气质量综合指数结构

2020年，四川省21个市（州）城市环境空气中细颗粒物（$PM_{2.5}$）平均污染负荷最大，为25.7%，其次是臭氧（O_3）和可吸入颗粒物（PM_{10}），分别为24.3%、20.2%。二氧化氮（NO_2）平均污染负荷为17.9%。2020年四川省环境空气主要污染物负荷情况如图3.2-13所示。

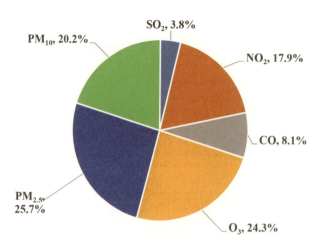

图3.2-13　2020年四川省环境空气主要污染物负荷情况

二、环境空气质量变化趋势

1. 2020年时空变化分布规律

　　四川省环境空气质量呈现明显区域性特征。细颗粒物（$PM_{2.5}$）高浓度中心为川南经济区，为39微克/立方米；臭氧（O_3）高浓度中心为成都平原经济区，为149微克/立方米。颗粒物污染相对较重的区域主要有成都平原经济区、川南经济区、川东北经济区。其中，川南经济区受工业排放和不利气象条件协同影响，在全省内污染最为明显。从改善情况分析，受新型冠状病毒疫情影响，空气质量整体明显改善，川东北经济区改善最为明显，细颗粒物（$PM_{2.5}$）与2019年相比，减少12.1%；成都平原经济区次之，细颗粒物（$PM_{2.5}$）与2019年相比，减少10.0%；川南经济区细颗粒物（$PM_{2.5}$）与2019年相比，减少8.1%。二氧化硫（SO_2）和一氧化碳（CO）高值区域出现在攀西经济区，其他区域无明显差距，变化范围分别为7～8微克/立方米、0.7～1毫克/立方米。2020年四川省五大区域主要监测指标平均浓度如图3.2-14所示。

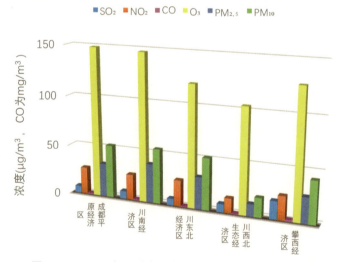

图3.2-14　2020年四川省五大区域主要监测指标平均浓度

　　四川省环境空气质量呈明显季节性特征。颗粒物呈现冬春季偏高，夏秋季偏低。冬季细颗粒物（$PM_{2.5}$）高达50微克/立方米，高于夏季（30微克/立方米）。冬季易受污染物排放叠加逆温、静稳等不利气象条件的综合影响，造成污染物累积，污染加重。臭氧（O$_3$）高浓度主要发生在春夏两季，且较秋冬季高出近2倍。春夏季温度回升，太阳光线增强，为臭氧的生成提供外部条件，加之挥发性有机物（VOCs）和氮氧化物（NO$_x$）的排放，易造成臭氧（O$_3$）污染。二氧化硫（SO$_2$）浓度变化不大，二氧化氮（NO$_2$）春、秋、冬三季变化不大，夏季略微下降。2020年四川省主要监测指标季节变化如图3.2-15所示。

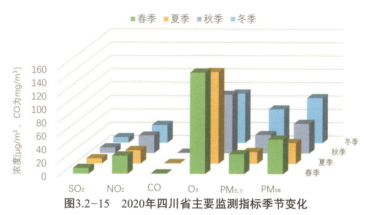

图3.2-15 2020年四川省主要监测指标季节变化

（春季：3、4、5月；夏季：6、7、8月；秋季：9、10、11月；冬季：12、1、2月）

从监测月份分析，可吸入颗粒物（PM$_{10}$）、细颗粒物（PM$_{2.5}$）、臭氧（O$_3$）月均浓度变化相对较大，其中1月和12月可吸入颗粒物（PM$_{10}$）、细颗粒物（PM$_{2.5}$）浓度相对较高，7月和8月浓度相对较低。臭氧（O$_3$）浓度月际变化呈"波动性正态分布"，3—8月浓度相对较高，最高值出现在5月。二氧化氮（NO$_2$）月均浓度呈现波动变化，变化幅度为18～34微克/立方米，高值出现在11—12月。二氧化硫（SO$_2$）和一氧化碳（CO）月均浓度在全年基本保持稳定，月均浓度范围分别为8～9微克/立方米、0.7～1.2毫克/立方米。2020年四川省环境空气主要监测指标变化趋势如图3.2-16所示。

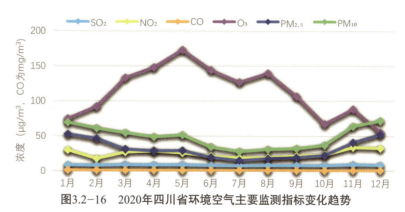

图3.2-16 2020年四川省环境空气主要监测指标变化趋势

2. "十三五"期间变化趋势

（1）主要监测指标变化趋势。

二氧化硫（SO$_2$）："十三五"期间，二氧化硫（SO$_2$）浓度呈逐年下降趋势，五年年均浓度均远低于国家二级标准。从降幅分析，2019年降幅最大，与2018年相比下降18.2%；其次是2018年，与2017年相比下降15.4%；2017年和2020年降幅也在10%以上；2019年二氧化硫（SO$_2$）浓度首次降至个位数。"十三五"期间四川省二氧化硫（SO$_2$）浓度变化情况如图3.2-17所示。

图3.2-17 "十三五"期间四川省二氧化硫（SO₂）浓度变化情况

二氧化氮（NO₂）："十三五"期间，二氧化氮（NO₂）浓度呈先上升后下降的趋势，五年年均浓度均低于国家二级标准。2017年平均浓度最高，为29微克/立方米，与2016年相比上升3.6%；2018年开始下降，与2017年相比下降3.4%；2019年持平；2020年降幅最大，与2019年相比下降10.7%。"十三五"期间四川省二氧化氮（NO₂）浓度变化情况如图3.2-18所示。

图3.2-18 "十三五"期间四川省二氧化氮（NO₂）浓度变化情况

可吸入颗粒物（PM₁₀）："十三五"期间，可吸入颗粒物（PM₁₀）浓度呈逐年下降趋势，五年年均浓度均低于国家二级标准。从降幅分析，2017年降幅最大，与2016年相比下降9.1%；其次是2020年，与2019年相比下降7.5%。2020年可吸入颗粒物（PM₁₀）浓度首次降至50微克/立方米以下。"十三五"期间四川省可吸入颗粒物（PM₁₀）浓度变化情况如图3.2-19所示。

图3.2-19 "十三五"期间四川省可吸入颗粒物（PM₁₀）浓度变化情况

细颗粒物（PM$_{2.5}$）："十三五"期间，细颗粒物（PM$_{2.5}$）浓度基本呈逐年下降趋势，2018年和2019年浓度持平；2016年和2017年细颗粒物（PM$_{2.5}$）浓度仍然超过国家二级标准，2018年细颗粒物（PM$_{2.5}$）浓度开始达到国家二级标准。从降幅分析，2017年、2018年、2020年降幅基本相当，为9.0%～10.0%。"十三五"期间四川省细颗粒物（PM$_{2.5}$）浓度变化情况如图3.2-20所示。

图3.2-20 "十三五"期间四川省细颗粒物（PM$_{2.5}$）浓度变化情况

一氧化碳（CO）："十三五"期间，一氧化碳（CO）浓度呈先下降后持平的趋势，五年年均浓度均远低于国家二级标准。从降幅分析，2018年降幅最大，与2017年相比下降15.4%；其次是2017年，与2016年相比下降7.1%；2019年和2020年均持平。"十三五"期间四川省一氧化碳（CO）浓度变化情况如图3.2-21所示。

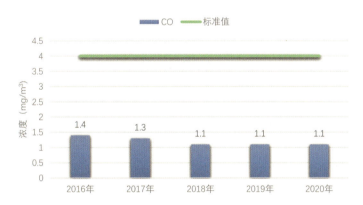

图3.2-21 "十三五"期间四川省一氧化碳（CO）浓度变化情况

臭氧（O$_3$）："十三五"期间，臭氧（O$_3$）浓度呈逐年上升趋势，五年年均浓度均未超过国家二级标准。从升幅分析，2017年升幅最大，与2016年相比上升6.6%；2018—2020年升幅逐年降低。"十三五"期间四川省臭氧（O$_3$）浓度变化情况如图3.2-22所示。

图3.2-22 "十三五"期间四川省臭氧（O₃）浓度变化情况

（2）空气质量指数变化趋势。

"十三五"期间，四川省优良天数率呈逐年上升趋势，2017年和2018年升幅最大，与上年相比，分别上升2.4、2.2个百分点；2019年升幅最小，与2018年相比，上升0.7个百分点；2020年优良天数率首次超过90%。"十三五"期间四川省优良天数率变化情况如图3.2-23所示。

图3.2-23 "十三五"期间四川省优良天数率变化情况

3. 2020年与2015年对比分析

2020年四川省环境空气质量相比2015年改善明显。优良天数率明显上升；细颗粒物（PM₂.₅）、可吸入颗粒物（PM₁₀）浓度明显下降；二氧化硫（SO₂）浓度大幅下降，二氧化氮（NO₂）浓度略微下降，但臭氧（O₃）浓度有所上升。

2020年，四川省优良天数率由2015年的85.2%上升至90.8%，上升5.6个百分点。细颗粒物（PM₂.₅）浓度由2015年的42微克/立方米下降至31微克/立方米，降低26.2%。可吸入颗粒物（PM₁₀）浓度由2015年的67微克/立方米下降至49微克/立方米，降低26.9%。二氧化硫（SO₂）浓度由2015年的16微克/立方米下降至8微克/立方米，降低50.0%。一氧化碳（CO）浓度由2015年的1.4毫克/立方米下降至1.1毫克/立方米，降低21.4%。二氧化氮（NO₂）浓度由2015年的27微克/立方米下降至25微克/立方米，降低7.4%。臭氧（O₃）浓度由2015年的120微克/立方米上升至135微克/立方米，升高12.5%。2020年与2015年四川省环境空气质量级别对比见表3.2-1，主要监测指标浓度对比如图3.2-24所示。

表3.2-1　2020年与2015年四川省环境空气质量级别对比

单位：%

年度	优	良	轻度污染	中度污染	重度污染	严重污染
2015	34.8	50.4	10.1	2.7	1.8	0
2020	44.7	46.2	7.9	1.1	0.1	0
2020年相比2015年变化情况	9.9	−4.2	−2.2	−1.6	−1.7	0

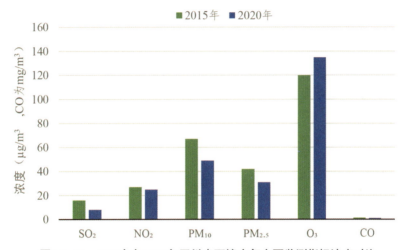

图3.2-24　2020年与2015年四川省环境空气主要监测指标浓度对比

三、主要污染指标分析

　　"十三五"期间，四川省环境空气主要污染指标已逐步从2015年的细颗粒物（$PM_{2.5}$）、可吸入颗粒物（PM_{10}）转变成2020年的细颗粒物（$PM_{2.5}$）、臭氧（O_3），且污染天数率也基本相当。

　　"十三五"期间，细颗粒物（$PM_{2.5}$）污染天数率呈逐年下降趋势，由2015年的12.6%下降至5.1%，降低7.5个百分点；可吸入颗粒物（PM_{10}）污染天数率也呈逐年下降趋势，由2015年的6.1%下降至0.9%，降低5.2个百分点；臭氧（O_3）污染天数率呈逐年上升趋势，由2015年的2.4%上升至4.1%，升高1.7个百分点。

　　1. 细颗粒物（$PM_{2.5}$）变化趋势分析

　　"十三五"期间，四川省环境空气主要污染指标细颗粒物（$PM_{2.5}$）年均浓度总体表现为缓慢下降趋势，仅2016年、2017年超过国家二级标准。日均最小浓度自2016年起一直维持在10微克/立方米左右，最大浓度出现在2016年，从2017年开始逐年快速下降，并于2020年出现回升，可见细颗粒物（$PM_{2.5}$）浓度波动范围基本缩小。"十三五"期间全省细颗粒物（$PM_{2.5}$）浓度达标率逐年上升，2020年达标率为94.9%，为近年来最高水平。

　　2020年与2015年相比，全省细颗粒物（$PM_{2.5}$）年平均浓度下降26.2%，处于近几年来最低浓度水平，细颗粒物（$PM_{2.5}$）浓度达标率上升7.5个百分点。2015—2020年四川省细颗粒物（$PM_{2.5}$）浓度变化趋势如图3.2-25所示。

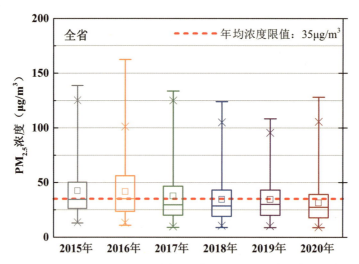

图3.2-25　2015—2020年四川省细颗粒物（PM~2.5~）浓度变化趋势

（1）区域细颗粒物（PM$_{2.5}$）变化趋势分析。

"十三五"期间，四川省五大经济区中除攀西经济区外，其余经济区细颗粒物（PM$_{2.5}$）总体均呈下降趋势，其中川南经济区降幅最大，成都平原经济区、川东北经济区、川西北生态经济区次之，攀西经济区稳中略有上升。川南经济区细颗粒物（PM$_{2.5}$）年均浓度逐年下降，降幅为1.8%～17.6%；成都平原经济区也呈逐年下降趋势，降幅为2.6%～11.6%；川东北经济区整体波动下降，除2018年年均浓度略有上升外，其余年度与上年度相比，均有不同程度下降，降幅为2.4%～17.1%；川西北生态经济区也呈波动下降趋势，2016年、2018年、2019年与上年相比，分别升高7.1%、9.1%、16.7%，2017年、2020年与上年相比，分别下降26.7%、14.3%；攀西经济区呈缓慢上升趋势，2016年、2017年与上年持平，2018—2020年与上年相比，略有升高，增幅为4.0%～4.3%。

2020年与2015年相比，川南经济区、成都平原经济区、川东北经济区、川西北生态经济区细颗粒物（PM$_{2.5}$）年均浓度分别下降31.6%、28.3%、23.8%、14.3%，攀西经济区上升13.0%。

2020年，川南经济区、成都平原经济区、川东北经济区三大重点区域细颗粒物（PM$_{2.5}$）年均浓度值仍较高，但近年来改善趋势明显。2015—2020年四川省五大经济区细颗粒物（PM$_{2.5}$）浓度变化对比如图3.2-26所示。

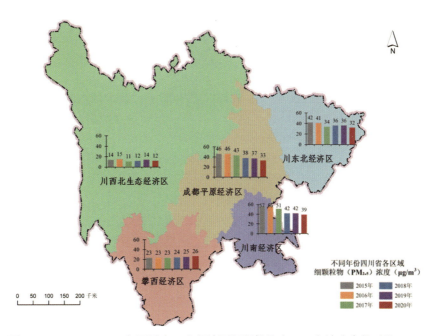

图3.2-26　2015—2020年四川省五大经济区细颗粒物（PM₂.₅）浓度变化对比

（2）21个市（州）城市细颗粒物（PM₂.₅）变化趋势分析。

"十三五"期间，四川省21个市（州）城市中攀枝花市、马尔康市、西昌市细颗粒物（PM₂.₅）浓度总体略有上升；广元市与2016年持平；其余17个城市总体呈下降趋势，降幅为19.3%～46.3%。

将21个市（州）城市5年的平均浓度值划分为较高、中等、较低三个等级，并按从高到低的顺序排列。"十三五"期间，平均浓度值较高的前五个城市为自贡市、宜宾市、成都市、达州市、泸州市。其中，自贡市降幅为4.4%～19.7%；宜宾市2017年与上年相比，略有上升，其余年度降幅为3.8%～14.9%；成都市降幅为1.8%～10.7%；达州市2019年与上年相比，略有上升，其余年度降幅为4.4%～15.2%；泸州市2016年、2019年与上年相比，分别上升3.6%、17.1%，其余年度降幅为7.3%～27.1%。

2020年与2015年相比，自贡、宜宾市、成都市、达州市、泸州市细颗粒物（PM₂.₅）年均浓度分别下降34.8%、24.5%、28.1%、33.9%，32.1%，自贡市降幅最大。"十三五"期间四川省21个市（州）城市细颗粒物（PM₂.₅）浓度分级见表3.2-2。

表3.2-2　"十三五"期间四川省21个市（州）城市细颗粒物（PM₂.₅）浓度分级

级别	浓度范围（μg/m³）	城　　　市
较高	>40	自贡市、宜宾市、成都市、达州市、泸州市、乐山市、南充市、德阳市、眉山市
中等	30～40	绵阳市、内江市、广安市、雅安市、资阳市、遂宁市、巴中市
较低	<30	攀枝花市、广元市、西昌市、马尔康市、康定市

（3）细颗粒物（PM₂.₅）浓度降低原因分析。

2020年，四川省细颗粒物（PM₂.₅）浓度与2015年相比下降26.2%，21个市（州）中城市达标数量由2015年的5个增加至14个，达标城市显著增加。"十三五"期间细颗粒物（PM₂.₅）浓度持续下降的主要原因如下：

①"十三五"期间，四川省大力推动大气环境保护"一号工程"，出台了《四川省〈中华人民共和国大气污染防治法〉实施办法（2018修订）》《四川省机动车和非道路移动机械排气污染防治办法》以及打赢蓝天保卫战实施方案、打好柴油货车污染治理攻坚战实施方案、挥发性有机物综合治理方案等政策性文件。

②开展实施划定大气污染防治重点区域，加强成都平原经济区、川南经济区、川东北经济区大气污染联防联控；加快产业结构调整，全省累计对1218家企业落后产能实施退出，压减粗钢产能497万吨、炼铁产能227万吨，关停煤电机组170.0万千瓦；推动交通运输结构不断优化，重点引导中长距离货物运输向公铁、公水和公铁空等联运方式转变；加快推动燃煤小锅炉淘汰，基本完成燃煤小锅炉淘汰任务；推进低（无）挥发性有机物替代，指导和帮助企业制定"一企一策"替代建议措施和方案等多项重大举措，助力细颗粒物（$PM_{2.5}$）减排。

③工业燃煤排放的二氧化硫（SO_2）、移动源和含氮固定燃烧源排放的氮氧化物（NO_x）都是细颗粒物（$PM_{2.5}$）的重要前体物，"十三五"期间，来自燃煤锅炉的二氧化硫（SO_2）和高架源排放的二氧化氮（NO_2）的治理取得了显著的效果。

2. 臭氧（O_3）变化趋势分析

"十三五"期间，四川省环境空气主要污染指标臭氧（O_3）第90百分位浓度逐年升高，2017年增幅最大，与2016年相比升高6.6%，臭氧（O_3）达标率则呈逐年下降的趋势。

2020年与2015年相比，臭氧（O_3）第90百分位浓度升高12.5%，达标率下降1.7个百分点。2015—2020年四川省臭氧（O_3）第90百分位浓度及达标率变化情况如图3.2-27所示。

图3.2-27　2015—2020年四川省臭氧（O_3）第90百分位浓度及达标率变化情况

（1）区域臭氧（O_3）变化趋势分析。

"十三五"期间，四川省五大经济区中，成都平原经济区、川南经济区臭氧（O_3）第90百分位浓度呈逐年上升趋势，增幅明显；川东北经济区、川西北生态经济区、攀西经济区呈波动性变化趋势，增幅较小。

成都平原经济区臭氧（O_3）第90百分位浓度逐年升高，增幅为1.5%～14.4%；川南经济区臭氧（O_3）第90百分位浓度逐年升高，增幅逐年下降，为1.4%～8.5%；川东北经济区臭氧（O_3）第90百分位浓度波动性略有升高；川西北生态经济区臭氧（O_3）第90百分位浓度除2019年下降8.9%以外，总体趋势逐年升高，增幅为2.0%～16.7%；攀西经济区臭氧（O_3）第90百分位浓度在2017—2019年间逐年升高，增幅为2.7%～12.7%。2020年与2015年相比，全省五大经济区臭氧（O_3）第90百分位浓度均有所升高，成都平原经济区、川南经济区、川东北经济区、川西北生态经济区、攀西经济区分别升高11.2%、24.6%、5.2%、23.8%、7.6%。2015—2020年四川省五大经济区臭氧（O_3）第90百分位浓度变化对比如图3.2-28所示。

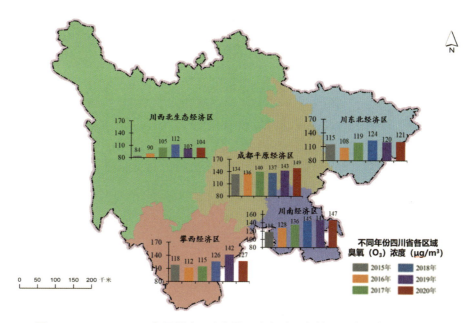

图3.2-28　2015—2020年四川省五大经济区臭氧（O_3）第90百分位浓度变化对比

（2）21个市（州）臭氧（O_3）第90百分位浓度变化趋势分析。

"十三五"期间，四川省21个市（州）城市中，仅成都市臭氧（O_3）第90百分位浓度出现超标，（2020年为169微克/立方米）；眉山市、资阳市、德阳市、自贡市、泸州市、内江市、宜宾市整体较高（五年平均浓度超过140微克/立方米）；其余13个市（州）城市臭氧（O_3）五年平均浓度低于140微克/立方米。

成都市、眉山市臭氧（O_3）浓度整体趋势较为平稳，均保持在较高浓度；资阳市臭氧（O_3）浓度2018—2020年间逐年升高。德阳市、自贡市、泸州市臭氧（O_3）浓度呈波动性升高；内江市臭氧（O_3）浓度年际波动较小，浓度范围为140～144微克/立方米；宜宾市臭氧（O_3）浓度逐年升高，增幅为3.4%～9.8%。其余13个市（州）臭氧（O_3）浓度整体不高。将21个市（州）城市5年的平均浓度值划分为较高、中等、较低三个等级，各城市对应等级见表3.2-3。

表3.2-3　"十三五"期间21个市（州）城市臭氧（O_3）浓度分级

级别	浓度范围（$\mu g/m^3$）	城　　市
较高	>160	成都市
中等	140～160	眉山市、资阳市、德阳市、自贡市、泸州市、内江市、宜宾市
较低	<140	遂宁市、绵阳市、广安市、乐山市、西昌市、南充市、攀枝花市、雅安市、达州市、广元市、马尔康市、巴中市、康定市

（3）臭氧（O_3）浓度上升原因分析。

四川省自2013年实施《大气污染防治行动计划》《打赢蓝天防御战三年行动计划》以来，虽然颗粒物污染整体有所改善，但是臭氧（O_3）污染却日益严重，臭氧（O_3）浓度逐年升高，已成为影响全省环境空气质量的重要因素。造成臭氧（O_3）污染的原因非常复杂，臭氧（O_3）的形成与其前体物——挥发性有机物（VOCs）和氮氧化物（NO_x）的总量、比例密切相关，呈现非线性化学响应关系，并且对气象因素极其敏感。"十三五"期间造成臭氧（O_3）浓度升高的主要原因如下：

①"十二五"以来，全省全面实施了氮氧化物排放总量控制，来自燃煤电厂的高源氮氧化物的处理取得了显著的效果，但来自移动源和大量工业炉窑的氮氧化物排放量略有升高。

②人为源挥发性有机物（VOCs）排放量巨大，且排放的来源和组成极其复杂。从排放源分析，涉及挥发性有机物（VOCs）排放的工业源类别有460多个，工业企业数以百万计，交通源、生活源、自然源也有大量的挥发性有机物（VOCs）排放。从排放成分分析，臭氧（O_3）浓度主要受烯烃、芳烃和醛类影响较大，针对这些重点组分的污染源管控措施较为欠缺。

③盆地臭氧（O_3）污染的重点区域是挥发性有机物（VOCs）和氮氧化物（NO_x）协同控制区，由于挥发性有机物（VOCs）排放源广，无组织排放多，减排难度较大，所以挥发性有机物（VOCs）和氮氧化物（NO_x）的减排比例不平衡，这也可能是造成臭氧（O_3）污染加剧的因素之一。

四、重污染天数变化分析

"十三五"期间，四川省环境空气超标天数率呈逐年下降趋势，2020年超标天数率为9.2%，与2015年相比下降5.6个百分点。其中，重度及以上污染从2015年的1.8%下降至0.1%，降幅达到95%。自2017年起全省重污染天数逐年下降，2020年首次低于10%。

2020年，四川省21个市（州）城市重污染天数之和与2015年相比大幅减少，由2015年的143天减少至2020年的13天，减少130天；全省平均重污染天数由6.8天减少至0.6天，平均减少6.2天。2015—2020年四川省重污染天数变化情况如图3.2-29所示。

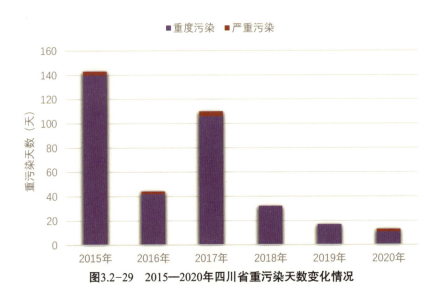

图3.2-29　2015—2020年四川省重污染天数变化情况

"十三五"期间，四川省五大经济区环境空气重污染程度不一致，主要集中在成都平原经济区、川南经济区、川东北经济区三大重点经济区。三大重点经济区出现重污染天数总体呈下降趋势，至2020年重污染天数均降至3~5天。成都平原经济区重污染天数最多，川南经济区次之，川东北经济区最少，重污染天数分别为88天、81天、45天。

"十三五"期间，三大重点经济区中，川南经济区重污染天数减少最多，由17天下降至3天，共减少14天；川东北经济区由15天下降至3天，共减少12天；成都平原经济区由12天下降至5天，共减少7天。从逐年重污染天数分析，2017年重污染程度最重，成都平原经济区、川南经济区、川东北经济区重污染天数高达53天、47天、10天，其余年份均持续缓慢下降。从重污染级别来看，2016年、2017年成都平原经济区、川南经济区、川东北经济区均出现1~2天严重污染，但从2018年开始已基本消除严重污染天数。

2020年与2015年相比，三大重点经济区，川南经济区重污染天数降幅显著，由67天下降至3天，共减少64天；成都平原经济区由41天下降至5天，共减少36天；川东北经济区由35天下降至3天，共减少32天。2015—2020年四川省五大经济区重污染天数变化情况如图3.2-30所示，21个市（州）城市重污染天数变化情况如图3.2-31所示。

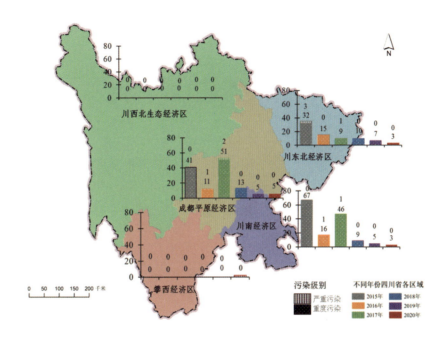

图3.2-30 2015—2020年四川省五大经济区重污染天数变化情况

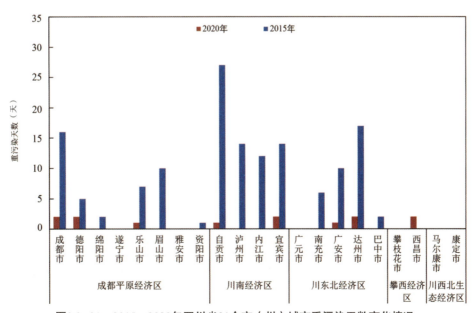

图3.2-31 2015—2020年四川省21个市（州）城市重污染天数变化情况

五、小结

1. 环境空气质量改善明显，污染物减排成效得以体现

"十三五"期间，四川省委、省政府高度重视环境空气质量，出台相关的政策法规和环境空气治理措施，推动了清洁能源生产，调整了产业经济结构，淘汰了落后产能，有效地减少了空气中污染物来源，在经济高速增长的同时，环境空气质量与2015年相比改善明显，超额完成"十三五"国家下达的细颗粒物（$PM_{2.5}$）浓度和优良天数率目标任务。2020年全省环境空气六项监测指标年均浓度均达到国家二级标准；21个市（州）14个城市空气质量达标，与2015年相比增加9个，达标城市占66.7%；五年间，除臭氧（O_3）年均浓度呈逐年上升趋势外，其余五项污染物浓度呈明显下降趋势。

2. 受地形、气象影响，冬季因细颗粒物（$PM_{2.5}$）易形成重污染天气

四川盆地地形特殊，周边被1000～3000米的高原山地包围，来自北方的冬季冷空气被阻挡，不易到达盆地内部，盆地内温差较小，与同纬度地区相比温度较高，不利于污染物扩散。在冬季，这种地形条件还易造成逆温和静稳天气，导致盆地内部污染物的累积和二次转化。"十三五"期间，全省冬季受细颗粒物（$PM_{2.5}$）影响，产生重污染以上天数总计207天，占五年间重污染以上天数的95.8%，说明冬季易形成重污染天气。

3. 臭氧（O_3）污染情况突显，已成为四川省环境空气第二主要污染指标

"十三五"期间，随着经济大力发展，工业源、扬尘源、移动源对全省环境空气质量影响仍突出，在不利气象条件下，细颗粒物（$PM_{2.5}$）超标仍然严重，全省实施的主要污染物减排工作中未对挥发性有机物（VOCs）进行有效控制，且排放的来源和组成复杂，致使臭氧（O_3）2020年年均浓度与2015年相比上升12.5%，污染天数的比例由2015年的2.4%上升至2020年的4.1%。全省环境空气主要污染指标已从"十二五"期间的细颗粒物（$PM_{2.5}$）和可吸入颗粒物（PM_{10}）逐步转变成细颗粒物（$PM_{2.5}$）和臭氧（O_3）。

专栏1　背景区域环境空气质量

1. 空气质量现状

2020年，海螺沟国家环境空气背景自动监测站六项主要监测指标中，臭氧（O_3）第90百分位浓度超过环境空气质量一级标准1微克/立方米，其余监测指标均远低于环境空气质量一级标准。优良天数率为99.3%，与2019年相比下降0.7个百分点；其中，优占78.5%，良占20.8%；总体污染天数率为0.7%，均为臭氧（O_3）超标导致的轻度污染。

2020年，海螺沟背景区域黑炭浓度总体偏低，370 nm、470 nm、520 nm、590 nm、660 nm、880 nm、950 nm共7个波段的黑炭年均浓度为29～173纳克/立方米，明显低于全球本底浓度，与2019年相比，分别增加1.0%、4.2%、5.2%、5.6%、6.1%、5.9%、5.6%。二氧化碳（CO_2）年均浓度值为418.9 ppm，甲烷（CH_4）年均浓度值为2.008 ppm，与2019年相比，分别上升1.2%、2.3%。

2. 空气质量变化情况

2020年，海螺沟背景区域环境空气质量与2015年相比明显改善。六项主要监测指标中，细颗粒物（$PM_{2.5}$）、可吸入颗粒物（PM_{10}）、一氧化碳（CO）浓度基本呈逐年下降趋势，与2015年相比分别下降50.0%、53.8%、42.9%，下降程度明显。二氧化硫（SO_2）和二氧化氮（NO_2）保持不变。臭氧（O_3）浓度呈先上升后下降的趋势，与2015年相比下降1.0%；五年中，2019年浓度最高，为117微克/立方米，超标0.17倍；2020年最低，为101微克/立方米，超标0.01倍。2015—2020年海螺沟背景区域主要监测指标年均浓度变化见下表。

2015—2020年海螺沟背景区域主要监测指标年均浓度变化

单位：$\mu g/m^3$，CO为mg/m^3

年度	SO_2	NO_2	CO	O_3	PM_{10}	$PM_{2.5}$
2015	1	2	0.7	102	13	8
2016	1	2	0.6	102	10	7
2017	1	2	0.5	112	11	7
2018	1	2	0.5	114	10	6
2019	1	2	0.5	117	7	4
2020	1	2	0.4	101	6	4
环境空气质量一级标准	20	40	4	100	40	15

"十三五"期间，海螺沟背景区域370 nm、470 nm、520 nm、590 nm、660 nm、880 nm、950 nm黑炭年均浓度大幅下降，其中，2019年降幅最大。2016—2020年海螺沟背景区域黑炭年均浓度变化见下表。

2016—2020年海螺沟背景区域黑炭年均浓度变化

单位：ng/m^3

年度	370 nm 黑炭	470 nm 黑炭	520 nm 黑炭	590 nm 黑炭	660 nm 黑炭	880 nm 黑炭	950 nm 黑炭
2016	171	149	144	144	149	145	141
2017	148	131	123	122	126	122	122
2018	136	128	117	114	118	115	110
2019	91	83	78	77	78	75	73
2020	92	86	82	81	83	79	77

"十三五"期间，海螺沟背景区域温室气体二氧化碳（CO_2）、甲烷（CH_4）年均浓度逐年略有上升。2016—2020年海螺沟背景区域温室气体年均浓度变化见下表。

2016—2020年海螺沟背景区域温室气体年均浓度变化

单位：ppm

年度	CO_2	CH_4
2016	392.4	1.896
2017	405.7	1.940
2018	409.8	1.960
2019	413.9	1.962
2020	418.9	2.008

3. 小结

海螺沟背景环境空气质量总体较好，因背景地区地处人口低密度区域，远离城市和工业带，具备相对完整的自然生态系统，污染相对较少，空气质量明显优于城市；但监测点位地处高海拔地区，植被茂密，植物有机挥发物浓度较高，当地太阳辐射和紫外线较强，臭氧（O_3）偶有超标。"十三五"期间对化石燃料和生物质燃烧的有效管控使背景区域黑炭浓度大幅下降，但是由于近几年机动车保有量不断增加，以及工业排放和当地人为活动等综合因素影响，温室气体浓度呈上升趋势。

专栏2　县级城市环境空气自动监测

1. 县级城市环境空气自动监测点位现状

2016年6月，四川省21个市（州）183个县（市、区）城市实现环境空气质量自动监测全覆盖。其中，150个县（市、区）建设156个省控空气自动站，开展细颗粒物（$PM_{2.5}$）、可吸入颗粒物（PM_{10}）、二氧化硫（SO_2）、一氧化碳（CO）、二氧化氮（NO_2）、臭氧（O_3）常规监测，由四川省生态环境厅负责统一运行管理；33个区建有国家空气自动站。

自2017年起，县级城市环境空气质量按照《环境空气质量标准》（GB 3095—2012）进行评价。

2. 空气质量现状

2020年，四川省183个县级城市中，139个城市环境空气质量达标，占76.0%；44个城市未达标，占24.0%，主要污染指标为细颗粒物（$PM_{2.5}$）。优良天数率为92.8%，其中优占53.4%，良占39.4%；污染天数率为7.2%，其中轻度污染占6.3%，中度污染占0.8%，重度污染占0.1%，共计出现4天严重污染。

3. 空气质量变化趋势

2020年四川省县级城市环境空气质量较2017年明显改善，优良天数率明显上升，细颗粒物（$PM_{2.5}$）、可吸入颗粒物（PM_{10}）、二氧化硫（SO_2）、一氧化碳（CO）浓度明显下降，二氧化氮（NO_2）浓度略微下降，但臭氧（O_3）浓度有所上升。

优良天数率由2017年的88.2%上升至2020年的92.8%，升高4.6个百分点。

细颗粒物（$PM_{2.5}$）浓度由2017年的33微克/立方米下降至2020年的26微克/立方米，降低21.2%。

可吸入颗粒物（PM_{10}）浓度由2017年的53微克/立方米下降至2020年的43微克/立方米，降低18.9%。

二氧化硫（SO_2）浓度由2017年的12微克/立方米下降至2020年的9微克/立方米，降低25.0%。

一氧化碳（CO）浓度由2017年的1.4毫克/立方米下降至2020年的1.1毫克/立方米，降低21.4%。

二氧化氮（NO_2）浓度由2017年的21微克/立方米下降至2020年的19微克/立方米，降低9.5%。

臭氧（O_3）浓度由2017年的112微克/立方米上升至2020年的126微克/立方米，升高12.5%。

2017—2020年四川省县级城市空气质量变化情况如下图所示。

2017—2020年四川省县级城市空气质量变化情况

4. 小结

"十三五"期间，四川省县级城市环境空气质量改善明显，优良天数率明显上升。六项主要监测指标中，除臭氧（O_3）浓度有所升高外，其余指标均下降。污染以细颗粒物（$PM_{2.5}$）为主，臭氧（O_3）污染情况逐步凸显，空气质量特点与市级城市基本一致。空气质量总体略好于市级城市，优良天数率高于市级城市2个百分点左右。

第三章　城市降水质量

一、降水质量现状

2020年，四川省21个市（州）城市共监测降水2966次，酸性降水（pH<5.6）204次，占6.9%，其中强酸性降水（pH<4.50）16次，中酸性降水（4.5≤pH<5.00）45次，弱酸性降水（5.00≤pH<5.60）143次。酸雨发生频率为6.9%；总雨量为64157毫米，其中酸雨量为4566.2毫米，酸雨量占总雨量的7.2%。按不同降水酸度划分，泸州市、绵阳市为轻酸雨城市，其余19个市（州）城市为非酸雨城市。

1. 降水酸度

2020年，四川省21个市（州）城市降水pH范围为5.36（绵阳市）～7.53（遂宁市），降水pH年均值为6.06，酸雨pH为5.14，酸雨量占总雨量的7.2%。酸雨城市2个，占总数的9.5%，其中绵阳市pH年均值为5.36，为全省最低。非酸雨城市19个，占90.5%。2020年四川省21个市（州）城市降水pH年均值统计如图3.3-1所示。

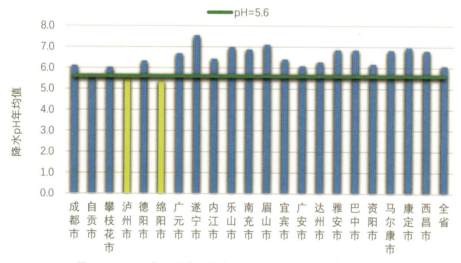

图3.3-1　2020年四川省21个市（州）城市降水pH年均值统计

注：泸州市、绵阳市的降水pH年均值小于5.6，用黄色区分。

2. 酸雨频率

2020年，四川省21个市（州）城市中7个城市出现过酸雨，14个城市未出现酸雨。酸雨频率为1.9%～37.5%，其中酸雨频率为0%～20%的城市有5个，占71.4%；酸雨频率为20%～40%的城市有2个，占28.6%。绵阳市酸雨频率最高，为37.5%。2020年四川省21个市（州）城市酸雨频率统计如图3.3-2所示。

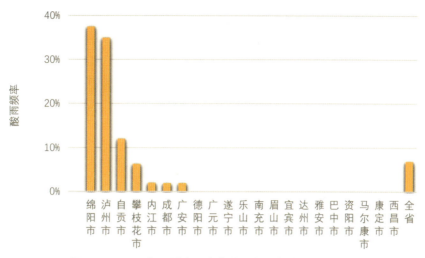

图3.3-2 2020年四川省21个市（州）城市酸雨频率统计

3. 酸雨空间分布

降水pH：2020年，四川省五大经济区中，仅成都平原经济区的绵阳市和川南经济区的泸州市降水pH年均值小于5.6，为轻酸雨城市，攀西经济区、川东北经济区、川西北生态经济区和川南经济区的其他城市均为非酸雨城市。

酸雨频率：2020年，成都平原经济区、川南经济区、攀西经济区和川东北经济区均出现过酸雨。酸雨频率由高到低分别为川南经济区、成都平原经济区、攀西经济区和川东北经济区，川西北生态经济区未出现过酸雨。

五大经济区中，因川南经济区和成都平原经济区是全省人口密集、社会经济等相对发达地区，酸雨污染较重；攀西经济区因炼钢及金属冶炼工业相对集中，酸雨污染次之；川西北生态经济区的阿坝州、甘孜州因人口稀少，工业、社会经济相对落后，未出现酸雨污染。2020年四川省五大经济区降水pH和酸雨频率对比如图3.3-3所示。

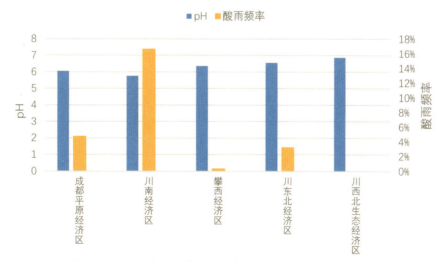

图3.3-3 2020年四川省五大经济区降水pH和酸雨频率对比

4.降水化学成分

2020年，四川省21个市（州）城市降水离子组成中，阴离子浓度最高为硫酸根离子，其次为硝酸根离子，分别占监测阴离子当量浓度的49.7%和32.3%；阳离子中钙离子浓度最高，其次为铵离子，分别占监测阳离子当量浓度的52.3%和31.6%；硫酸根离子和硝酸根离子的当量浓度比为1.5：1，说明硫酸盐是降水中的主要致酸物质。2020年四川省降水中主要离子当量浓度比例如图3.3-4所示，阴、阳离子当量分担率如图3.3-5所示。

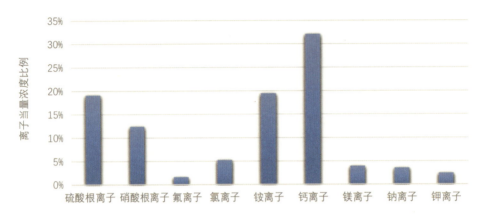

图3.3-4　2020年四川省降水中主要离子当量浓度比例

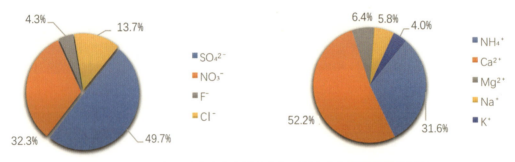

图3.3-5　2020年四川省降水中阴（左）、阳（右）离子当量分担率

二、降水质量变化趋势

1.2020年时空分布变化规律

2020年，四川省21个市（州）城市降水pH月均值无明显变化，仅12月的pH月均值小于5.6，呈现酸雨污染；其余月份pH月均值均高于5.6。酸雨频率波动较大，12月酸雨发生频率相对较高，为22.5%，2—5月、7—8月频率相对较低，均小于10.0%，1月和6月未出现过酸雨。酸雨频率和出现城市基本呈同步变化趋势。2020年四川省降水pH月均值、酸雨频率、酸雨城市比例年度变化趋势如图3.3-6所示。

图3.3-6 2020年四川省降水pH月均值、酸雨频率、酸雨城市比例年度变化趋势

2020年，四川省五大经济区降水pH月均值变化起伏明显，其中川南经济区9—12月降水pH月均值均小于5.6，最小值为5.1，其余各经济区月均值均大于5.6，最大值为7.38（川西北生态经济区）。2020年四川省五大经济区降水pH变化情况如图3.3-7所示。

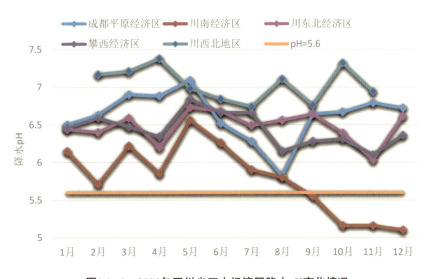

图3.3-7 2020年四川省五大经济区降水pH变化情况

酸雨频率分析。川西北生态经济区全年未出现过酸雨，川东北经济区仅4—5月出现过酸雨，频率均在5%以下；成都平原经济区7—9月出现过酸雨，最高为13.6%；攀西经济区8—10月、12月出现过酸雨，最高为10.0%；川南经济区为酸雨集中出现地区，仅1月、5—6月未出现过酸雨，其余各月均出现过酸雨，最高为46.5%（10月）。2020年四川省五大经济区酸雨频率变化情况如图3.3-8所示。

图3.3-8　2020年四川省五大经济区酸雨频率变化情况

2. "十三五"期间变化趋势

（1）降水酸度与酸雨频率变化趋势。

"十三五"期间，21个市（州）城市共采集降水样品15917个，其中酸雨样品1395个。全省降水pH年均值为5.68～6.06，年均酸雨频率为11.3%～6.9%。秩相关分析表明2016—2020年pH年均值呈明显上升趋势。酸雨频率总体呈下降趋势，但在2018年有所回升。"十三五"期间四川省降水酸度与酸雨频率统计见表3.3-1，变化趋势如图3.3-9所示，秩相关分析变化情况见表3.3-2。

表3.3-1　"十三五"期间四川省降水酸度与酸雨频率统计

年份	降水酸度（pH）			酸雨频率（%）		
	最大值	最小值	年均值	最大值	最小值	年均值
2016	7.54	5.09	5.68	41.1	1.3	11.3
2017	7.47	5.2	5.8	44.6	0.8	8.4
2018	7.45	5.1	5.78	44.4	1.5	9.8
2019	7.68	5.41	5.97	29.9	1.3	7.2
2020	7.53	5.36	6.06	37.5	1.9	6.9

图3.3-9　"十三五"期间四川省降水酸度与酸雨频率变化趋势

表3.3-2　"十三五"期间四川省降水酸度与酸雨频率秩相关分析变化情况

指标	2015年	2016年	2017年	2018年	2019年	2020年	秩相关系数（r）	变化趋势
pH	5.42	5.68	5.8	5.78	5.97	6.06	0.946	上升
酸雨频率（%）	16.5	11.3	8.4	9.8	7.2	6.9	−0.94	下降

（2）酸雨污染城市变化趋势。

"十三五"期间，四川省21个市（州）城市中，未出现过重酸雨和中酸雨城市，轻酸雨城市比例均保持在20%以下，非酸雨城市比例均保持在80%以上，其中2019—2020年非酸雨城市比例最高，为90.5%。"十三五"期间四川省不同降水pH所占城市比例如图3.3-10所示。

图3.3-10　"十三五"期间四川省不同降水pH所占城市比例

"十三五"期间，四川省21个市（州）城市中，未出现过酸雨频率大于60%的城市，未出现过酸雨的城市比例由2016年的57.1%上升到2020年的66.7%。成都市、广元市、遂宁市、内江市、乐山市、南充市、眉山市、宜宾市、广安市、达州市、雅安市、资阳市、马尔康市、康定市、西昌市15个城市五年间均为非酸雨城市，其中遂宁市、乐山市、眉山市、宜宾市、资阳市、马尔康市、康定市、西昌市8个城市历史上均未出现过酸雨。泸州市为酸雨污染较为明显的城市，频率在20.0%以上。"十三五"期间四川省不同酸雨频率所占城市比例统计见表3.3-3。

表3.3-3　"十三五"期间四川省不同酸雨频率所占城市比例统计

单位：%

指标	范围	2016年	2017年	2018年	2019年	2020年
酸雨频率	0%	57.1	47.6	52.4	61.9	66.7
	0%～20%	28.6	38.1	38.1	23.8	23.8
	20%～40%	9.5	9.5	4.8	14.3	9.5
	40%～60%	4.8	4.8	4.8	0	0
	60%～80%	0	0	0	0	0
	80%～100%	0	0	0	0	0

（3）降水化学组成变化趋势。

"十三五"期间，四川省21个市（州）城市降水中，主要阴离子为硫酸根离子和硝酸根离子，分担率基本保持在50%和30%以上；主要阳离子为铵离子和钙离子，分担率基本保持在40%以上。阴离子中的硝酸根离子和阳离子中的钙离子分担率变化呈上升趋势。"十三五"期间四川省降水中阴离子当量分担率如图3.3-11所示，阳离子当量分担率如图3.3-12所示。

图3.3-11　"十三五"期间四川省降水中阴离子当量分担率

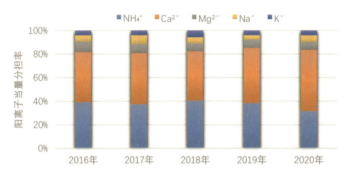

图3.3-12　"十三五"期间四川省降水中阳离子当量分担率

"十三五"期间，四川省21个市（州）城市降水阴离子中，硫酸根离子当量浓度下降趋势明显，硝酸根离子当量浓度略有下降；其他离子当量浓度总体无明显变化；硫酸根离子和硝酸根离子当量浓度比在1.5～2.7之间，且呈逐年下降趋势，说明硝酸根离子对降水酸度的影响逐渐突显。"十三五"期间四川省降水中硫酸根离子和硝酸根离子当量浓度比变化趋势如图3.3-13所示，阴离子当量浓度变化趋势如图3.3-14所示。

图3.3-13　"十三五"期间四川省降水中硫酸根离子和硝酸根离子当量浓度比变化趋势

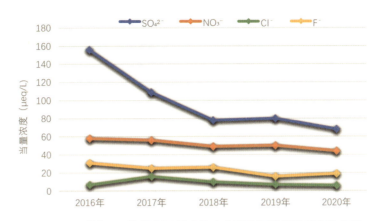

图3.3-14 "十三五"期间四川省降水中阴离子当量浓度变化趋势

阳离子中，铵离子当量浓度下降趋势明显；钙离子出现波动，2016—2018年有明显下降趋势，2019—2020年相比2018年有明显上升趋势；其他阳离子当量浓度总体无明显变化。"十三五"期间四川省降水中阳离子当量浓度变化趋势如图3.3-15所示。

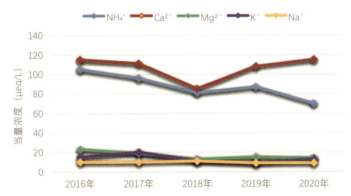

图3.3-15 "十三五"期间四川省降水中阳离子当量浓度变化趋势

秩相关分析表明，"十三五"期间四川省降水中硫酸根离子和硝酸根离子当量浓度变化均呈下降趋势。"十三五"期间四川省降水中硫酸根离子和硝酸根离子当量浓度秩相关统计见表3.3-4。

表3.3-4 "十三五"期间四川省降水中硫酸根离子和硝酸根离子当量浓度秩相关统计

指标	2015年	2016年	2017年	2018年	2019年	2020年	秩相关系数（r）	变化趋势
硫酸根离子（mg/L）	159	156	109	78	80	68	−0.94	下降
硝酸根离子（mg/L）	67	58	56	49	50	44	−0.94	下降

3. 2020年与2015年对比分析

2020年，四川省降水pH年均值由2015年的5.42上升至6.06，五年pH年均值总体升高0.66；酸雨频率由2015年的16.5%下降至6.9%，五年总体降低9.6个百分点。酸雨城市比例由2015年的23.8%下降至9.5%，五年总体降低14.3个百分点。2020年与2015年四川省降水各参数统计比对见表3.3-5。

表3.3-5　2020年与2015年四川省降水各参数统计比对

年份	降水pH年均值	酸雨频率（%）	城市数量（个）					
			酸雨频率大于20%	未出现过酸雨	非酸雨区	重酸雨区	中酸雨区	轻酸雨区
2015（"十二五"末）	5.42	16.5	6	9	15	—	1	4
2020（"十三五"末）	6.06	6.9	2	14	19	—	—	2

　　四川省21个市（州）城市中，广元市由2015年的中酸雨城市好转为非酸雨城市；成都市、攀枝花市、自贡市由2015年的轻酸雨城市好转为非酸雨城市；泸州市仍为轻酸雨城市；绵阳市由2015年的非酸雨城市下降为轻酸雨城市；其余15个市（州）保持非酸雨城市。全省酸雨区域面积总体减少。2020年与2015年四川省酸雨区分布对比如图3.3-16所示。

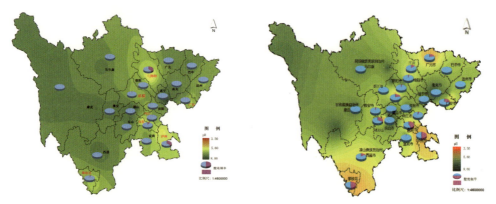

图3.3-16　2020年（左）与2015年（右）四川省酸雨区分布对比

　　四川省发生过酸雨的城市比例由2015年的57.1%下降至2020年的28.6%，降低28.5个百分点，其中成都市、自贡市、攀枝花市、广元市、广安市降幅超过20%。

三、小结

1.降水质量明显好转，酸雨污染区域减少，污染程度减轻

　　"十三五"期间，四川省大力推动经济转型升级，已实现产业结构从"十二五"的"二三一"转型为"三二一"，第三产业年均增长16.3%，二氧化硫和氮氧化物排放总量分别较2015年削减26.4%和19.7%，目标完成率分别达123.0%和123.4%，各级生态环境保护部门把大气污染治理作为全省环境保护的"一号工程"，全面推动大气污染防治工作。在全省经济转型和大气污染治理的双重作用下，全省环境空气中二氧化硫浓度累计下降50.0%，二氧化氮浓度累计下降7.4%，大气中两种致酸性物质浓度的下降使得全省降水质量明显好转，降水pH年均值呈明显上升趋势，由2016年的5.68逐步上升至2020年的6.06，酸雨城市仅有绵阳市和泸州市，pH年均值分别为5.36和5.56，属轻酸雨城市；无重酸雨和中酸雨城市；非酸雨城市比例均保持在80%以上。

2.硫酸盐仍是全省降水的主要致酸物质，但硝酸根离子对降水酸度的影响进一步突显

　　环境空气中，除工业氮氧化物排放外，机动车尾气排放也是硝酸根离子的重要来源。"十三五"期间，全省机动车累计增长36.3%，导致机动车排放的氮氧化物持续增长，但全省氮氧化物削减量低于二氧化硫，二氧化氮浓度下降比例远低于二氧化硫，致使降水中硫酸根离子与硝酸根离子的浓度比逐年下降，从2015年的2.4∶1下降至2020年的1.5∶1，硝酸根离子对降水酸度的影响进一步突显。

第四章　地表水环境质量

一、河流水质现状

1.总体水质状况

2020年，四川省河流水质总体优。153个河流监测断面中，Ⅰ～Ⅲ类水质断面146个，占95.4%；Ⅳ类水质断面7个，占4.6%；无Ⅴ类、劣Ⅴ类水质断面。7个超Ⅲ类水质断面主要集中在岷江流域中游段眉山辖区的支流和沱江流域中游段资阳和自贡辖区内的支流，污染指标为化学需氧量、总磷、高锰酸盐指数，分别为5个、3个和1个断面。2020年四川省河流水质状况如图3.4-1所示。

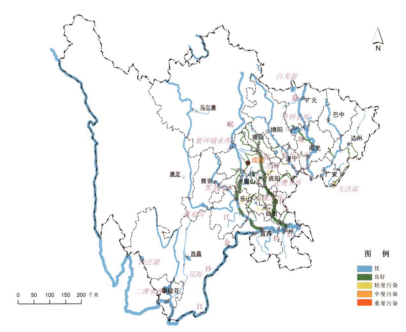

图3.4-1　2020年四川省河流水质状况

与2019年相比，Ⅰ～Ⅲ类水质的断面比例上升5.3个百分点，Ⅳ类水质的断面比例下降2.6个百分点，Ⅴ类、劣Ⅴ类水质的断面比例下降2.6个百分点。四川省河流水质断面类别2020年与2019年对比情况如图3.4-2所示。

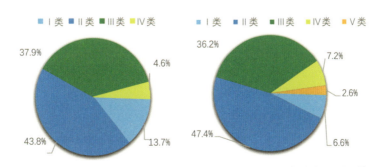

图3.4-2　四川省河流水质断面类别2020年（左）与2019年（右）对比情况

干流53个断面均为Ⅰ～Ⅲ类水质，占100%。

支流100个断面中，Ⅰ～Ⅲ类水质断面93个，占93.0%，与2019年相比上升8.0个百分点；Ⅳ类水质断面7个，占7.0%，与2019年相比下降2.6个百分点。主要分布在岷江支流的体泉河、茫溪河和沱江支流的阳化河、旭水河、釜溪河均为Ⅳ类水质。

2. 六大水系干流、支流水质状况

四川省地表河流按主要干流可分为六大水系，分别为黄河干流（四川段）、长江干流（四川段）、金沙江水系、岷江水系、沱江水系、嘉陵江水系。

2020年，四川省六大水系中黄河干流（四川段）、长江（四川段）、金沙江水系、嘉陵江水系、岷江水系水质总体优，沱江水系水质总体良好。2020年四川省六大水系水质类别如图3.4-3所示。

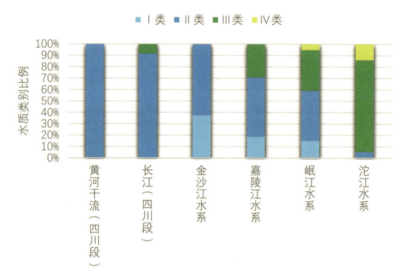

图3.4-3　2020年四川省六大水系水质类别

（1）黄河干流（四川段）水质状况。

2020年，黄河干流（四川段）水质总体优，2个干流断面均为Ⅱ类水质，与2019年相比保持不变。2020年黄河干流（四川段）水质状况如图3.4-4所示。

（2）长江（四川段）水质状况。

2020年，长江（四川段）水质总体优。干流11个断面均为Ⅱ类水质，与2019年相比保持不变；支流赤水河、永宁河、长宁河、御临河、南广河水质优，大洪河水质良好，与2019年相比，长宁河、御临河水质由Ⅲ类好转为Ⅱ类，永宁河、赤水河、长宁河、南广河保持Ⅱ类，大洪河保持Ⅲ类。2020年长江（四川段）水质状况如图3.4-4所示。

（3）金沙江水系水质状况。

2020年，金沙江水系水质总体优。10个干流断面和6个支流断面均为Ⅰ～Ⅱ类水质，与2019年相比，干流和支流雅砻江、安宁河均无明显变化。2020年金沙江水系水质状况如图3.4-4所示。

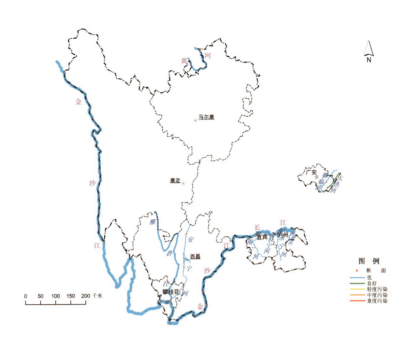

图3.4-4 2020年黄河干流（四川段）、长江（四川段）、金沙江水系水质状况

（4）嘉陵江水系水质状况。

2020年，嘉陵江水系水质总体优。48个断面均为Ⅰ～Ⅲ类水质，占100%，与2019年相比保持不变。

干流：水质优，9个断面均为Ⅰ～Ⅱ类水质，与2019年相比保持不变。

支流：水质优，39个断面均为Ⅰ～Ⅲ类水质，占100%，与2019年相比保持不变。

2020年嘉陵江水系水质状况如图3.4-5所示。

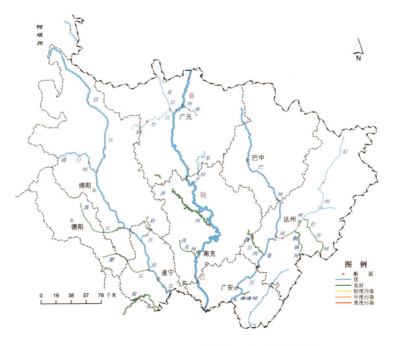

图3.4-5 2020年嘉陵江水系水质状况

（5）岷江水系水质状况。

2020年，岷江水系水质总体优。39个断面中，Ⅰ～Ⅲ类水质断面占94.9%，与2019年相比上升10.7个百分点；Ⅳ类水质断面占5.1%，与2019年相比下降8.1个百分点；无Ⅴ类、劣Ⅴ类水质断面，与2019年相比下降2.6个百分点。

干流：水质总体优，13个断面均为Ⅰ～Ⅲ类水质，占100%，同比无变化。

支流：水质总体优。26个断面中，Ⅰ～Ⅲ类水质断面占92.3%，与2019年相比上升15.4个百分点；Ⅳ类水质占7.7%，与2019年相比下降11.5个百分点；无Ⅴ类、劣Ⅴ类水质断面，与2019年相比下降3.8个百分点。17条支流中，茫溪河、体泉河受到轻度污染，其余河流水质优良；与2019年相比，新津南河、思蒙河、毛河、茫溪河水质有所好转；其余河流无明显变化。岷江支流污染指标为总磷。

2020年岷江水系水质状况如图3.4-6所示。

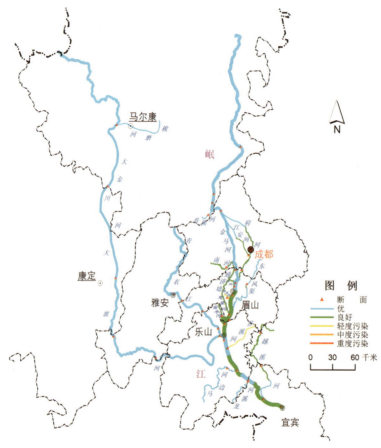

图3.4-6　2020年岷江水系水质状况

（6）沱江水系水质状况。

2020年，沱江水系水质总体良好。36个断面中，Ⅰ～Ⅲ类水质断面占86.1%，与2019年相比上升11.1个百分点。Ⅳ类水质占13.9%，与2019年相比下降2.8个百分点；无Ⅴ类、劣Ⅴ类断面，与2019年相比下降8.3个百分点。

干流：水质总体优，14个断面均为Ⅲ类，占100%，与2019年相比，保持不变。

支流：水质总体良好，22个断面中，Ⅰ～Ⅲ类水质断面占77.3%，与2019年相比上升18.2个百分点；Ⅳ类水质断面占22.7%，与2019年相比下降4.6个百分点；无Ⅴ类、劣Ⅴ类水质断面，与2019年相比下降13.6个百分点。15条支流中，阳化河、旭水河、釜溪河受到轻度污染，其余河流水质优良。与2019年相比，九曲河水质明显好转，球溪河水质有所好转，其余河流水质无明显变化。沱江支流污染指标为化学需氧量、总磷、高锰酸盐指数。

2020年沱江水系水质状况如图3.4-7所示。

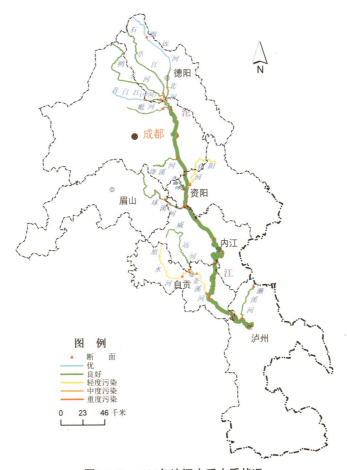

图3.4-7　2020年沱江水系水质状况

3. 出川、入川断面水质状况

根据原环境保护部《"十三五"国家地表水环境质量监测网设置方案》《水污染防治目标责任书》和原四川省环境保护厅《关于印发"十三五"全省省控地表水和重点湖库水质监测点位的通知》，入川断面共14个，出川断面共13个。

（1）入川断面。

2020年，四川省14个入川断面中，Ⅰ类水质断面2个，Ⅱ类水质断面9个，Ⅲ类水质断面3个。2020年四川省入川断面水质状况见表3.4-1。

表3.4-1　2020年四川省入川断面水质状况

序号	断面名称	河流名称	所在流域	跨界区域	水质类别
1	洛亥	南广河	长江（四川段）	云南昭通—宜宾	Ⅱ
2	鲢鱼溪	赤水河	长江（四川段）	贵州赤水—泸州	Ⅱ
3	长沙	习水河	长江（四川段）	贵州赤水—泸州	Ⅱ

序号	断面名称	河流名称	所在流域	跨界区域	水质类别
4	龙洞	金沙江	金沙江	云南楚雄—攀枝花	Ⅰ
5	葫芦口	金沙江	金沙江	云南昆明—凉山	Ⅱ
6	三块石	金沙江	金沙江	云南昭通—宜宾	Ⅱ
7	横江桥	横江	金沙江	云南昭通—宜宾	Ⅱ
8	高洞电站	濑溪河	沱江	重庆荣昌—泸州	Ⅲ
9	八庙沟	嘉陵江	嘉陵江	陕西汉中—广元	Ⅰ
10	姚渡	白龙江	嘉陵江	甘肃甘南—广元	Ⅱ
11	联盟桥	任市河	嘉陵江	重庆梁平—达州	Ⅲ
12	上河坝	铜钵河	嘉陵江	重庆梁平—达州	Ⅲ
13	土堡寨	前河	嘉陵江	重庆城口—达州	Ⅱ
14	水寨子	任何	汉江	重庆城口—达州	Ⅱ

（2）出川断面。

2020年，四川省13个出川断面中，Ⅰ类水质断面1个，Ⅱ类水质断面10个，Ⅲ类水质断面2个。2020年四川省出川断面水质状况见表3.4-2。

表3.4-2　2020年四川省出川断面水质状况

序号	断面名称	河流（湖库）名称	所在流域	跨界区域	水质类别
1	岗托桥	金沙江	金沙江	阿坝州—西藏	Ⅱ
2	贺龙桥	金沙江	金沙江	甘孜州—云南	Ⅱ
3	大湾子	金沙江	金沙江	攀枝花—云南	Ⅱ
4	蒙姑	金沙江	金沙江	凉山州—云南	Ⅱ
5	泸沽湖心	泸沽湖	金沙江	凉山州—云南	Ⅰ
6	朱沱	长江	长江（四川段）	泸州—重庆	Ⅱ
7	黎家乡崔家岩	大洪河	长江（四川段）	广安—重庆	Ⅲ
8	幺滩	御临河	长江（四川段）	广安—重庆	Ⅱ
9	金子	嘉陵江	嘉陵江	广安—重庆	Ⅱ
10	码头	渠江	嘉陵江	广安—重庆	Ⅱ
11	玉溪	涪江	嘉陵江	遂宁—重庆	Ⅱ
12	光辉	琼江	嘉陵江	遂宁—重庆	Ⅲ
13	玛曲	黄河	黄河干流（四川段）	阿坝—甘肃	Ⅱ

二、河流水质变化趋势

（一）2020年时空变化规律

空间规律分析。四川省河流水质多年呈现一致性。攀西高原和川西北地区河流水质保持稳定，主要涉及黄河干流（四川段）、金沙江水系及岷江上游阿坝州段，2020年与多年一致，水质保持优；成都平原区域、川南区域、川东北区域是长江（四川段）、岷江水系、沱江水系、嘉陵江水系主要流经区域，人口、工业、社会发展相对集中，部分支流受到污染，2020年相比多年水质有所好转，受到污染的河流主要为岷江支流的茫溪河、体泉河和沱江支流的阳化河、旭水河、釜溪河，均受到轻度污染；嘉陵江水系干、支流均为优良；长江干流（四川段）水质继续保持优。

时间规律分析。四川省河流水质受地表污染物和气象因素协同作用影响，呈现明显的盆地季节性特征。主要表现在两个方面：一是降雨冲刷地面带来的面源污染在平水期转丰水期时作用明显；二是初期雨水过后的持续降雨增加了生态流量，加大了水体的稀释和自净能力，利于水质改善。2020年1—5月，随着降雨量的增加，对地表的冲刷加重面源污染，水质从优下降为良好；6—8月，持续降雨增加了生态流量，水质从良好好转为优；9—11月，水质保持优；12月，优良水质比例略有下降。2020年1—12月四川省水质类别分布如图3.4-8所示。

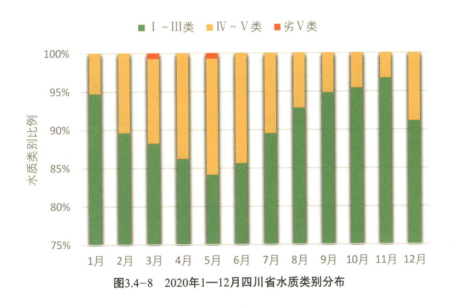

图3.4-8　2020年1—12月四川省水质类别分布

2020年1—12月监测中，四川省六大水系61条支流中，岷江水系、沱江水系、嘉陵江水系共28条支流全年均有超Ⅲ类水质时段，占支流数的45.9%。2020年四川省超Ⅲ类水质河流年内水质变化情况见表3.4-3。

表3.4-3　2020年四川省超Ⅲ类水质河流年内水质变化情况

水系	河流	主要流经地区	1月	2月	3月	4月	5月	6月	7月	8月	9月	10月	11月	12月
岷江水系	江安河	成都	Ⅲ	Ⅱ	Ⅲ	Ⅲ	Ⅴ	Ⅲ	Ⅲ	Ⅲ	Ⅲ	Ⅱ	Ⅲ	Ⅲ
岷江水系	府河	成都	Ⅲ	Ⅲ	Ⅲ	Ⅲ	Ⅳ	Ⅲ	Ⅲ	Ⅲ	Ⅲ	Ⅲ	Ⅱ	Ⅲ
岷江水系	新津南河	成都	Ⅲ	Ⅳ	Ⅲ	Ⅲ	Ⅲ	Ⅲ	Ⅳ	Ⅲ	Ⅲ	Ⅲ	Ⅱ	Ⅲ
岷江水系	毛河	眉山	Ⅳ	Ⅲ	Ⅲ	Ⅳ	Ⅳ	Ⅲ	Ⅲ	Ⅲ	Ⅲ	Ⅲ	Ⅲ	Ⅲ
岷江水系	体泉河	眉山	Ⅲ	Ⅲ	Ⅳ	Ⅳ	Ⅴ	Ⅳ	Ⅳ	Ⅳ	Ⅳ	Ⅳ	Ⅲ	Ⅳ
岷江水系	思蒙河	眉山	Ⅲ	Ⅲ	Ⅲ	Ⅳ	Ⅲ	Ⅲ	Ⅲ	Ⅲ	Ⅲ	Ⅳ	Ⅲ	Ⅲ

水系	河流	主要流经地区	1月	2月	3月	4月	5月	6月	7月	8月	9月	10月	11月	12月
岷江水系	金牛河	眉山	III	III	III	III	IV	III	III	III	III	III	III	II
岷江水系	茫溪河	乐山	III	IV	IV	IV	IV	V	IV	IV	IV	IV	IV	IV
沱江水系	石亭江	德阳	III	III	III	III	IV	IV	III	III	III	III	III	III
沱江水系	北河	德阳	III	III	III	IV	IV	III	III	II	III	III	III	IV
沱江水系	毗河	成都	III	III	III	III	III	III	III	IV	III	III	III	III
沱江水系	中河	德阳	III	III	IV	IV	III	III	V	III	III	III	II	III
沱江水系	绛溪河	成都	IV	IV	III	II	III	IV	III	III	III	III	III	IV
沱江水系	阳化河	成都资阳	III	IV	IV	IV	IV	IV	IV	III	III	III	III	III
沱江水系	九曲河	资阳	III	III	III	III	IV	III	III	III	III	III	III	III
沱江水系	球溪河	内江	III	III	III	IV	III	IV	III	III	III	III	III	III
沱江水系	釜溪河	自贡	V	IV	V	IV	V	V	IV	IV	IV	IV	III	IV
沱江水系	威远河	自贡	III	IV	IV	IV	III	III	IV	III	IV	III	III	III
沱江水系	旭水河	自贡	V	IV	IV	V	V	IV	IV	V	IV	IV	IV	IV
沱江水系	濑溪河	泸州	III	III	III	IV	II	III	III	III	III	III	III	III
嘉陵江水系	西河	广元	III	II	III	III	III	III	III	III	IV	II	II	II
嘉陵江水系	西充河	南充	III	III	III	III	IV	V	IV	III	III	III	III	III
嘉陵江水系	任市河	达州	III	III	III	IV	IV	IV	III	II	III	III	III	III
嘉陵江水系	铜钵河	达州	III	III	III	III	III	IV	III	II	III	III	III	III
嘉陵江水系	流江河	南充	III	IV	IV	IV	III	III	III	III	III	III	II	III
嘉陵江水系	凯江	德阳绵阳	IV	III	III	II	III	IV	IV	III	III	III	II	III
嘉陵江水系	郪江	德阳遂宁	III	II	IV	III	IV	IV	III	III	III	III	III	II
嘉陵江水系	琼江	遂宁	III	III	III	III	IV	IV	IV	IV	III	III	III	II

（二）"十三五"期间变化趋势

1.总体水质变化趋势

"十三五"期间，四川省河流水质持续好转，总体从2016—2017年的轻度污染好转为2018年的良好，持续好转为2019—2020年的优。Ⅰ～Ⅲ类水质断面比例从2016年的63.2%逐年上升至2020年的95.4%，升高32.2个百分点；劣Ⅴ类水质断面比例从2016年的10.9%逐年下降，2020年已全面消除。"十三五"期间四川省河流水质状况如图3.4-9所示。

图3.4-9 "十三五"期间四川省河流水质状况

2. 六大水系总体变化趋势

"十三五"期间，四川省黄河干流（四川段）、长江（四川段）、金沙江水系优良水质断面比例保持100%；嘉陵江水系、岷江水系、沱江水系优良水质断面比例逐年增加，劣Ⅴ类水质断面比例逐年减少。"十三五"期间岷江、沱江、嘉陵江水系优良水质比例逐年变化情况如图3.4-10所示。

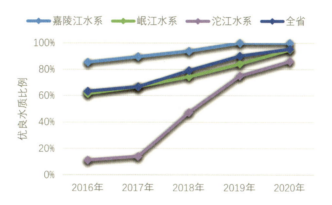

图3.4-10 "十三五"期间岷江、沱江、嘉陵江水系优良水质比例逐年变化情况

3. 嘉陵江水系水质变化趋势

"十三五"期间，嘉陵江水系从2016—2017年的良好好转为2018—2020年的优；优良水质断面比例逐年稳步上升，累积升高14.6个百分点。"十三五"期间嘉陵江水系优良水质和劣Ⅴ类水质断面比例分析如图3.4-11所示。

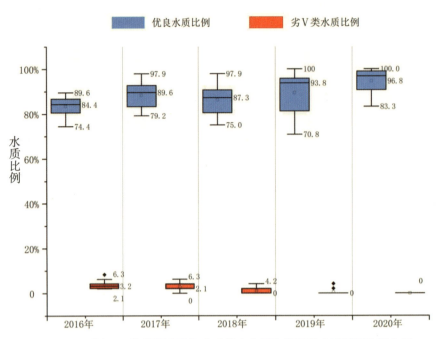

图3.4-11 "十三五"期间嘉陵江水系优良水质和劣Ⅴ类水质断面比例分析

4. 岷江水系水质变化趋势

"十三五"期间，岷江水系从2016年的中度污染好转为2017—2018年的轻度污染，持续好转为2019年的良好，2020年进一步好转为优；优良水质断面比例2020年相比2016年上升33.4个百分点。"十三五"期间岷江水系优良水质和劣Ⅴ类水质断面比例分析如图3.4-12所示。

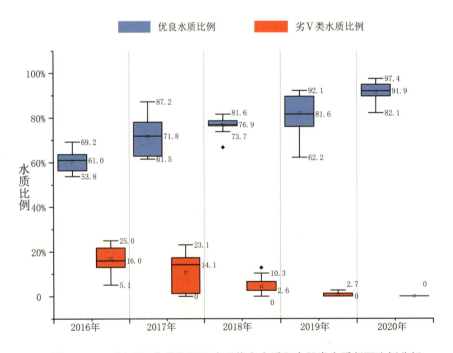

图3.4-12 "十三五"期间岷江水系优良水质和劣Ⅴ类水质断面比例分析

5. 沱江水系水质变化趋势

"十三五"期间，沱江水系从2016年的中度污染好转为2017—2018年的轻度污染，持续好转为2019—2020年的良好；优良水质断面比例2020年相比2016年上升75个百分点。"十三五"期间沱江水系优良水质和劣Ⅴ类水质断面比例分析如图3.4-13所示。

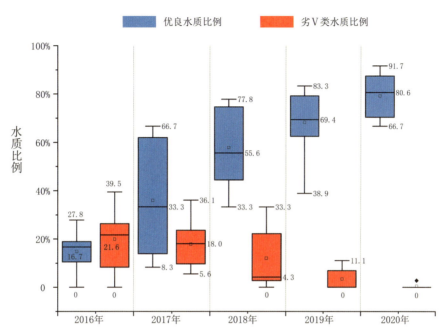

图3.4-13 "十三五"期间沱江水系优良水质和劣Ⅴ类水质断面比例分析

6. 主要污染指标变化趋势

"十三五"期间，四川省河流地表水主要污染指标总磷、氨氮、化学需氧量浓度持续下降，水质呈现明显好转趋势，特选取这三项污染指标进行"十三五"趋势分析。

（1）总磷。

对各水系的总磷浓度年均值进行斯皮尔秩相关系数分析，结果表明，"十三五"期间，长江（四川段）、岷江水系、沱江水系、嘉陵江水系的总磷浓度年均值呈明显下降趋势，分别由2016年的0.093毫克/升、0.204毫克/升、0.304毫克/升、0.102毫克/升下降至2020年的0.064毫克/升、0.088毫克/升、0.140毫克/升、0.059毫克/升，下降比例分别为31.2、56.9、53.9、42.2个百分点。其中，岷江水系总磷浓度年均值下降最为明显；金沙江水系、黄河水系呈波动下降趋势，由2016年的0.037毫克/升、0.053毫克/升下降至2020年的0.028毫克/升、0.034毫克/升。四川省平均浓度由2016年的0.132毫克/升下降至2020年的0.069毫克/升，降低47.7个百分点。长江（四川段）、岷江水系、沱江水系、嘉陵江水系"十三五"期间总磷浓度年均值变化趋势如图3.4-14所示。

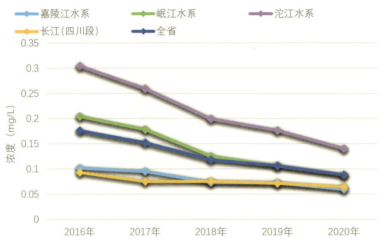

**图3.4-14　长江（四川段）、岷江水系、沱江水系、嘉陵江水系
"十三五"期间总磷浓度年均值变化趋势**

（2）氨氮。

对各水系的氨氮浓度年均值进行斯皮尔秩相关系数分析，结果表明，"十三五"期间，岷江水系、沱江水系、嘉陵江水系氨氮浓度年均值呈明显下降趋势，分别由2016年的0.58毫克/升、0.82毫克/升、0.27毫克/升下降至2020年的0.22毫克/升、0.26毫克/升、0.13毫克/升，下降比例分别为62.1、68.3、51.9个百分点，岷江水系总磷浓度年均值下降最为明显；长江（四川段）、金沙江水系、黄河水系呈波动下降趋势，由2016年的0.16毫克/升、0.08毫克/升、0.32毫克/升下降至2020年的0.11毫克/升、0.07毫克/升、0.21毫克/升。四川省平均浓度由2016年的0.37毫克/升下降至2020年的0.17毫克/升，降低54.1个百分点。长江（四川段）、岷江水系、沱江水系、嘉陵江水系"十三五"期间氨氮浓度年均值变化趋势如图3.4-15所示。

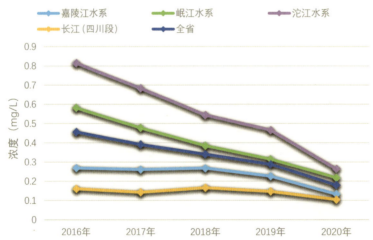

**图3.4-15　长江（四川段）、岷江水系、沱江水系、嘉陵江水系
"十三五"期间氨氮浓度年均值变化趋势**

（3）化学需氧量。

对各水系的化学需氧量浓度年均值进行斯皮尔秩相关系数分析，结果表明，"十三五"期间，岷江水系、嘉陵江水系化学需氧量浓度年均值呈明显下降趋势，分别由2016年的14.1毫克/升、12.3

毫克/升下降至2020年的9.0毫克/升、10.9毫克/升，下降比例分别为36.2、11.4个百分点，岷江水系化学需氧量浓度年均值下降最为明显。金沙江水系、沱江水系呈波动下降趋势，由2016年的7.5毫克/升、16.7毫克/升下降至2020年的7.1毫克/升、14.6毫克/升；长江干流（四川段）、黄河水系呈上升趋势，由2016年的8.0毫克/升、8.9毫克/升上升至2020年的8.9毫克/升、12.0毫克/升。四川省平均浓度由2016年的11.3毫克/升下降至2020年的10.4毫克/升，降低8.0个百分点。长江干流（四川段）、岷江水系、沱江水系、嘉陵江水系"十三五"期间化学需氧量浓度年均值变化趋势如图3.4-16所示。

图3.4-16 长江（四川段）、岷江水系、沱江水系、嘉陵江水系
"十三五"期间化学需氧量浓度年均值变化趋势

（三）2020年与2015年对比分析

1. 总体水质对比

2020年相比2015年，四川省水质总体好转明显，由2015年的轻度污染明显好转为优；Ⅰ～Ⅲ类水质断面比例上升34.1个百分点，Ⅳ类、Ⅴ类、劣Ⅴ类水质断面比例分别下降13.6、6.6、13.9个百分点。四川省水质类别2020年与2015年对比如图3.4-17所示。

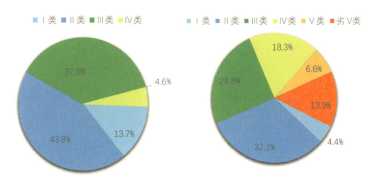

图3.4-17 四川省水质类别2020年（左）与2015年（右）对比

2. 五大流域水质总体对比（"十二五"期间未开展黄河流域水质监测）

2020年相比2015年，四川省五大流域中，长江（四川段）、金沙江水系、嘉陵江水系水质保持优；岷江水系水质总体由中度污染好转为优，总体水质好转明显；沱江水系总体水质由中度污染转为良好，总体水质好转明显。

五大水系中，长江（四川段）和金沙江水系2020年与2015年Ⅰ～Ⅲ类水质断面比例均为100%，保持不变；嘉陵江水系、岷江水系、沱江水系水质发生变化，下面对比进行分析。

（1）嘉陵江水系。

2020年相比2015年，嘉陵江水系Ⅰ～Ⅲ类水质断面比例由93.0%升高至100%，升高7.0个百分点；Ⅳ类、Ⅴ类、劣Ⅴ类水质断面全面消除。

干流保持Ⅰ～Ⅲ类水质断面100%。

支流Ⅰ～Ⅲ类水质断面比例由2015年的91.4%上升至100%，升高8.6个百分点。西充河、任市河从轻度污染好转为良好，铜钵河从重度污染明显好转为良好。

嘉陵江支流水质类别2020年与2015年对比如图3.4-18所示。

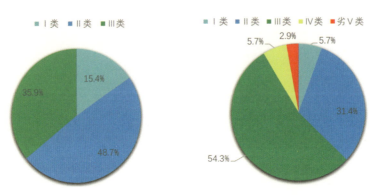

图3.4-18　嘉陵江支流水质类别2020年（左）与2015年（右）对比

（2）岷江水系。

2020年相比2015年，岷江水系总体由2015年中度污染明显好转为优，Ⅰ～Ⅲ类水质断面比例由52.6%上升至94.9%，升高42.3个百分点；2015年，Ⅴ类、劣Ⅴ类水质断面完全消灭。

干流Ⅰ～Ⅲ类水质断面比例由46.2%上升至100%，升高53.8个百分点。

支流Ⅰ～Ⅲ类水质断面比例由56.0%上升至92.3%，升高36.3个百分点。

岷江水系水质类别2020年与2015年对比如图3.4-19所示。

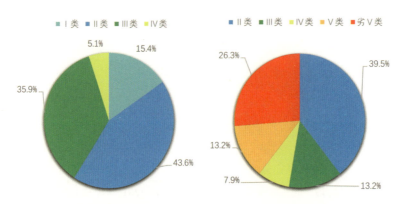

图3.4-19　岷江水系水质类别2020年（左）与2015年（右）对比

（3）沱江水系。

2020年相比2015年，沱江水系总体由2015年中度污染好转为良好，Ⅰ～Ⅲ类水质断面比例由15.8%上升至86.1%，升高70.3个百分点，Ⅴ类、劣Ⅴ类水质断面完全消灭。

干流Ⅰ～Ⅲ类水质断面比例由13.3%上升至100%，升高86.7个百分点。

支流Ⅰ～Ⅲ类水质断面比例由21.7%上升至77.3%，升高55.6个百分点。

沱江水系水质类别2020年与2015年对比如图3.4-20所示。

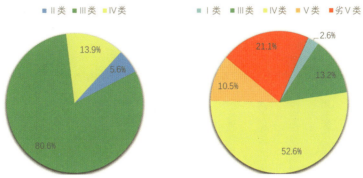

图3.4-20　沱江水系水质类别2020年（左）与2015年（右）对比

3.主要污染指标对比

2015年，四川省河流污染指标为总磷、氨氮、化学需氧量、五日生化需氧量、高锰酸盐指数、石油类，超过Ⅲ类水质标准断面占监测断面的比例分别是36.5%、14.6%、9.5%、7.3%、5.1%、3.6%。2020年，河流污染指标为化学需氧量、总磷、高锰酸盐指数，超过Ⅲ类水质标准断面占监测断面的比例分别是3.3%、2.0%、0.6%。与2015年相比，总磷、化学需氧量、高锰酸盐指数超标断面占比分别下降34.5、6.2、4.5个百分点；氨氮、五日生化需氧量、石油类消除超标断面。五年间，全省河流地表水主要污染指标已从2015年的总磷、氨氮、化学需氧量逐渐改变成化学需氧量、总磷、高锰酸盐指数。2015年污染指标超过Ⅲ类水质标准断面比例对比2020年变化情况如图3.4-21所示。

图3.4-21　2015年污染指标超过Ⅲ类水质标准断面比例对比2020年变化情况

三、湖库水质及营养状况

1.湖库水质及营养现状

2020年，四川省共监测13个湖库，泸沽湖为Ⅰ类，邛海、二滩水库、黑龙滩水库、瀑布沟水库、紫坪铺水库、双溪水库、鲁班水库、升钟水库、白龙湖为Ⅱ类，水质优；老鹰水库、三岔湖为Ⅲ类，水质良好；受总磷影响，大洪湖为Ⅳ类。

与2019年相比，黑龙滩水库、鲁班水库水质略有好转，其余湖库水质无明显变化。

单独评价指标：全省13个湖库中，12个湖库粪大肠菌群均为Ⅰ～Ⅲ类，9个湖库总氮为Ⅰ～Ⅲ

类，老鹰水库、双溪水库、升钟水库受到总氮的轻度污染；大洪湖受到总氮的中度污染。

营养现状：13个湖库中，泸沽湖、二滩水库、紫坪铺水库、双溪水库、白龙湖为贫营养；邛海、黑龙滩水库、瀑布沟水库、老鹰水库、三岔湖、鲁班水库、升钟水库、大洪湖为中营养。2020年四川省重点湖库营养状况如图3.4-22所示。

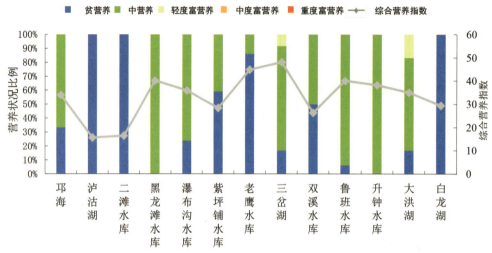

图3.4-22　2020年四川省重点湖库营养状况

2. "十三五"期间变化趋势

"十三五"期间，四川省13个重点湖库中，泸沽湖、邛海、二滩水库、升钟水库、白龙湖保持Ⅰ～Ⅱ类，水质优；黑龙滩水库、瀑布沟水库、紫坪铺水库、双溪水库、鲁班水库从2016年的Ⅲ类好转至Ⅱ类；三岔湖保持Ⅲ类水质；老鹰水库从Ⅳ类变为Ⅲ类水质；大洪湖持续受到总磷影响，保持Ⅳ类水质。"十三五"期间四川省重点湖库水质类别见表3.4-4。

表3.4-4　"十三五"期间四川省重点湖库水质类别

湖库名称	2016年	2017年	2018年	2019年	2020年
邛海	Ⅱ	Ⅱ	Ⅱ	Ⅱ	Ⅱ
泸沽湖	Ⅱ	Ⅰ	Ⅰ	Ⅰ	Ⅰ
二滩水库	Ⅱ	Ⅱ	Ⅱ	Ⅱ	Ⅱ
黑龙滩水库	Ⅲ	Ⅲ	Ⅲ	Ⅲ	Ⅱ
瀑布沟水库	Ⅲ	Ⅲ	Ⅲ	Ⅲ	Ⅱ
紫坪铺水库	Ⅲ	Ⅲ	Ⅱ	Ⅱ	Ⅱ
老鹰水库	Ⅳ	Ⅲ	Ⅲ	Ⅲ	Ⅲ
三岔湖	Ⅲ	Ⅲ	Ⅲ	Ⅲ	Ⅲ
双溪水库	Ⅱ	Ⅲ	Ⅱ	Ⅱ	Ⅱ
鲁班水库	Ⅲ	Ⅲ	Ⅲ	Ⅲ	Ⅱ
升钟水库	Ⅱ	Ⅱ	Ⅱ	Ⅱ	Ⅱ
大洪湖	Ⅳ	Ⅳ	Ⅳ	Ⅳ	Ⅳ
白龙湖	Ⅱ	Ⅰ	Ⅱ	Ⅱ	Ⅱ

"十三五"期间,泸沽湖保持贫营养;邛海、黑龙滩水库、瀑布沟水库、三岔湖、鲁班水库、升钟水库6个湖库保持中营养;二滩水库、紫坪铺水库、双溪水库、白龙湖4个湖库由2016年的中营养好转为2020年的贫营养;老鹰水库、大洪湖由2016年的轻度富营养好转为2020年的中营养。"十三五"期间四川省重点湖库营养状况见表3.4-5。

表3.4-5 "十三五"期间四川省重点湖库营养状况

湖库名称	2016年	2017年	2018年	2019年	2020年
邛海	中营养	中营养	中营养	中营养	中营养
泸沽湖	贫营养	贫营养	贫营养	贫营养	贫营养
二滩水库	中营养	贫营养	贫营养	贫营养	贫营养
黑龙滩水库	中营养	中营养	中营养	中营养	中营养
瀑布沟水库	中营养	中营养	中营养	中营养	中营养
紫坪铺水库	中营养	贫营养	中营养	贫营养	贫营养
老鹰水库	轻度富营养	中营养	轻度富营养	中营养	中营养
三岔湖	中营养	中营养	中营养	中营养	中营养
双溪水库	中营养	中营养	中营养	中营养	贫营养
鲁班水库	中营养	中营养	中营养	中营养	中营养
升钟水库	中营养	中营养	中营养	中营养	中营养
大洪湖	轻度富营养	轻度富营养	轻度富营养	中营养	中营养
白龙湖	贫营养	贫营养	贫营养	贫营养	贫营养

3. 2020年与2015年对比分析

"十三五"期间,重点湖库相比"十二五"期间增加4个,2020年与2015年对比分析仅对连续监测的9个湖库开展分析。

2020年,四川省重点湖库中,黑龙滩水库、紫坪铺水库、鲁班水库水质由2015年的良好好转为优;老鹰水库由2015年的轻度污染好转为良好;大洪湖受总磷影响,水质由2015年的良好下降为轻度污染;二滩水库、升钟湖水库、邛海、三岔湖保持不变。

邛海、黑龙滩水库、三岔湖、鲁班水库、升钟水库、大洪湖6个湖库2015年、2020年均为中营养;二滩水库、紫坪铺水库由2015年的中营养好转为2020年的贫营养;老鹰水库由2015年的轻度富营养好转为2020年的中营养。

四、小结

1. 2020年四川省河流地表水水质总体优,优良水质断面占95.4%,无Ⅴ类、劣Ⅴ类水质断面,为历史最好水平

2020年,四川省河流水质总体优。Ⅰ~Ⅲ类、Ⅳ类水质断面分别占95.4%、4.6%,无Ⅴ类、劣Ⅴ类水质断面。污染指标为化学需氧量、总磷、高锰酸盐指数,超Ⅲ类水质断面分别为5个、3个和1个。六大水系中,黄河干流(四川段)、长江(四川段)、金沙江水系、嘉陵江水系、岷江水系水质优,沱江水系水质良好。

2. 四川省河流总体水质由轻度污染明显好转为优，嘉陵江水系、岷江水系、沱江水系好转趋势明显

"十三五"期间，四川省河流总体水质由轻度污染明显好转为优；从2016—2017年的轻度污染好转为2018年的良好，持续好转为2019—2020年的优。Ⅰ～Ⅲ类水质断面比例上升32.2个百分点；劣Ⅴ类水质断面比例下降10.9个百分点，2020年完全消除劣Ⅴ类。长江（四川段）、黄河干流（四川段）、金沙江水系优良水质断面比例保持100%。斯皮尔秩相关分析结果表明，嘉陵江水系、岷江水系、沱江水系优良水质断面比例呈明显上升趋势，优良水质断面比例逐年稳步提升，分别升高14.6、33.4、75个百分点，沱江水系好转程度最明显。

3. 河流首要污染指标总磷浓度下降趋势明显，超Ⅲ类水质断面占比下降32.7个百分点

"十三五"初期，四川省河流的主要污染指标为总磷、化学需氧量、氨氮，超Ⅲ类水质断面占比分别为34.7%、12.2%、10.2%。"十三五"末期，全省的主要污染指标为化学需氧量、总磷、高锰酸盐指数，超Ⅲ类水质断面占比分别为3.3%、2.0%、0.7%。

首要污染指标总磷超Ⅲ类水质断面占比从34.7%下降至2.0%，降低32.7个百分点；长江干流出川断面总磷浓度从0.092毫克/升下降至0.068毫克/升，降幅为26.1%。

4. 岷江、沱江水系的部分支流由于地理地貌、人口分布、经济结构等因素仍存在顽固性污染

"十三五"期间，四川省河流总体水质呈好转趋势，至2020年，长江（四川段）、黄河干流（四川段）水质总体保持优，嘉陵江水系支流已全部达到Ⅲ类水质。污染河段分布在岷江、沱江水系的部分支流，如岷江水系的茫溪河、体泉河，沱江水系的阳化河、旭水河、釜溪河等。这些支流流经区域地形地貌上呈馒头型，略高于周边区域，不利于集雨成流，不利于形成较大的生态流量补充；人口分布较为密集，生活污水产生量偏高；经济发展在省内属排名靠前区域，生产废水排放及治理有一定的复杂性。"十三五"期间虽已明显好转，但距离达到优良水质仍需积极的环保措施和政策。

5. 重点湖库总体水质优良，富营养程度逐渐减轻

"十三五"期间，四川省13个重点湖库中，5个保持优，1个保持良好，5个从良好变为优，1个从轻度污染变为良好。至2020年，全省13个重点湖库中，有12个湖库水质优良，仅大洪湖受到总磷的轻度污染，但污染物浓度略有降低。

第五章　集中式饮用水水源地水质

一、县级以上城市集中式饮用水水源地水质现状

1. 达标情况

2020年，四川省集中式饮用水水源地水质监测已实现21个市（州）和183个县（市、区）全覆盖，监测县级以上城市饮用水水源地地表水型227个和地下水型36个，总计263个。监测断面（点位）266个，所有断面（点位）所测项目全部达标，断面达标率为100%，取水总量353002.65万吨，达标水量353002.65万吨，水质达标率为100%。四川省县级以上城市集中式饮用水水源地数量统计见表3.5-1。

表3.5-1　四川省县级以上城市集中式饮用水水源地数量统计

市（州）	县级以上饮用水水源地总数	市级饮用水水源地数（个）		县级饮用水水源地数（个）	
		地表水型	地下水型	地表水型	地下水型
成都	22	3	0	16	3
自贡	3	1	0	2	0
攀枝花	8	2	0	6	0
泸州	7	3	0	4	0
德阳	9	1	1	4	3
绵阳	11	2	0	6	3
广元	11	1	2	8	0
遂宁	5	1	0	4	0
内江	5	3	0	2	0
乐山	14	2	0	11	1
南充	8	2	0	6	0
眉山	7	1	0	6	0
宜宾	14	2	0	10	2
广安	7	1	0	6	0
达州	10	1	0	6	3
雅安	14	1	0	9	4
巴中	7	2	0	5	0
资阳	5	1	0	4	0
阿坝州	26	7	0	18	1
甘孜州	38	4	0	34	0
凉山州	32	2	0	17	13
全省	263	43	3	184	33

2. 水质类别

2020年，四川省266个县级以上饮用水水源地监测断面（点位）中有200个断面为Ⅰ～Ⅱ类水质，所占比例为75.2%，其中市级断面（点位）40个，占市级断面（点位）总数的87.0%；县级断面（点位）160个，占县级断面（点位）总数的72.7%。市级饮用水水源地水质优于县级饮用水水源地，市级、县级城市集中式饮用水水源地断面（点位）水质类别分布如图3.5-1所示。

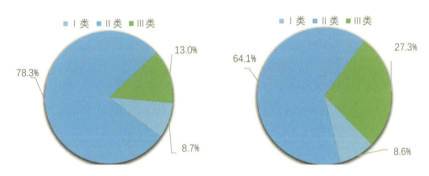

图3.5-1　2020年四川省市级（左）、县级（右）城市集中式饮用水水源地断面（点位）水质类别分布

3. 单独评价指标

2020年，四川省县级以上城市集中式饮用水水源地监测断面单独评价指标中，总氮总计超标72次，其中市级水源地超标28次，县级水源地超标44次，超标频次分别为28.6%和30.0%；粪大肠菌群总计超标91次，其中市级水源地超标71次，县级水源地超标20次，超标频次分别为12.9%和2.7%。粪大肠菌群超标频次明显高于总氮。

4. 特定指标检出情况

2020年，四川省县级以上城市饮用水水源地例行监测的特定指标33项中仅有异丙苯全年未检出，其余32项个别时段出现检出，但均低于国家标准限值。

重金属类项目检出率明显高于有机类项目，其中钡检出次数最高，全年有843次检出，最高检出浓度为0.33毫克/升；其次是硼，全年有629次检出，最高检出浓度为0.39毫克/升。

有机类甲醛检出次数最高，全年有69次检出，最高检出浓度为0.39毫克/升；其次是邻苯二甲酸二丁酯，全年有24次检出，最高检出浓度为0.0028毫克/升。

检出次数最少的是苯和林丹，全年各有一次检出，检出浓度分别是0.0017毫克/升和0.00138毫克/升。

21个市（州）中，阿坝州、甘孜州、凉山州的个别县（市、区）特定指标全年未检出，其余18个市（州）所有县（市、区）均出现了特定指标检出情况。2020年四川省县级以上城市集中式饮用水水源地优选特定指标检出情况见表3.5-2。

表3.5-2　2020年四川省县级以上城市集中式饮用水水源地优选特定指标检出情况

指标名称	检出浓度范围（mg/L）	标准限值（mg/L）	检出次数（次）	指标名称	检出浓度范围（mg/L）	标准限值（mg/L）	检出次数（次）
三氯甲烷	0.00003～0.0113	0.06	9	硝基苯	0.000004～0.000046	0.017	2
四氯化碳	0.00004～0.00005	0.002	2	邻苯二甲酸二丁酯	0.00005～0.0028	0.003	24
三氯乙烯	0.00003～0.0001	0.007	3	邻苯二甲酸二（2-乙基己基）酯	0.00007～0.0075	0.008	10
四氯乙烯	0.0001～0.0013	0.04	5	滴滴涕	0.00003～0.0002	0.001	2

指标名称	检出浓度范围（mg/L）	标准限值（mg/L）	检出次数（次）	指标名称	检出浓度范围（mg/L）	标准限值（mg/L）	检出次数（次）
苯乙烯	0.0003~0.0032	0.02	7	林丹	0.00138	0.002	1
甲醛	0.05~0.38	0.9	69	阿特拉津	0.000039~0.0004	0.003	4
苯	0.0017	0.01	1	苯并[a]芘	0.0000004~0.000002	2.8×10^{-6}	5
甲苯	0.0002~0.006	0.7	4	钼	0.00006~0.06	0.07	546
乙苯	0.0008~0.009	0.3	2	钴	0.000018~0.0074	1.0	311
二甲苯	0.0022~0.008	0.5	4	铍	0.000031~0.0016	0.002	33
氯苯	0.0001~0.208	0.3	5	硼	0.0008~0.392	0.5	629
1,2-二氯苯	0.0001	1.0	2	锑	0.00004~0.0044	0.005	344
1,4-二氯苯	0.0001~0.0016	0.3	4	镍	0.00006~0.086	0.02	396
三氯苯	0.0001~0.00091	0.002	7	钡	0.00033~0.33	0.7	843
二硝基苯	0.000005~0.00041	0.5	5	钒	0.0008~0.048	0.05	481
硝基氯苯	0.000003~0.00001	0.05	9	铊	0.00002~0.00008	0.0001	21

注：二甲苯包括对二甲苯、间二甲苯、邻二甲苯，三氯苯包括1,2,3-三氯苯、1,2,4-三氯苯、1,3,5-三氯苯，二硝基苯包括对二硝基苯、间二硝基苯、邻二硝基苯，硝基氯苯包括对硝基氯苯、间硝基氯苯、邻硝基氯苯。

5. 水质全分析

2020年6—7月，四川省县级以上城市饮用水水源地均开展了1次水质全分析，地表水型109项，地下水型93项，结果表明263个县级以上城市饮用水水源地的266个监测断面（点位）水质全部达标。

地表水型饮用水水源地全分析的80项特定项目监测结果表明，有机氯、有机磷农药指标（滴滴涕、林丹、乐果、敌敌畏、敌百虫等）均未检出，10项金属类指标（钼、钴、铍、硼、锑、镍、钡、钒、钛、铊）全部检出，但均低于国家标准限值；其他有机类指标检出情况与每月监测结果情况类似。

二、县级以上城市集中式饮用水水源地水质变化趋势

1. 2020年变化趋势

2020年，四川省总计263个县级以上城市饮用水水源地的266个监测断面（点位）每次监测均达标，水质保持稳定。

2. "十三五"期间变化趋势

"十三五"期间，四川省县级以上城市饮用水水源地整体断面达标率从2016年的96.9%上升至2020年的100%，升高3.1个百分点。其中，市级饮用水水源地达标率由90.0%上升至100%，县级饮用水水源地达标率由97.9%上升至100%。

21个市（州）中，除自贡、德阳、雅安、资阳、眉山、遂宁外，其余15个市（州）城市饮用水水源地水质五年间均保持100%达标。资阳2016—2018年达标率较低，2017年仅有20.0%；市级和县级饮用水水源地均有超标现象。德阳、雅安主要是市级饮用水水源地超标；自贡、遂宁和眉山主要是县级饮用水水源地超标；遂宁和雅安仅在2016年出现超标情况，2017—2020年全年达标。

"十三五"期间四川省县级以上城市集中式饮用水水源地断面（点位）达标率变化趋势如图3.5-2所示，六个出现水质超标城市集中式饮用水水源地断面（点位）达标率变化趋势如图3.5-3所示。

图3.5-2　"十三五"期间四川省县级以上城市集中式饮用水水源地断面（点位）达标率变化趋势

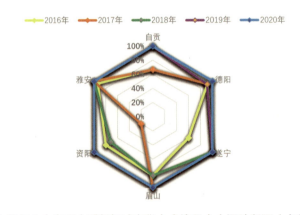

图3.5-3　"十三五"期间六个出现水质超标城市集中式饮用水水源地断面（点位）达标率变化趋势

　　五年间，饮用水水源地水质出现超标的污染指标为总磷、锰、高锰酸盐指数、氨氮、石油类和亚硝酸盐，并有溶解氧不达标现象。主要污染指标超标次数分别是总磷22次、锰13次、高锰酸盐指数13次。总磷超标主要出现在湖库，河流型水源地总磷仅出现过一次超标，浓度值为0.284毫克/升，湖库中总磷最高浓度值为0.242毫克/升、锰最高浓度值为0.34毫克/升、高锰酸盐指数最高浓度值为8.6毫克/升。县级以上城市集中式饮用水水源地主要污染指标最大浓度年度变化趋势如图3.5-4所示，超标负荷组成如图3.5-5所示。

图3.5-4　县级以上城市集中式饮用水水源地主要污染指标最大浓度年度变化趋势

注：总磷为湖库总磷。

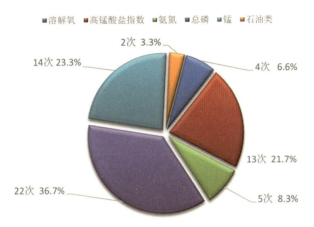

图3.5-5 县级以上城市集中式饮用水水源地主要污染指标超标负荷组成

3. 2020年与2015年对比分析

2015年，成都、德阳、自贡、攀枝花、宜宾、眉山、雅安、资阳和阿坝州九个市（州）县级以上城市饮用水水源地水质均出现了不同程度超标情况，全省断面达标率为94.0%，超标指标为五日生化需氧量、高锰酸盐指数、总磷、铁、锰、镍，溶解氧也出现过不达标情况。2020年，全省县级以上城市饮用水水源地所有监测断面水质全部达标，断面达标率为100%。五年间，断面达标率上升6.0个百分点。

三、乡镇集中式饮用水水源地水质状况

1. 达标情况

2020年，四川省21个市（州）169个县开展了乡镇集中式饮用水水源地水质监测，共监测2778个断面（点位），其中河流型1347个、湖库型537个、地下水型894个；按实际开展的监测项目评价，全省共有2601个断面（点位）所测项目全部达标，断面达标率为93.6%。

四川省21个市（州）中，攀枝花、雅安和甘孜州三个市（州）乡镇集中式饮用水水质全年达标，其余18个市（州）乡镇集中式饮用水水源地均存在超标现象，其中资阳达标率最低，仅为39.6%，其次是南充，为68.7%。2020年四川省各市（州）乡镇集中式饮用水水源地达标率如图3.5-6所示。

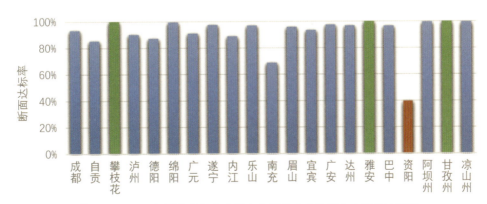

图3.5-6 2020年四川省各市（州）乡镇集中式饮用水水源地达标率

注：绿色为100%达标。

2. 超标及不达标指标分析

地表水型超标指标有总磷、高锰酸盐指数、生化需氧量、锰、铁、硫酸盐、pH、石油类、硝酸盐，溶解氧有不达标现象。其中，主要污染指标是：总磷，超标次数占总监测次数的1.8%；高锰酸盐指数，超标次数占总监测次数的1.2%；生化需氧量，超标次数占总监测次数的0.6%。

地下水型超标指标有总大肠菌群、菌落总数、锰、硫酸盐、总硬度、浑浊度、可溶性固体总量、氨氮、色度、铁、氟化物、亚硝酸盐、pH。其中，主要污染指标是：总大肠菌群，超标次数占总监测次数的4.6%；菌落总数，超标次数占总监测次数的4.0%；锰，超标次数占总监测次数的1.9%。2020年四川省乡镇集中式饮用水水源地超标指标超标率如图3.5-7所示。

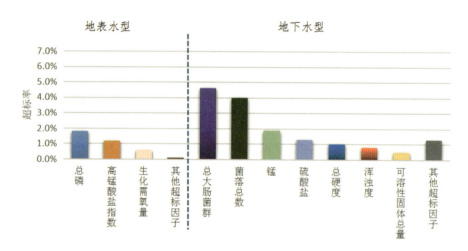

图3.5-7　2020年四川省乡镇集中式饮用水水源地超标指标超标率

3. 2020年及"十三五"期间变化趋势

2020年，四川省乡镇集中式饮用水水源地按上、下半年总计监测了2次，上半年断面达标率为95.2%，下半年断面达标率为96.5%，下半年达标率略高于上半年。

"十三五"期间，四川省乡镇集中式饮用水水源地断面达标率呈逐年上升趋势，2016年达标率仅为78.6%，2020年达到93.6%，升高15.0个百分点。21个市（州）中，遂宁达标率升高最为明显，由2016年的43.5%上升至2020年的97.5%，升高54.0个百分点；五年间资阳乡镇集中式饮用水水源地达标率均较低，为24.5%～42.4%。"十三五"期间四川省乡镇集中式饮用水水源地断面达标率变化趋势如图3.5-8所示。

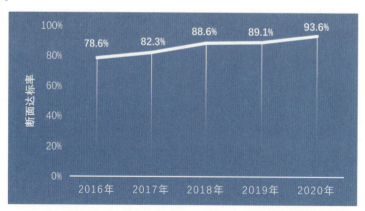

图3.5-8　"十三五"期间四川省乡镇集中式饮用水水源地断面达标率变化趋势

乡镇地表水型饮用水水源地主要超标指标为高锰酸盐指数、生化需氧量和总磷，五年间最高浓度分别为14.3毫克/升、10.4毫克/升、2.9毫克/升。"十三五"期间四川省乡镇集中式饮用水水源地主要污染指标最大浓度变化趋势如图3.5-9所示。

乡镇地下水型饮用水水源地主要超标指标为总大肠菌群、菌落总数和锰，五年间总大肠菌群、菌落总数最大值分别为2400MPN/100mL、97000CFU/100mL，锰最高浓度为1.84毫克/升。

图3.5-9 "十三五"期间四川省乡镇集中式饮用水水源地主要污染指标最大浓度变化趋势

四、小结

1. 全省集中式饮用水水源地水质总体良好，达标率逐年提升

"十三五"以来，全省各级人民政府在打好水污染防治攻坚战的同时，坚持把加强饮用水水源地保护作为一项重要的民生工作来抓，在水源地保护的整体规划、监控管理和综合整治等方面采取了一系列措施，许多历史遗留饮用水问题得以解决。全省集中式饮用水水源地水质状况总体良好，达标率逐年提升，2020年县级以上城市饮用水水源地监测断面（点位）首次100%达标，乡镇饮用水水源地监测断面（点位）达标率首次超过90%，让老百姓喝上了干净的水。

2. 个别区域因地质背景原因造成水质超标

由于地质背景原因造成水质超标的区域主要为德阳市的地下饮用水水源地西郊水厂，取水口地处于锰元素富集地，由于含水层中局部铁、锰元素富集，致使西郊水厂锰浓度常年超标。"十三五"期间，德阳市政府通过新建地表水型自来水厂从人民渠引水，逐年减少西郊水厂供水量，并且增建了铁、锰重金属处理装置，以解决地下水型水源地锰超标问题。

3. 部分乡镇饮用水水源地因自身条件和管理不善造成水质明显差于市、县饮用水水源地水质

全省部分乡镇饮用水水源地设置在小水库或小支流上，主要依靠自然降雨作为水量补充。降雨导致污染物随地表径流进入水源地，加之饮用水水源地管理不规范、体制不健全，导致总磷、高锰酸盐指数、五日生化需氧量等时有超标，五年间乡镇饮用水水源地达标率明显低于市、县饮用水水源地达标率。

第六章　地下水

一、国家地下水质量考核

1.水质现状

2020年，四川省31个国家地下水质量考核点位中，"优良"点位4个，"良好"点位15个，"较差"点位12个，无"极差"点位。

与2019年相比，水质状况明显好转，"极差"点位消失，8个点位水质好转，4个点位水质下降，19个点位水质保持不变。"优良"比例为12.9%，"良好"比例为48.4%，均比2019年有所提高，"较差"比例为38.7%，达到考核要求。四川省地下水国家考核点位水质状况2020年与2019年对比如图3.6-1所示。

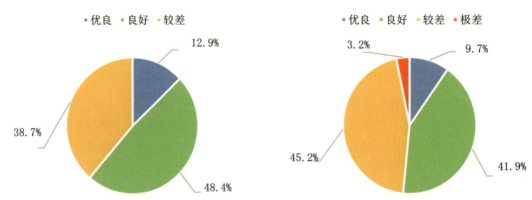

图3.6-1　四川省地下水国家考核点位水质状况2020年（左）与2019年（右）对比

2.区域地下水水质状况

（1）德阳地下水水质状况。

2020年，德阳辖区15个地下水国家考核点位中，"优良"点位1个，"良好"点位10个，"较差"点位4个；超标项目为总硬度和锰。其中，锰超标为同一点位的丰、枯水期，超标率丰水期更高；总硬度超标率枯水期大于丰水期。2020年德阳市地下水主要污染指标见表3.6-1。

表3.6-1　2020年德阳市地下水主要污染指标

水期	总硬度（以CaCO$_3$计）		锰	
	最大值（mg/L）	超标率（%）	最大值（mg/L）	超标率（%）
丰水期	510	13.3	0.42	13.3
枯水期	582	28.5	0.66	7.1

与2019年相比，水质好转的点位3个，分别为什邡市隐丰镇黄龙村4组、广汉市三水镇宝莲村19组和旌阳区工农街道东升村9组，均由"较差"变为"良好"；水质下降的点位1个，为旌阳区北郊水厂1号井，由"优良"变为"较差"，超标指标为锰；其余11个点位保持不变。

（2）成都地下水水质状况。

2020年，成都辖区16个地下水国家考核点位中，"优良"点位3个，"良好"点位5个，"较差"点位8个；超标项目为总硬度、锰。丰水期总硬度超标的点位较多，有5个；枯水期主要污染指标为锰，最大值为0.45毫克/升。2020年成都市地下水主要污染指标见表3.6-2。

表3.6-2　2020年成都市地下水主要污染指标

水期	总硬度（以CaCO$_3$计）		锰	
	最大值（mg/L）	超标率（%）	最大值（mg/L）	超标率（%）
丰水期	622	31.3	0.29	12.5
枯水期	579	7.7	0.45	23.1

与2019年相比，好转的点位5个，分别为都江堰市崇义镇界牌村5组79号、温江区万春镇幸福村2组、郫都区安德镇黄龙村3组、都江堰市石羊镇苏院村2组和新都区新都镇封赐村8组；下降的点位3个，分别为新都区大丰镇双林村6组、崇州市街子镇唐公村4组和邛崃市固驿镇春台社区18组。2020年成都市地下水国家考核点位水质变化情况见表3.6-3。

表3.6-3　2020年成都市地下水国家考核点位水质变化情况

原始编号	考核点位位置	2019年水质状况	2020年水质状况	变化情况
J109	郫都区安德镇黄龙村3组	较差	良好	好转
R3	都江堰市崇义镇界牌村5组79号	良好	优良	好转
W2214	新都区新都镇封赐村8组	极差	较差	好转
W7014	都江堰市石羊镇苏院村2组	较差	优良	好转
W8205	温江区万春镇幸福村2组	较差	优良	好转
W1004	新都区大丰镇双林村6组	良好	较差	下降
W6111	崇州市街子镇唐公村4组	优良	良好	下降
W6363	邛崃市固驿镇春台社区18组	良好	较差	下降

3. "十三五"期间变化趋势

对"十三五"期间持续开展地下水监测的31个点位的五年变化趋势进行分析；未持续开展监测的3个点位单独评价，分别为成都辖区的武侯区机投镇半边街3组、武侯区第一人民医院旁、武侯区四川大学望江校区放化馆附近。

（1）总体变化趋势。

"十三五"期间，四川省地下水总体呈好转趋势。与2016年相比，31个点位中"优良"点位比例由0%上升至12.9%，"良好"点位比例由29.0%上升至48.4%，"较差"点位比例由71.0%下降至38.7%。五年间，2017年和2019年出现"极差"点位，为成都市新都区新都镇封赐村8组，该点位2016年、2018年、2020年均为"较差"级别。"十三五"期间四川省地下水水质状况对比如图3.6-2所示。

图3.6-2　"十三五"期间四川省地下水水质状况对比

　　三个单独评价的点位中，武侯区机投镇半边街3组2016—2018年均为"较差"，保持不变；武侯区第一人民医院旁2017—2018年为"较差"，2016年、2019年为"良好"，总体保持不变；武侯区四川大学望江校区放化馆附近2016—2018年均保持"良好"，2019年下降为"较差"。
　　（2）区域变化趋势。
　　"十三五"期间，德阳市地下水水质总体呈好转趋势。2016年地下水水质"较差"的比例为66.7%，2017年以后地下水水质"较差"的比例明显降低，2020年"较差"水质比例为26.7%；水质达到"良好"以上的比例逐年上升；2018—2020年均为"优良"，占比分别为6.7%、13.3%、6.7%；五年间未出现水质"极差"的点位。"十三五"期间德阳市地下水水质状况对比如图3.6-3所示。

图3.6-3　"十三五"期间德阳市地下水水质状况对比

　　"十三五"期间，成都市地下水水质基本处于稳定状态，并且有一定程度的好转。
　　2020年，有50%的考核点位达到"良好"以上水平。"较差"水质的比例依然很大。"较差"水质的比例连续5年均在50%以上，但整体呈下降趋势；2017年和2019年出现"极差"水质点位为同一点位。"十三五"期间成都市地下水水质状况对比如图3.6-4所示。

图3.6-4　"十三五"期间成都市地下水水质状况对比

4. 2020年与2015年对比分析

2015年，德阳辖区的旌阳区工农街道东升村9组未开展监测，2020年与2015年对比分析针对连续监测的30个点位进行。

2020年，四川省地下水总体较2015年有明显的好转，"优良"水质点位由2015年的无增加至4个，"极差"点位由2015年的2个减少至无。30个可比点位中，10个点位水质好转，6个点位水质下降。其中，2个"极差"点位均好转为"较差"，2个"较差"和2个"良好"点位好转为"优良"，6个"良好"点位水质下降为"较差"。四川省地下水国家考核点位水质状况2020年与2015年对比如图3.6-5所示。

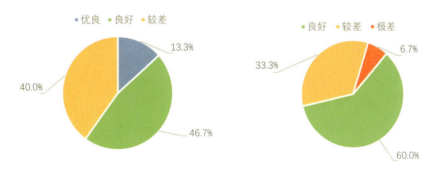

图3.6-5　四川省地下水国家考核点位水质状况2020年（左）与2015年（右）对比

德阳辖区内3个"较差"点位好转为1个"优良"和2个"良好"，3个"良好"点位下降为"较差"，其余8个点位水质保持不变。

成都辖区内2个"极差"点位好转为"较差"，3个"较差"点位好转为1个"优良"和2个"良好"，2个"良好"点位好转为"优良"，3个"良好"点位下降为"较差"，其余6个点位水质保持不变。2020年对比2015年四川省地下水国家考核点位水质变化情况见表3.6-4。

表3.6-4　2020年对比2015年四川省地下水国家考核点位水质变化情况

区域	原始编号	考核点位位置	2015年水质状况	2020年水质状况	变化情况
成都	J1101	金牛区王贾社区王贾村6组	极差	较差	好转
成都	W2214	新都区新都镇封赐村8组	极差	较差	好转
成都	W6681	崇州市燎原乡行政村6组	较差	良好	好转
成都	W6111	崇州市街子镇唐公村4组	较差	良好	好转
德阳	W2381	绵竹市汉旺镇牛鼻村4组	较差	良好	好转
德阳	W3622	广汉市三水镇宝莲村19组	较差	良好	好转
成都	R3	都江堰市崇义镇界牌村5组79号	较差	优良	好转
德阳	W0958	什邡市洛水镇幸福村7组	较差	优良	好转
成都	W8205	温江区万春镇幸福村2组	良好	优良	好转
成都	W7014	都江堰市石羊镇苏院村2组	良好	优良	好转
成都	W6363	邛崃市固驿镇春台社区18组	良好	较差	下降
成都	J0289	武侯区簇桥锦街道福锦路一段	良好	较差	下降
成都	J9992	武侯区金花桥街道川西营村3组	良好	较差	下降
德阳	J3843_2	旌阳区千佛社区耐火材料厂	良好	较差	下降
德阳	D4248_3	旌阳区北郊水厂1号井	良好	较差	下降
德阳	W4362	旌阳区黄许江林村7组	良好	较差	下降

二、地下水"双源"试点监测

2019—2020年，按照生态环境部和中国环境监测总站（以下简称"总站"）下发的《国家生态环境监测方案》《地下水水质试点监测实施方案》的相关要求，四川省分别在德阳市和成都市开展了地下水试点监测工作。

1. 2019年德阳市地下水"双源"试点监测

（1）污染企业地下水监测结果。

企业自行监测结果：8家重点污染企业地下水水质达到Ⅲ类以上，占比72.7%；3家企业地下水超过Ⅲ类标准。其中，龙佰四川钛业有限公司（原四川龙蟒钛业股份有限公司）水质类别为Ⅳ类，定类指标为色度和铁；四川广宇化工股份有限公司水质类别为Ⅳ类，定类指标为铁；四川宏达股份有限公司（洛水基地）水质类别为Ⅴ类，定类指标为浑浊度和菌落总数。

监督性监测结果：四川宏达股份有限公司（洛水基地）地下水水质类别为Ⅴ类，定类指标为总大肠菌群。

四川宏达股份有限公司（洛水基地）企业自行监测和监督性监测中，地下水水质类别均为Ⅴ类，定类指标均为微生物指标。

（2）饮用水水源地地下水水质监测结果。

饮用水水源地地下水水质监测结果显示，6个地下水型集中式饮用水水源地监测指标均符合Ⅲ类标准。

2. 2020年成都市地下水"双源"试点监测

（1）污染企业地下水监测结果。

崇州市生活垃圾卫生填埋场、彭州市生活垃圾卫生填埋场、长安垃圾填埋处置中心和四川省成都危险废物处置中心4家污染企业中，仅崇州市生活垃圾卫生填埋场的4口监测井枯水期和丰水期地下水水质类别达到了《地下水质量标准》（GB/T 14848—2017）Ⅲ类标准，其余3家污染企业地下水监测井水质类别均为Ⅳ类或Ⅴ类。污染企业地下水监测评价结果见表3.6−5。

表3.6−5　污染企业地下水监测评价结果

监测对象	水期	监测井编号	水质类别	定类指标
崇州市生活垃圾卫生填埋场	枯水期	1#～4#	Ⅲ	—
	丰水期	1#～4#	Ⅲ	—
彭州市生活垃圾卫生填埋场	枯水期	1#～4#	Ⅴ	浑浊度、肉眼可见物、菌落总数
		5#，6#	Ⅴ	浑浊度、肉眼可见物
	丰水期	1#～3#，5#	Ⅴ	肉眼可见物、菌落总数
		4#	Ⅴ	肉眼可见物、菌落总数、氟化物
		6#	Ⅴ	锰、菌落总数
四川省成都危险废物处置中心	枯水期	1#，6#	Ⅳ	菌落总数
		2#	Ⅳ	铁、锰、氨氮、总大肠菌群、菌落总数
		3#	Ⅳ	锰、总大肠菌群、菌落总数
		4#，5#	Ⅳ	总大肠菌群、菌落总数
	丰水期	1#	Ⅳ	总硬度、氯化物、铁、锰、菌落总数
		2#	Ⅳ	铁、锰、耗氧量、氨氮、总大肠菌群、菌落总数
		3#	Ⅳ	总硬度、硫酸盐、锰、菌落总数
		4#	Ⅳ	铁、锰、氨氮、总大肠菌群、菌落总数
		5#	Ⅴ	总硬度、硫酸盐
		6#	Ⅳ	菌落总数
长安垃圾填埋处置中心	枯水期	本底井	Ⅴ	总大肠菌群、菌落总数
		污染扩散井1#	Ⅴ	菌落总数
		污染扩散井2#	Ⅳ	总大肠菌群、菌落总数
		污染监视井1#	Ⅴ	总硬度、溶解性固体、氯化物、锰
		污染监视井2#	Ⅴ	总硬度、溶解性固体、氯化物、锰、总大肠菌群、菌落总数
	丰水期	本底井，污染扩散井2#	Ⅴ	菌落总数
		污染扩散井1#	Ⅴ	色、嗅和味、肉眼可见物、总硬度、溶解性总固体、硫酸盐、氯化物、耗氧量、氨氮、总大肠菌群、菌落总数、砷
		污染监视井1#	Ⅳ	总硬度、锰、耗氧量、菌落总数
		污染监视井2#	Ⅴ	肉眼可见物、总硬度、溶解性总固体、氯化物

彭州市生活垃圾卫生填埋场：枯水期和丰水期地下水水质类别均为Ⅴ类。

长安垃圾填埋处置中心：枯水期污染扩散井2#地下水水质类别为Ⅳ类，其余监测井为Ⅴ类；丰水期污染监视井1#地下水水质类别为Ⅳ类，其余监测井为Ⅴ类。

四川省成都危险废物处置中心：枯水期所有监测井地下水水质类别均为Ⅳ类；丰水期5#井地下水水质类别为Ⅴ类，其余监测井为Ⅳ类。

（2）饮用水水源地地下水水质监测结果。

饮用水水源地地下水的类型均为潜水；水源地水质状况良好，枯水期和丰水期两次监测结果均达到《地下水质量标准》（GB/T 14848—2017）Ⅲ类标准的要求。

三、小结

1. "十三五"全省国家地下水环境质量考核点位总体呈稳定趋好的态势，相比2015年有明显好转

"十三五"期间，全省地下水水质总体得到改善，地下水主要污染指标为总硬度和锰。德阳市地下水水质总体呈好转趋势，成都市地下水水质总体稳定，两个地区均无大规模区域性污染现象；相比2015年，全省地下水水质总体有明显的好转。

2. 地下水"双源"试点监测结果显示，污染源地下水水质超Ⅲ类水标准限值的指标和点位较多，关注污染企业地下水水质将是未来地下水监测工作的重点

地下水"双源"试点监测工作中，德阳11家污染企业中有3家地下水水质部分监测指标为Ⅳ～Ⅴ类，成都4家污染企业中有3家全部监测井水质为Ⅳ～Ⅴ类。因此，关注污染企业地下水水质及变化趋势，改善地下水水质，是全省未来地下水环境保护工作的重点。

第七章　城市声环境质量

一、城市声环境质量现状

1. 城市区域声环境质量

2020年，四川省区域声环境昼间质量状况总体为"较好"，昼间平均等效声级为54.6分贝。2020年四川省21个市（州）城市区域声环境平均等效声级如图3.7-1所示。

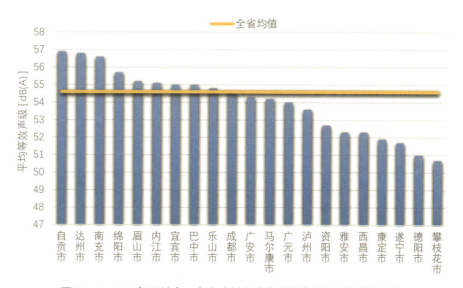

图3.7-1　2020年四川省21个市（州）城市区域声环境平均等效声级

21个市（州）城市中，昼间区域声环境质量状况属于"较好"的有15个，占71.4%；属于"一般"的有6个，占28.6%。2020年四川省城市区域声环境昼间质量状况如图3.7-2所示。

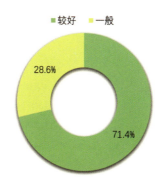

图3.7-2　2020年四川省城市区域声环境昼间质量状况

2. 城市道路交通声环境质量

2020年，四川省道路交通声环境昼间质量总体为"较好"，昼间长度加权平均等效声级为68.4分贝，监测路段总长度为1146.3千米，达标路段占72.9%。2020年四川省21个市（州）城市道路交通声环境平均等效声级如图3.7-3所示。

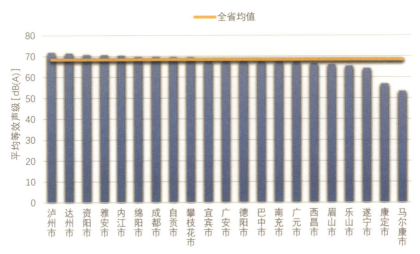

图3.7-3　2020年四川省21个市（州）城市道路交通声环境平均等效声级

21个市（州）城市中，昼间道路交通声环境质量状况属于"好"的城市有12个，占57.1%；属于"较好"的有4个，占19.0%；属于"一般"的有5个，占23.8%。2020年四川省城市道路交通声环境昼间质量状况如图3.7-4所示。

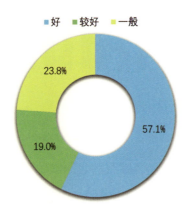

图3.7-4　2020年四川省城市道路交通声环境昼间质量状况

3. 城市功能区声环境质量

2020年，四川省各类功能区共监测1328点次，其中昼、夜间各664点次。各类功能区昼间达标633点次，达标率为95.3%；夜间达标532点次，达标率为80.1%。各类功能区昼间达标率均比夜间高，其中3类区昼间达标率最高，为98.2%；4类区夜间达标率最低，为56.5%。2020年四川省城市功能区声环境监测点次达标率见表3.7-1，昼、夜间对比如图3.7-5所示。

表3.7-1　2020年四川省城市功能区声环境监测点次达标率

功能区类别	1类区		2类区		3类区		4类区	
	昼间	夜间	昼间	夜间	昼间	夜间	昼间	夜间
达标点次	110	101	242	226	110	101	171	104
监测点次	120	120	248	248	112	112	184	184
点次达标率（%）	91.7	84.2	97.6	91.1	98.2	90.2	92.9	56.5

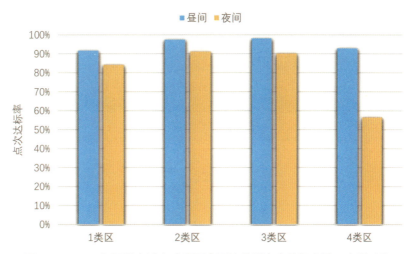

图3.7-5　2020年四川省城市功能区声环境监测点次达标率昼、夜间对比

二、"十三五"期间变化趋势

1. 城市区域声环境变化趋势

"十三五"期间，四川省21个市（州）城市区域环境噪声等效声级平均值为54.1～54.6分贝，波动较小，声环境质量状况总体保持"较好"。

根据秩相关系数分析，各城市区域环境噪声等效声级变化程度有一定差异，宜宾市呈明显上升趋势，遂宁市呈明显下降趋势，其余城市变化趋势不明显。"十三五"期间四川省城市区域声环境质量变化趋势如图3.7-6所示。

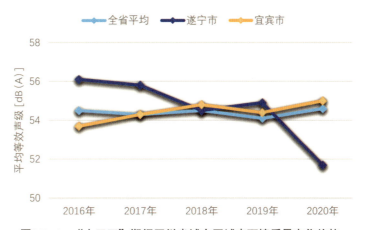

图3.7-6　"十三五"期间四川省城市区域声环境质量变化趋势

"十三五"期间，四川省城市区域声环境质量状况属于"好"与"较好"的城市比例提高，属于"一般"的城市比例降低。"十三五"期间四川省城市区域声环境质量状况占比见表3.7-2，比例对比如图3.7-7所示。

表3.7-2   "十三五"期间四川省城市区域声环境质量状况占比

单位：%

质量状况	2016年	2017年	2018年	2019年	2020年
好	0	0	52.4	0	0
较好	66.7	71.4	23.8	76.2	71.4
一般	33.3	28.6	23.8	23.8	28.6

图3.7-7   "十三五"期间四川省城市区域声环境质量状况比例对比

2. 城市道路交通声环境变化趋势

"十三五"期间，四川省21个市（州）城市道路交通噪声等效声级平均值为68.1～68.8分贝，全省道路交通噪声等效声级平均值波动较小，质量状况总体保持为"好"。

根据秩相关系数分析，各城市道路交通噪声等效声级变化程度有一定差异，德阳市呈明显上升趋势，遂宁市呈明显下降趋势，其余城市变化趋势不明显。"十三五"期间四川省城市道路交通声环境质量变化趋势如图3.7-8所示。

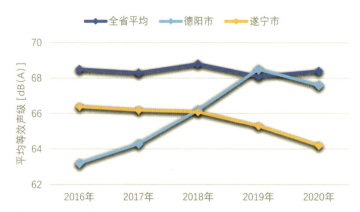

图3.7-8   "十三五"期间四川省城市道路交通声环境质量变化趋势

"十三五"期间，城市道路交通声环境质量状况属于"好"的城市比例降低，属于"较好""一般"的城市比例升高。"十三五"期间四川省城市道路交通声环境质量状况占比见表3.7-3，比例对比如图3.7-9所示。

表3.7-3　　"十三五"期间四川省城市道路交通声环境质量状况占比

单位：%

质量状况	2016年	2017年	2018年	2019年	2020年
好	61.9	62	57.1	52.4	57.1
较好	23.8	19	9.5	38.1	19.1
一般	9.5	19	9.5	9.5	23.8
较差	4.8	0	9.5	0	0
差	0	0	14.3	0	0

图3.7-9　　"十三五"期间四川省城市道路交通声环境质量状况比例对比

3. 城市功能区声环境变化趋势

（1）2020年变化趋势。

2020年，四川省各功能区四个季度的昼间点次达标率为80.0%～100%，1类区先降后升，2、4类区无明显变化，3类区呈上升趋势；夜间点次达标率为54.3%～93.5%，1类区呈下降趋势，2、4类区呈上升趋势，3类区波动幅度较小。2020年四川省城市功能区噪声昼间点次达标率变化趋势如图3.7-10所示，夜间点次达标率变化趋势如图3.7-11所示。

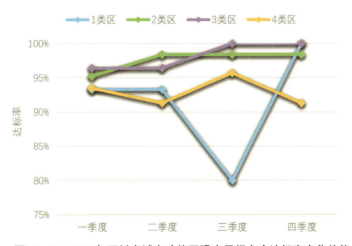

图3.7-10　2020年四川省城市功能区噪声昼间点次达标率变化趋势

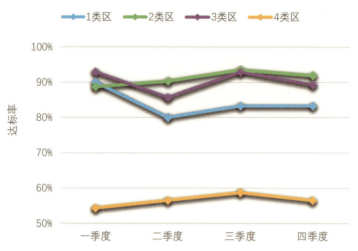

图3.7-11　2020年四川省城市功能区噪声夜间点次达标率变化趋势

（2）"十三五"期间变化趋势。

"十三五"期间，四川省21个市（州）城市各功能区声环境质量状况总体"较好"。根据秩相关系数分析，全省各类区点次达标率均有所上升，其中1类区的夜间和2类区、4类区的昼、夜间达标率呈明显上升趋势。"十三五"期间四川省各功能区点次达标率见表3.7-4，昼间点次达标率变化趋势如图3.7-12所示，夜间点次达标率变化趋势如图3.7-13所示。

表3.7-4　"十三五"期间四川省各功能区点次达标率

单位：%

	1类区		2类区		3类区		4类区		全省平均	
	昼间	夜间	昼间	夜间	昼间	夜间	昼间	夜间	昼间	夜间
2016年	91.7	77.5	94.0	89.1	96.4	90.2	84.0	50.5	90.7	75.9
2017年	85.8	78.3	94.8	87.1	98.2	85.7	83.7	53.3	92.6	77.1
2018年	87.5	78.3	96.0	89.5	99.1	91.1	87.5	51.1	94.3	79.1
2019年	90.8	80.8	96.0	89.9	97.3	92.0	92.4	55.4	95.3	80.1
2020年	91.7	84.2	97.6	91.1	98.2	90.2	92.9	56.5	91.2	76.3
r	0.225	0.975	0.975	0.900	0.375	0.425	0.900	0.900	0.400	0.400
变化趋势	—	明显上升	明显上升	明显上升	—	—	明显上升	明显上升	—	—

图3.7-12 "十三五"期间四川省各功能区昼间点次达标率变化趋势

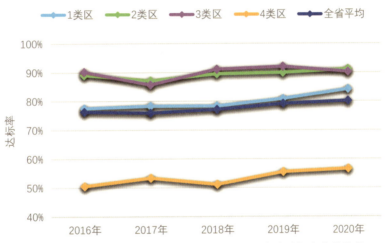

图3.7-13 "十三五"期间四川省各功能区夜间点次达标率变化趋势

三、2020年与2015年对比分析

1.城市区域声环境对比分析

2020年与2015年相比，全省城市区域声环境质量状况总体保持不变，均为"较好"；平均等效声级上升1分贝；21个市（州）城市为"好"和"较好"的城市比例有所降低，"一般"的城市比例有所升高。

2.城市道路交通声环境对比分析

2020年与2015年相比，全省城市道路交通声环境质量状况总体保持不变，均为"较好"；平均等效声级上升0.7分贝；21个市（州）城市为"较好"的城市比例有所升高，"一般"和"差"的城市比例有所降低。

3.城市功能区声环境对比分析

2020年，全省城市功能区声环境点次达标率与2015年相比，2类区昼间上升0.7个百分点，4类区昼间和夜间分别上升2.1和3.2个百分点，其余各功能区达标率均有不同程度下降。2020年与2015年四川省各功能区点次达标率对比见表3.7-5。

表3.7-5　2020年与2015年四川省各功能区点次达标率对比

单位：%

	1类区		2类区		3类区		4类区	
	昼间	夜间	昼间	夜间	昼间	夜间	昼间	夜间
2015年	95.4	85.2	96.9	91.7	100	98.7	90.8	53.3
2020年	91.7	84.2	97.6	91.1	98.2	90.2	92.9	56.5
变化值（百分点）	-3.7	-1.0	0.7	-0.6	-1.8	-8.5	2.1	3.2

四、小结

1. 全省城市区域、道路交通声环境质量基本保持稳定，城市功能区声环境质量趋于好转

"十三五"期间，全省21个市（州）城市区域环境噪声等效声级平均值为54.1～54.6分贝，波动较小，声环境质量状况总体保持为"较好"；城市道路交通噪声等效声级平均值为68.1～68.8分贝，道路交通噪声等效声级平均值波动较小，质量状况总体保持为"好"；全省各功能区点次达标率均有所上升，其中1类区的夜间和2类区、4类区的昼、夜间点次达标率呈明显上升趋势。

2. 城市声环境质量的主要噪声源仍为生活噪声和交通噪声

随着社会经济和城市化建设的不断发展，全省城镇化率较"十二五"末升高6.1个百分点，机动车增长36.3%。城市生活区域的扩大和交通运输的便捷带来了人口不断向城市聚集，城市居民生活方式逐渐发生了变化，夜间常有社交活动，昼间常有建筑施工，同时也带来了道路交通车流量的增加。各城市普遍存在路窄车多的现象，道路车辆密集，堵车严重，机动车乱鸣笛现象普遍存在，城市道路建设速度跟不上人口、车辆、城市发展的速度是造成道路交通噪声污染的主要原因。"十三五"期间，城市区域噪声声源构成中，社会生活噪声所占比例约为61.0%，与2015年相比明显上升，交通噪声所占比例约为18.0%，占比第二。

第八章　生态质量状况

一、生态质量现状

1.省域生态质量

2020年，四川省生态环境状况指数为71.3，由生物丰度指数、植被覆盖指数、水网密度指数、土地胁迫指数和污染负荷指数五个二级指标构成，分别为63.7、86.7、32.6、83.2和99.8，对生态环境状况指数的贡献值和贡献率大小排序为：生物丰度指数>植被覆盖指数>土地胁迫指数>污染负荷指数>水网密度指数。2020年四川省生态环境状况二级指标评价结果如图3.8-1所示。

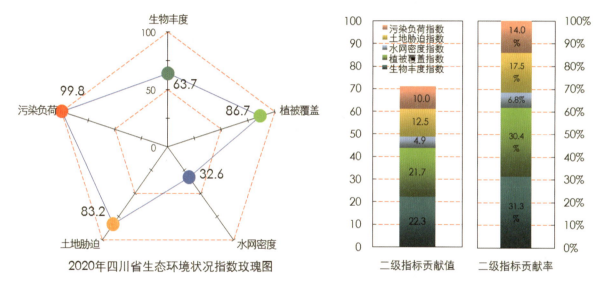

图3.8-1　2020年四川省生态环境状况二级指标评价结果

2.市域生态质量

2020年，四川省21个市（州）生态环境状况均为"优"和"良"，生态环境状况指数在60.6～83.6之间。其中，生态环境状况为"优"的市（州）有4个，分别为雅安、乐山、广元和凉山州，占全省面积的21.5%，占市域数量的19.0%；生态环境状况为"良"的市（州）有17个，占全省面积的78.5%，占市域数量的81.0%。2020年四川省21个市（州）生态环境状况评价结果如图3.8-2所示，21个市（州）生态环境状况及占全省数量和总面积的比例如图3.8-3所示，21个市（州）生态环境状况分布如图3.8-4所示。

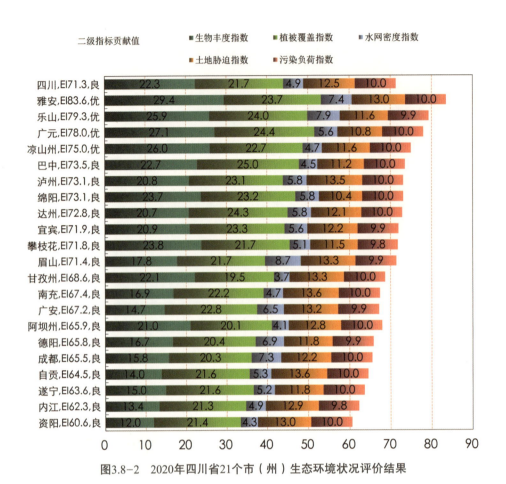

图3.8-2 2020年四川省21个市（州）生态环境状况评价结果

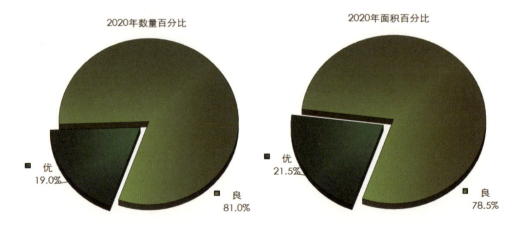

图3.8-3 2020年四川省21个市（州）生态环境状况及占全省数量（左）和总面积（右）的比例

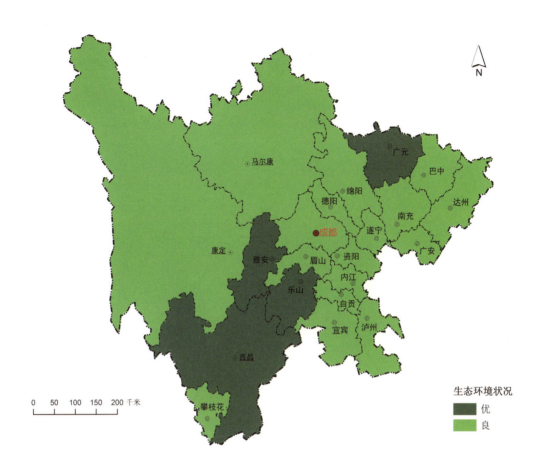

图3.8-4 2020年四川省21个市（州）生态环境状况分布

3. 县域生态质量

2020年，四川省183个县（市、区）中，生态环境状况以"优"和"良"为主，占全省总面积的99.9%，占县域数量的96.7%。其中，生态环境状况为"优"的县有41个，占全省总面积的23.4%，占县域数量的22.4%，生态环境状况指数值在75.0～90.4之间；生态环境状况为"良"的县有136个，占全省总面积的76.5%，占县域数量的74.3%，生态环境状况指数值在55.2～74.8之间；生态环境状况为"一般"的县有6个，为攀枝花市东区以及成都市锦江区、成华区、武侯区、金牛区和青羊区，占全省总面积的0.1%，占县域数量的3.3%，生态环境状况指数值在39.5～50.7之间。

在空间上，生态环境状况为"优"的县域主要分布在四川盆周山地的川北大巴山—米仓山、川西龙门山—茶坪山—邛崃山、川南峨眉山—大风顶和四川南部边缘，以及川西南山地的汉源—甘洛—沙鲁里山，该区域自然植被资源丰富、人为干扰强度低、环境胁迫强度较低；生态环境状况为"良"的县域构成全省生态环境状况主体，该区域自然植被资源较丰富、人为干扰强度适中、社会经济实力较强；生态环境状况为"一般"的县域集中在成都市和攀枝花市的中心城区，该区域面积小、植被覆盖率低、经济实力强、污染物排放强度高。2020年四川省183个县（市、区）生态环境状况分布如图3.8-5所示。

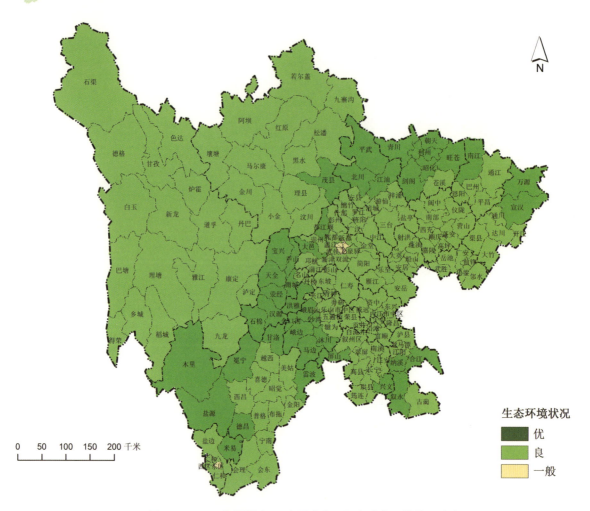

图3.8-5　2020年四川省183个县（市、区）生态环境状况分布

二、"十三五"期间变化趋势

1. 省域生态质量变化趋势

"十三五"期间，四川省生态环境状况指数分别为71.2、71.4、71.5、71.9和71.3，生态环境状况指数逐年间变化分别为0.2、0.1、0.4、−0.6，均属于"无明显变化"，整体比较稳定。生物丰度指数变化范围为63.7～63.8，波动变化分级为"稳定"；植被覆盖指数变化范围为86.7～87.9，波动变化分级为"波动"；水网密度指数变化范围为30.2～34.3，波动变化分级为"较大波动"；土地胁迫指数变化范围为83.2～83.3，波动变化分级为"稳定"；污染负荷指数变化范围为99.6～99.8，波动变化分级为"稳定"。"十三五"期间四川省生态环境状况指数变化趋势如图3.8-6所示，"十三五"期间四川省生态环境状况指数及二级分指数变化趋势如图3.8-7所示。

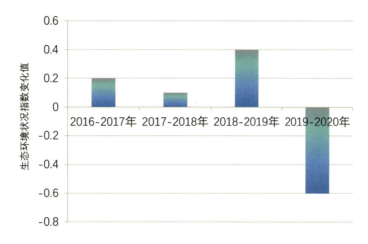

图3.8-6 "十三五"期间四川省生态环境状况指数变化趋势

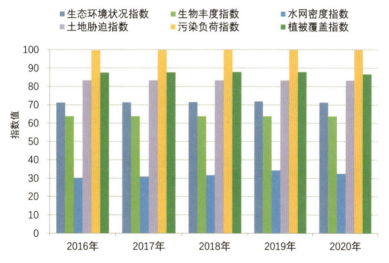

图3.8-7 "十三五"期间四川省生态环境状况指数及二级分指数变化趋势

2. 市域生态质量变化趋势

"十三五"期间，四川省21个市（州）中，生态环境状况波动变化的有15个市（州），分别为成都、自贡、泸州、德阳、绵阳、遂宁、内江、乐山、南充、眉山、宜宾、达州、雅安、巴中、甘孜州；其余6个市（州）生态环境状况表现稳定。"十三五"期间四川省21个市（州）生态环境状况变化趋势如图3.8-8所示。

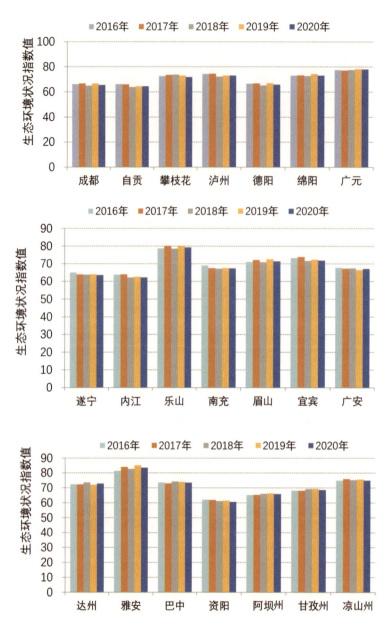

图3.8-8 "十三五"期间四川省21个市（州）生态环境状况变化趋势

从分指数变化情况分析得出，"十三五"期间21个市（州）生物丰度指数、土地胁迫指数和污染负荷指数相对比较稳定，植被覆盖指数受遥感影像因素的影响波动较大，水网密度指数也由于受当年降水量等气候条件的影响波动较大。

3. 县域生态质量变化趋势

"十三五"期间，四川省183个县（市、区）的生态环境状况以"优"和"良"为主，每年生态环境状况为"优"和"良"的县域数量总和均为177个，"一般"的县域数量均为6个。

2016年，生态环境状况为"优"的县有42个，"良"的县有135个，"一般"的县有6个；2017年，生态环境状况为"优"的县有45个，"良"的县有132个，"一般"的县有6个；2018年，生态环境状况为"优"的县有37个，"良"的县有140个，"一般"的县有6个；2019年，生态环境状况为"优"的县有43个，"良"的县有134个，"一般"的县有6个；2020年，生态环境状况为"优"的县有41个，"良"的县有136个，"一般"的县有6个。"十三五"期间四川省183个县域生态环境状况类型及占比如图3.8-9所示。

图3.8-9　"十三五"期间四川省183个县域生态环境状况类型及占比

三、2020年与2015年对比分析

1. 省域生态质量对比分析

2020年，四川省生态环境状况指数为71.3，相比2015年增加了0.1，生态环境状况基本稳定，属于"无明显变化"。从分指数对比来看，生物丰度指数、植被覆盖指数、水网密度指数、土地胁迫指数和污染负荷指数分别增加−0.1、0.2、0.4、−0.1和0.2，它们对$|\Delta EI|$的影响排序如下：水网密度指数（0.06）>植被覆盖指数（0.05）>生物丰度指数（−0.035）>污染负荷指数（0.02）>土地胁迫指数（−0.015）。2020年相比2015年四川省生态环境状况各分指数变化及对ΔEI的贡献值如图3.8-10所示。

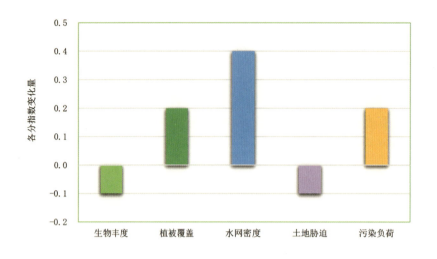

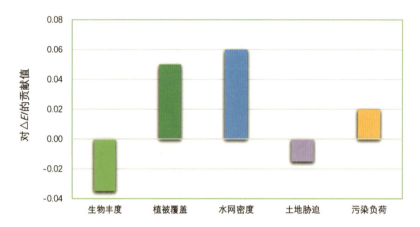

图3.8-10　2020年相比2015年四川省生态环境状况各分指数变化及对ΔEI的贡献值

2. 市域生态质量对比分析

　　2020年，四川省21个市（州）生态环境状况指数相比2015年，变化范围为−1.8～0.9，其中，生态环境状况"略微变差"的市（州）有5个，为遂宁、南充、广安、资阳和内江；其余16个市（州）生态环境状况基本稳定，属于"无明显变化"。2020年相比2015年四川省市域生态环境质量变化情况如图3.8-11所示。

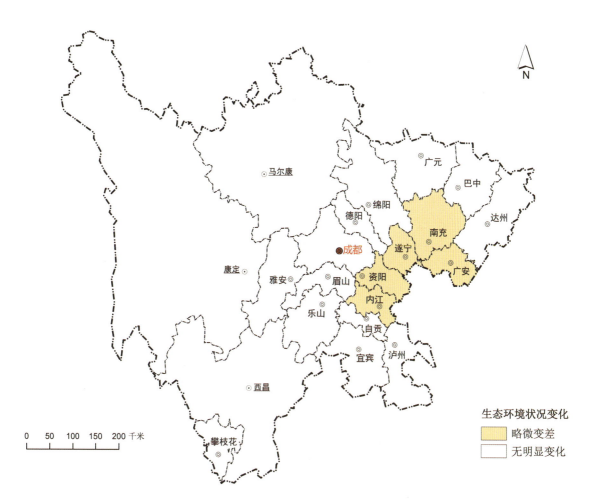

图3.8-11　2020年相比2015年四川省市域生态环境质量变化情况

3. 县域生态质量对比分析

2020年相比2015年，四川省参与评价的县域数量由181个增加为183个，除新增的广安市前锋区和巴中市恩阳区生态环境状况为"良"外，其余181个县域中，生态环境状况指数变化范围为-2.9～5.7，其中，有2个县生态环境状况"明显变好"，为攀枝花市东区和西区，14个县生态环境状况"略微变好"，58个县生态环境状况"略微变差"，107个县生态环境状况"无明显变化"。2020年相比2015年四川省县域生态环境质量变化情况如图3.8-12所示。

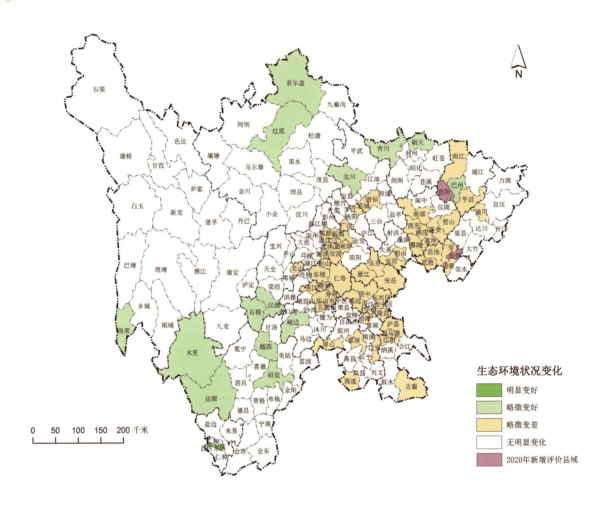

图3.8-12　2020年相比2015年四川省县域生态环境质量变化情况

四、小结

1. "十三五"期间全省生态环境状况基本稳定

"十三五"期间，全省生态环境状况指数分别为71.2、71.4、71.5、71.9和71.3，整体比较稳定。生态环境状况二级分指数中，生物丰度指数、土地胁迫指数和污染负荷指数基本稳定，植被覆盖指数受遥感影像因素的影响波动较大，水网密度指数也由于受当年降水量等气候条件的影响波动较大。全省21个市（州）生态环境状况均为"优"和"良"。全省183个县（市、区）的生态环境状况以"优"和"良"为主。

2. 2020年相比2015年全省生态环境质量略有改善但不明显

与2015年相比，全省生态环境状况指数由71.2上升为71.3，生态环境质量略有改善，但不明显。21个市（州）生态环境状况总体稳定，局部略有起伏，生态环境状况指数变化范围为-1.8~0.9，其中，生态环境状况"略微变差"的市（州）有5个，为遂宁、南充、广安、资阳和内江；其余16个市（州）生态环境状况基本稳定，属于"无明显变化"。全省参与评价的县域数量由181个增加为183个，除新增的广安市前锋区和巴中市恩阳区生态环境状况为"良"外，其余181个县域中，有2个县生态环境状况"明显变好"，14个县"略微变好"，58个县"略微变差"，107个县"无明显变化"。

第九章　农村环境质量

一、四川省农村环境质量现状

1. 村庄环境空气质量

2020年，四川省开展监测的96个村庄环境空气质量优良天数率为99.3%，其中优65.6%，良33.7%；轻度污染占比0.5%；中度污染占比0.2%。与2019年相比，优良天数率下降0.4个百分点。2020年四川省农村环境空气质量级别分布如图3.9-1所示。

图3.9-1　2020年四川省农村环境空气质量级别分布

环境空气中六项主要监测指标年均浓度全部达到国家环境空气质量二级标准。

二氧化硫（SO_2）年均浓度范围为2.4～25.4微克/立方米，平均浓度为10.0微克/立方米，达到一级标准，与2019年相比下降5.2%。

二氧化氮（NO_2）年均浓度范围为2.75～54.4微克/立方米，平均浓度为14.7微克/立方米，达到一级标准，与2019年相比下降5.2%。

可吸入颗粒物（PM_{10}）年均浓度范围为10.4～84.7微克/立方米，平均浓度为39.5微克/立方米，达到一级标准，与2019年相比上升3.0%。

细颗粒物（$PM_{2.5}$）年均浓度范围为4.9～43.8微克/立方米，平均浓度为22.5微克/立方米，达到二级标准，与2019年相比上升18.6%。

一氧化碳（CO）日均浓度范围为0.048～2.4毫克/立方米，平均浓度为0.47毫克/立方米，达到一级标准，与2019年相比下降23.2%。

臭氧（O_3）日均浓度范围为0.083～259微克/立方米，平均浓度为71.8微克/立方米，达到一级标准，与2019年相比下降2.0%。

2. 村庄饮用水水源地水质

地表水型饮用水水源地达标断面（点位）72个，达标率为97.4%，与2019年相比下降1.0个百分点。超标指标为锰和砷，最大超标倍数均为0.3倍。单独评价指标中，粪大肠菌群无超标现象。湖库点位中总氮超标19次，最大超标倍数为3.5倍。

地下水型饮用水水源地所测项目全部达标的点位16个，达标率为66.7%，与2019年相比下降1.5个百分点。

地下水的超标指标为肉眼可见物、总大肠菌群、硫化物、氯化物、硝酸盐、浑浊度、菌落总数、总硬度、锰、溶解性总固体。2020年四川省村庄地下水型饮用水水源地污染因子超标情况如图3.9-2所示。

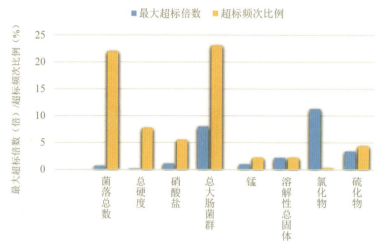

图3.9-2 2020年四川省村庄地下水型饮用水水源地污染因子超标情况

注：总大肠菌群和菌落总数的最大超标倍数是实际值的1/1000。

超标村庄为旅游型、种植型和其他类型。与2019年相比，多了旅游型村庄超标现象。

3. 村庄土壤环境质量

2020年，四川省开展村庄土壤监测的92个村庄共计264个点位，其中157个点位沿用2016—2019年的监测数据。2020年四川省村庄土壤监测点位土地利用类型分布如图3.9-3所示。

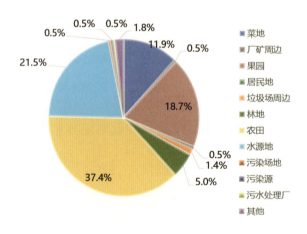

图3.9-3 2020年四川省村庄土壤监测点位土地利用类型分布

参与评价的264个点位中，232个点位的监测结果达到《农用地污染管控标准（GB 15618—2018）》中的筛选值，占比为87.9%，污染风险低；30个点位的监测结果超过《农用地污染管控标准（GB 15618—2018）》中的筛选值，低于管制值，占比为11.4%，分布于9个市（州）的15个县的15个村庄可能存在污染风险；2个点位监测结果超过管制值，占比为0.8%，农用地污染风险高。2020年四川省村庄土壤环境质量评价结果如图3.9-4所示。

92个监测村庄中，存在污染风险点位最多的村庄类型为种植型，其余从多至少依次为生态型、工业型和其他类型。

图3.9-4 2020年四川省村庄土壤环境质量评价结果

存在污染风险点最多的是农田15个点位，其次是饮用水水源地8个点位、果园4个点位、菜地3个点位、林地1个点位和污染源1个点位。与2019年相比，存在污染风险点位最多的同样是农田。2020年四川省不同土地利用类型村庄土壤风险点分布如图3.9-5所示。

图3.9-5 2020年四川省不同土地利用类型村庄土壤风险点分布

土壤监测结果显示，镉20次超标，其中18次超过筛选值，主要分布在阿坝州、凉山州、达州、遂宁、泸州、宜宾、眉山、攀枝花、自贡、南充、资阳；2次超过管制值，出现在宜宾市叙州区大房村普安镇大房村水口庙水库旁农用地和宜宾市叙州区大房村普安镇大房村水口庙水库旁园地。

4. 县域地表水水质状况

2020年，四川省县域农村河流地表水水质总体为优，开展监测的县域河流断面196个，其中，Ⅰ～Ⅲ类水质190个，占96.9%，与2019年相比升高2.2个百分点；Ⅳ类水质6个，占3.1%；无Ⅴ类和劣Ⅴ类水质断面。

超标指标为总磷、五日生化需氧量、化学需氧量、氨氮、高锰酸盐指数，最大超标倍数分别为3、1.2、0.6、0.6、0.3倍，溶解氧也存在不达标现象，最小值为4.1毫克/升。超标频次最多的是化学需氧量17次，其次为总磷10次，五日生化需氧量9次，高锰酸盐指数8次，氨氮5次，溶解氧有5次不达标。

2020年，四川省县域农村湖库总体水质良好，开展监测的18个湖库中，Ⅰ～Ⅲ类水质的有15个，占83.3%，与上年相比下降9.6个百分点；Ⅳ类水质的有2个，占11.1%；劣Ⅴ类水质的有1个，占5.6%。2020年四川省县域农村河流和湖库水质类别比例如图3.9-6所示。

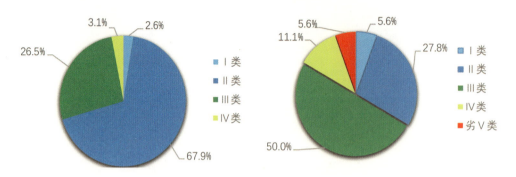

图3.9-6　2020年四川省县域农村河流（左）和湖库（右）水质类别比例

超标指标为总磷、石油类、五日生化需氧量、化学需氧量、氨氮、高锰酸盐指数、氟化物。

单独评价指标中，粪大肠菌群超标频次为10.0%，最大超标倍数为23倍；总氮超标频次为45.7%，最大超标倍数为8.9倍。

5. 县域农村生态状况

2020年，四川省县域农村生态状况指数以"良"为主，分级达到"优"和"良"的县域占开展监测县域的88.5%。生态状况分级为"优"的有10个，占10.4%，分别是天全县、宝兴县、石棉县、峨边彝族自治县、马边彝族自治县、青川县、木里藏族自治县、沐川县、旺苍县、南江县；分级为"一般"的有11个，占11.5%；其余75个县为"良好"，占78.1%；无"较差"和"差"的县。2020年四川省县域农村生态状况分级如图3.9-7所示，2020年四川省县域农村生态状况分级分布如图3.9-8所示。

图3.9-7　2020年四川省县域农村生态状况分级

2019—2020年连续开展县域生态环境监测的77个县中，县域生态状况指数（I_{eco}）无明显变化的有55个县，略微变好的有2个县，略微变差的有20个县。

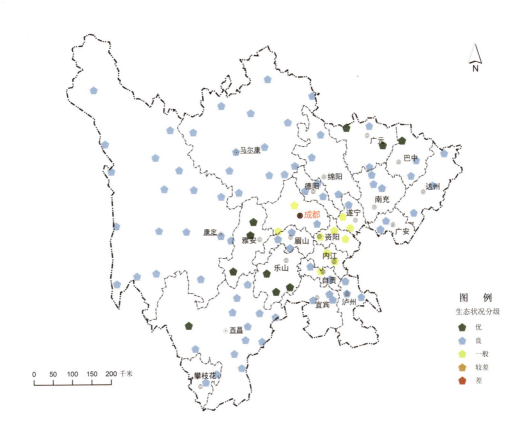

图3.9-8　2020年四川省县域农村生态状况分级分布

6. 县域农村环境状况

2020年，四川省开展监测的农村环境状况指数（I_{env}）为65.9～98.0，环境状况分级达到"良"及以上的县90个，占比为97.8%。分级为"优"的52个，占56.5%；分级为"良"的38个，占41.3%；分级为"一般"的2个，占2.2%；无"较差"和"差"的县。

分级为"优"的县，主要分布在成都、巴中、达州、德阳、广安、广元、乐山、绵阳、攀枝花、雅安、宜宾、阿坝州、甘孜州、凉山州。2020年四川省县域农村环境状况分级分布如图3.9-9所示。

与2019年相比，分级为"良"及以上的县的数量和所占比例均有所增加。

2019—2020年连续开展农村环境监测的74个县，环境状况指数（I_{env}）无明显变化的58个，明显变好的3个，略微变好的11个，略微变差的2个。

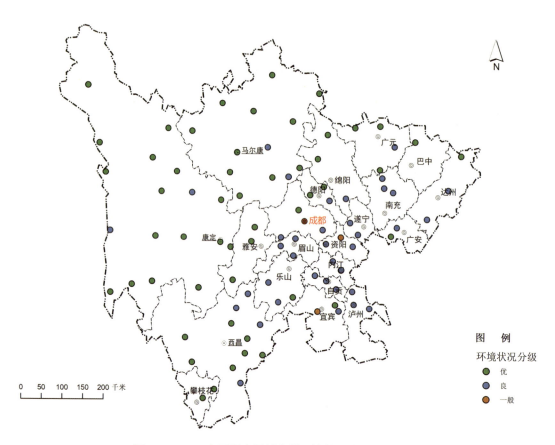

图3.9-9 2020年四川省县域农村环境状况分级分布

7. 农村环境质量综合状况

2020年，开展全要素监测的92个县的农村环境质量综合状况总体良好，农村环境质量综合指数（RQI）范围为59.5～90.9，最高的是北川羌族自治县，最低的是宜宾市叙州区。

环境质量综合状况分级为"良"及以上的县87个，占比为94.6%。分级为"优"的16个，占17.4%；分级为"良"的71个，占77.2%；分级为"一般"的5个，占5.4%；无"较差"和"差"的县。2020年四川省农村环境质量综合状况分级分布如图3.9-10所示。

2019—2020年，连续两年全要素监测的74个县，环境质量综合状况无明显变化的48个，明显变好的4个，略微变好的8个，略微变差的13个，明显变差的1个。

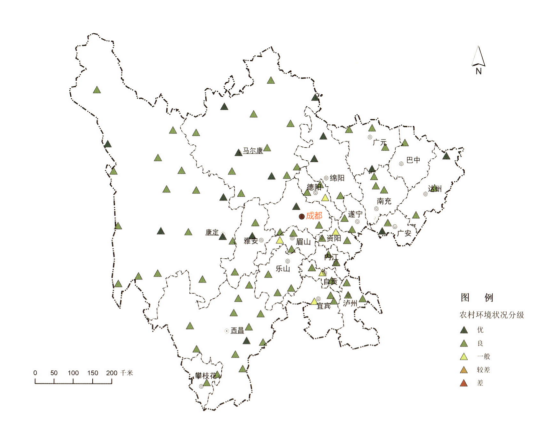

图3.9-10　2020年四川省农村环境质量综合状况分级分布

二、"十三五"期间变化趋势分析

1. 村庄环境空气质量变化趋势

（1）空气质量级别。

"十三五"期间，四川省开展监测的村庄空气质量稳定，优良天数率除2016年为98.8%外，其余四年均在99.0%以上。2016年和2020年出现了中度污染，其余三年仅出现了轻度污染。"十三五"期间四川省村庄空气质量对比如图3.9-11所示。

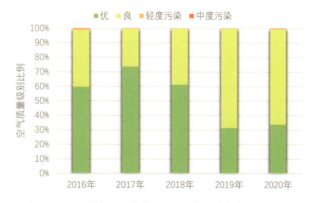

图3.9-11　"十三五"期间四川省村庄空气质量对比

主要污染指标为可吸入颗粒物（PM_{10}）、臭氧（O_3）、细颗粒物（$PM_{2.5}$）、二氧化氮（NO_2）。超标频率最高的是可吸入颗粒物（PM_{10}）和臭氧（O_3），最少的是细颗粒物（$PM_{2.5}$）。"十三五"期间四川省村庄空气污染指标超标频率如图3.9-12所示。

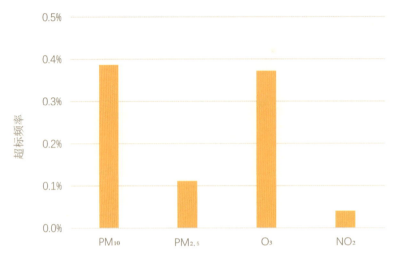

图3.9-12　"十三五"期间四川省村庄空气污染指标超标频率

（2）主要监测指标。

"十三五"期间，四川省村庄空气可吸入颗粒物（PM_{10}）年均浓度总体呈下降趋势，臭氧（O_3）年均浓度总体呈上升趋势，其余四个指标年均浓度总体略有下降。"十三五"期间四川省村庄空气主要监测指标年均浓度变化趋势如图3.9-13所示。

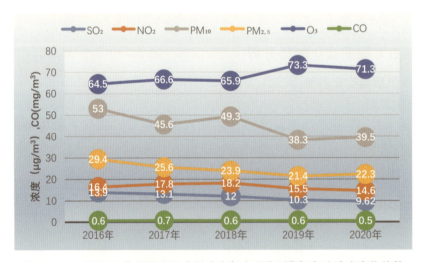

图3.9-13　"十三五"期间四川省村庄空气主要监测指标年均浓度变化趋势

2. 村庄饮用水水源地水质变化趋势

"十三五"期间，四川省村庄地表水型饮用水水源地达标率基本保持稳定，均保持在90%以上，达标率最高为2017年的100%，最低为2016年的92.0%。地下水型饮用水水源地达标率相对波动较大，最高为2017年的90.0%，最低为2020年的66.7%。"十三五"期间四川省村庄饮用水水源地年度达标率见表3.9-1。

表3.9-1 "十三五"期间四川省村庄饮用水水源地年度达标率

单位：%

饮用水水源地类型	2016年	2017年	2018年	2019年	2020年
地表水型	92.0	100	97.2	98.4	97.3
地下水型	76.2	90.0	85.7	68.2	66.7

3. 县域地表水水质变化趋势

"十三五"期间，四川省县域河流优良水质断面比例总体呈上升趋势，2016—2018年呈波动状态，自2019年起优良水质断面比例大幅度升高，与2018年相比升高11.4个百分点；2020年为"十三五"期间优良水质比例最高的年份，与2016年相比升高14.5个百分点。"十三五"期间四川省县域河流优良水质变化趋势如图3.9-14所示。

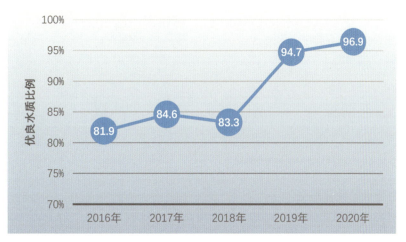

图3.9-14 "十三五"期间四川省县域河流优良水质变化趋势

4. 村庄土壤质量状况变化趋势

"十三五"期间，低于土壤筛选值的点位占比在83.7%～92.6%之间波动，最低的是2019年，为83.7%，最高的是2017年，为92.6%。超过筛选值低于管制值的点位占比也呈波动状态，最高的是2018年，为15.8%，最低的是2017年，为7.4%。2019年、2020年出现了超过管制值的点位，占比分别为0.8%和0.9%。"十三五"期间村庄土壤点位达标情况变化趋势如图3.9-15所示。

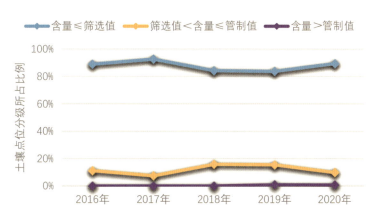

图3.9-15 "十三五"期间村庄土壤点位达标情况变化趋势

"十三五"期间，超标指标为镉、砷、铅、铬、汞。汞仅2018年出现了超标，超过筛选值，未超过管制值。镉出现超标的点位最多，共计20个。"十三五"期间村庄土壤超标情况见表3.9-2。

表3.9-2 "十三五"期间村庄土壤超标情况

年份	类别	超标指标				
		镉	砷	铅	铬	汞
2016	最大超标倍数	2.2	0.9	—	1.7	—
	超标点位数（个）	14	6	—	12	—
2017	最大超标倍数	8.0	0.4	1.5	1.7	—
	超标点位数（个）	6	6	1	4	—
2018	最大超标倍数	8.0	2.1	2.5	2.7	1.6
	超标点位数（个）	13	5	3	6	3
2019	最大超标倍数	11.2	1.0	1.8	1.6	—
	超标点位数（个）	18	12	2	5	—
2020	最大超标倍数	11.2	0.6	3.8	—	—
	超标点位数（个）	20	5	3	—	—

注：最大超标倍数及超标点位数均以筛选值为计算标准。

5. 县域农村生态状况变化趋势

"十三五"期间，县域农村生态状况总体保持良好，分级为"优"的县占比为8.1%～14.3%，分级为"良"的县占比为77.6%～85.1%，分级为"一般"的县占比为4.3%～11.5%，无分级为"较差"和"差"的县。县域农村生态状况较为稳定，每年与上年相比，超过50.0%的县无明显变化，每年均没有出现显著变差或显著变好。"十三五"期间四川省县域农村生态状况变化趋势如图3.9-16所示。

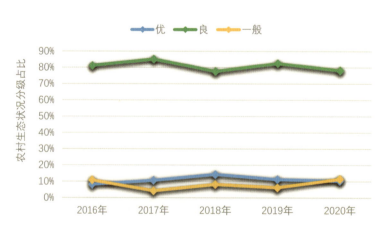

图3.9-16 "十三五"期间四川省县域农村生态状况变化趋势

6. 县域农村环境状况变化趋势

"十三五"期间，农村环境状况保持"良好"，分级为"优"的县占比为46.8%～65.9%，分级为"良"的县占比为26.8%～48.9%，分级为一般的县占比为2.2%～11.4%，无分级为"较差"和

"差"的县。每年与上年相比，超过50.0%的县无明显变化。"十三五"期间四川省县域农村环境状况变化趋势如图3.9-17所示。

图3.9-17　"十三五"期间四川省县域农村环境状况变化趋势

7. 农村环境质量综合状况变化趋势

"十三五"期间，农村环境质量综合状况总体保持"良好"，2016—2020年，分级为"优"的县占比为17.4%～36.6%，分级为"良"的县占比为46.3%～73.9%，分级为"一般"的县占比为6.5%～17.1%，无分级为"较差"和"差"的县。每年与上年相比，超过30.0%的县无明显变化，年度比较基本没有出现显著变化。"十三五"期间四川省农村环境质量综合状况变化趋势如图3.9-18所示。

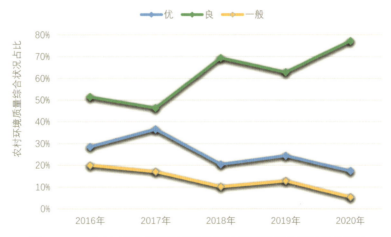

图3.9-18　"十三五"期间四川省农村环境质量综合状况变化趋势

8. 村庄生活污水处理设施监测及达标情况

2016—2019年，四川省对村庄生活污水处理设施出水水质开展了监测，监测结果按照《城镇污水处理厂污染物排放标准》（GB 18918—2002）一级A标评价。

2016年，监测3个村庄，必测指标2个村庄达标，1个村庄超标；选测指标3个村庄均超标。

2017年，监测5个村庄，必测指标2个村庄达标，3个村庄超标；选测指标1个村庄达标，4个村庄超标。

2018年，监测7个村庄，必测指标5个村庄达标，2个村庄超标；选测指标2个村庄超标。

2019年，监测11个村庄，必测指标7个村庄达标，4个村庄超标；选测指标4个村庄达标，7个村庄超标。

2016—2019年，超标指标均为氨氮、化学需氧量、五日生化需氧量、悬浮物、总磷、粪大肠菌群。

三、2020年与2015年对比分析

1. 村庄环境空气质量对比分析

与2015年相比，2020年村庄环境空气质量优良天数率下降0.3个百分点，其中，优下降0.1个百分点，良下降0.2个百分点，轻度污染上升0.1个百分点，中度污染上升0.2个百分点。

2. 村庄饮用水水源地水质对比分析

与2015年相比，2020年村庄地表水型饮用水水源地达标率上升2.1个百分点，村庄地下水型饮用水水源地达标率下降13.3个百分点。

3. 县域地表水水质对比分析

与2015年相比，2020年县域河流Ⅰ～Ⅲ类水质的断面比例上升5.4个百分点，Ⅳ类水质断面所占比例下降5.4个百分点，2020年与2015均无Ⅴ类和劣Ⅴ类水质断面；湖库Ⅰ～Ⅲ类水质的断面比例上升3.3个百分点，Ⅳ类水质断面下降8.9个百分点，劣Ⅴ类水质断面上升5.6个百分点。

4. 土壤质量对比分析

与2015年相比，2020年低于筛选值的点位比例下降5.6个百分点，低于管制值高于筛选值的点位比例上升4.8个百分点，高于管制值的点位比例上升0.8个百分点。

5. 县域农村生态状况对比分析

与2015年相比，2020年县域生态质量分级为"优"的县的比例上升3.3个百分点，分级为"良"的县的比例下降11.2个百分点，分级为"一般"的县的比例上升7.9个百分点。

6. 农村环境状况对比分析

与2015年相比，2020年农村环境状况分级为"优"的县的比例下降21.7个百分点，分级为"良"的县的比例上升25.0个百分点，分级为"一般"的县的比例下降3.3个百分点。

7. 农村环境质量综合状况对比分析

与2015年相比，2020年农村环境质量综合状况分级为"优"的县的比例下降17.4个百分点，分级为"良"的县的比例上升19.6个百分点，分级为"一般"的县的比例下降2.2个百分点。

四、小结

1. 农村村庄环境空气质量总体保持稳定，部分村庄受区域和人为因素影响有超标现象

"十三五"期间，全省村庄空气质量保持稳定，优良天数率为98.8%～99.9%。村庄环境空气超标点位大多受到周边区域道路施工、建筑施工等人为活动产生的影响，导致可吸入颗粒物（PM_{10}）超标；受西北沙尘暴的影响，也是个别地区农村空气质量出现可吸入颗粒物（PM_{10}）超标的原因之一；靠近工业较发达、人口稠密城市的村庄，受到周边城市工业活动、人类生活的影响，个别村庄空气质量出现不同程度的超标。

2. 地表水型饮用水水源地达标率总体呈现好转趋势，地下水型饮用水水源地水质受细菌学指标影响有所下降

"十三五"期间，全省农村饮用水水源地中，地表水型饮用水水源地因水污染治理的强力推进，优良水质比例五年间上升了5.3个百分点。地下水型饮用水水源地往往靠近农田、山坡，特别是个人家里的井水，周边卫生条件较差，细菌学指标污染逐渐突显。

3. 县域地表水水质有所好转，优良水质比例升高，总磷超标频率下降明显

"十三五"期间，全省县域地表水监测断面主要由国控、省控、市控断面构成，随着"水十条"目标责任制的出台，"河长制"的推行，各地政府强力推进水污染治理，全省县域地表水水质总体由2015年的"良好"好转为2020年的"优"。

4. 农村环境质量综合状况以"良"为主，"十三五"期间，分级为"一般"的县所占比例呈下降趋势

"十三五"期间，农村环境质量综合状况总体保持良好，2016—2020年，分级为"优"的县占比的范围为17.4%～36.6%，分级为"良"的县占比的范围为46.3%～77.2%，无分级为"较差"和"差"的县。农村环境状况保持总体向好的趋势，虽然有一定的波动，但每年间基本没有出现显著变化的情况。

专栏1 农村区域环境空气自动监测

1. 自动监测点位概况

截至2020年，四川省农村区域环境空气自动监测网络由10个农村区域空气自动站点构成。分布情况如下图所示。

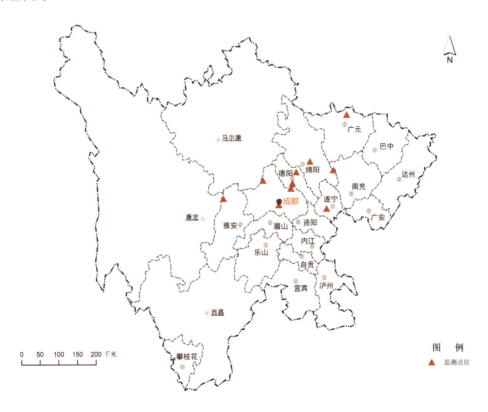

农村环境空气质量监测点位图

2. 农村区域环境空气质量现状

2020年，四川省农村区域环境空气质量总体较好。全年优良比例为93.2%，超标天数率为6.8%。全年全省农村区域站轻度、中度、重度污染天数率分别为5.8%、0.9%、0.1%，优良天数率不低于90%的子站有7个，占全省农村区域站的70%。

主要监测指标中，二氧化硫（SO_2）、二氧化氮（NO_2）、可吸入颗粒物（PM_{10}）、细颗粒物（$PM_{2.5}$）的年均浓度分别为7微克/立方米、14微克/立方米、40微克/立方米、23微克/立方米，一氧化碳（CO）的24小时平均第95百分位数为0.9毫克/立方米，臭氧（O_3）日最大8小时滑动平均值的第90百分位数为123毫克/立方米；各项主要监测指标均未超过国家二级浓度限值。

首要污染指标为臭氧（O_3）、细颗粒物（$PM_{2.5}$）、可吸入颗粒物（PM_{10}）、二氧化氮（NO_2），其中臭氧（O_3）比例最高，占42.3%；细颗粒物（$PM_{2.5}$）、可吸入颗粒物（PM_{10}）次之，均占29.3%；二氧化氮（NO_2）占2.1%。污染指标占比如下图所示。

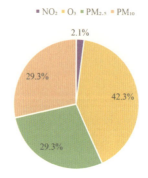

2020年四川省农村区域空气主要指标占比

3. 农村区域环境空气质量变化趋势

"十三五"期间，四川省农村区域环境空气质量总体情况较好，优良天数率为89.6%～95.1%，2020年相比2015年，上升3.7个百分点；六项主要监测指标均有不同程度的下降。四川省农村区域优良天数率变化趋势如下图所示，2015—2020年农村区域环境空气质量主要监测指标年均浓度变化情况见下表。

四川省农村区域空气质量优良天数率变化趋势

2015—2020年农村区域环境空气质量主要监测指标年均浓度变化情况

	SO_2（μg/m³）	NO_2（μg/m³）	CO（mg/m³）	O_3（μg/m³）	PM_{10}（μg/m³）	$PM_{2.5}$（μg/m³）
2015年	13	22	1.3	133	69	—
2016年	11	21	1.3	129	62	—
2017年	8	23	1.2	122	56	—
2018年	7	18	1.1	116	64	34

	SO$_2$（$\mu g/m^3$）	NO$_2$（$\mu g/m^3$）	CO（mg/m^3）	O$_3$（$\mu g/m^3$）	PM$_{10}$（$\mu g/m^3$）	PM$_{2.5}$（$\mu g/m^3$）
2019年	7	18	1.0	105	48	24
2020年	7	14	0.9	123	40	23
2020年相比2015年降幅（%）	-46.2	-36.4	-30.8	-8.1	-42.0	—

4. 小结

四川省农村区域环境空气质量有所好转。优良天数率明显上升，主要监测指标均有不同程度的下降；超标指标中，臭氧（O$_3$）占比最高，空气质量总体略好于城市空气质量。

专栏2　农村千吨万人饮用水水源地

1. 监测概况

2019年，四川省农村千吨万人饮用水水源地共计337个，其中地表水型285个（河流型164个、湖库型121个），地下水型52个。21个市（州）中，仅阿坝州无千吨万人饮用水水源地。

2020年，四川省农村千吨万人饮用水水源地共计442个，其中地表水型380个（河流型216个、湖库型164个），地下水型62个。21个市（州）中，仅阿坝州无千吨万人饮用水水源地。

2. 监测结果及评价

2019年，四川省285个地表水型饮用水水源地中，240个达标，达标率为84.2%，超标指标为pH、高锰酸盐指数、五日生化需氧量、氨氮、总磷、汞、氟化物、石油类、硝酸盐、铁、锰。52个地下水型饮用水水源地中，41个达标，达标率为78.8%，超标指标为pH、铁、锰、总大肠菌群和菌落总数。

2020年，四川省380个地表水型饮用水水源地中，340个达标，达标率为89.5%，超标指标为pH、高锰酸盐指数、五日生化需氧量、总磷、锰、铁，并有溶解氧不达标。62个地下水型饮用水水源地中，59个达标，达标率为95.2%，超标指标为pH、总大肠菌群、总硬度、铁、锰。

2020年与2019年相比，地表水型饮用水水源地达标率升高5.3个百分点，地下水型饮用水水源地达标率升高12.5个百分点。2019年、2020年四川省农村千吨万人饮用水水源地监测达标情况见下表。

2019年、2020年四川省农村千吨万人饮用水水源地监测达标情况

市（州）	2019年				2020年			
	地表水型		地下水型		地表水型		地下水型	
	水源地数量（个）	达标率（%）	水源地数量（个）	达标率（%）	水源地数量（个）	达标率（%）	水源地数量（个）	达标率（%）
成都	13	100	14	85.7	27	100	16	100
自贡	12	83.3	—	—	17	70.6	—	—
攀枝花	2	100	—	—	3	100	—	—
泸州	14	92.9	1	0	17	94.1	—	—
德阳	7	85.7	16	68.8	5	80	21	100

续表

市（州）	2019年				2020年			
	地表水型		地下水型		地表水型		地下水型	
	水源地数量（个）	达标率（%）	水源地数量（个）	达标率（%）	水源地数量（个）	达标率（%）	水源地数量（个）	达标率（%）
绵阳	15	80	5	100	15	100	7	100
广元	26	88.5	5	100	31	83.9	5	85.7
遂宁	20	95	—	—	23	95.7	1	0
内江	7	85.7	—	—	15	86.7	—	—
乐山	5	100	2	100	5	100	3	100
南充	20	60	—	—	31	83.9	—	—
眉山	3	100	—	—	11	63.6	—	—
宜宾	15	100	3	0	24	87.5	3	80
广安	1	100	—	—	15	100	—	—
达州	40	85	2	100	51	100	2	100
雅安	15	100	1	100	17	100	1	0
巴中	25	100	—	—	32	100	—	—
资阳	29	37.9	—	—	18	27.8	—	—
甘孜州	9	100	—	—	14	100	—	—
凉山州	6	100	3	100	9	100	3	100
全省	285	84.2	52	78.8	380	89.5	62	95.2

专栏3　农田灌溉水水质状况

1. 监测范围

2019—2020年，四川省对灌溉规模在10万亩及以上的农田灌区灌溉用水水质开展了监测。共计24个灌区分布在13个市（州）的22个县。

2. 监测项目

2019—2020年，24个灌区按照《农田灌溉水质标准》（GB 5084—2005）中表1监测基本控制指标16项。

2019年，4个灌区监测表2的选择性控制指标：氰化物、氟化物、铜、锌、挥发酚、硒、石油类。

2020年，1个灌区监测表2的选择性控制指标：硒、锌。

3. 监测结果及评价

2019年，富顺县木桥沟灌区、遂宁市安居区麻子滩水库灌区上半年pH超标，其余各灌区监测结果均达标。2020年，资中县黄板桥水库灌区、遂宁市安居区麻子滩水库灌区上半年pH超标，其余各灌区监测结果均达标。监测达标情况见下表。

农田灌溉水水质监测达标情况

序号	灌区名称	县 （市、区）	主要水源 工程名称	设计灌面 （km²）	评价结果	
					2019年	2020年
1	湔江堰灌区	彭州市	湔江	108.14	达标	达标
2	牧马山灌区	双流县	牧马山提灌站	66.67	达标	达标
3	石盘灌区	简阳市	石盘水库	114.67	达标	达标
4	乌木滩水库灌区	大竹县	乌木滩水库	84.00	达标	达标
5	沙滩河水库	达川区	砌石重力坝	67.07	达标	达标
6	宝石桥灌区	开江县	宝石桥水库	132.67	达标	达标
7	继光水库灌区	中江县	继光水库	190.08	达标	达标
8	黄鹿灌区	中江县	黄鹿水库	108.01	达标	达标
9	官宋硼堰灌区	绵竹市	官宋硼取水枢纽	69.10	达标	达标
10	全民水库灌区	广安区	全民水库	95.34	达标	达标
11	五排水灌区	武胜县	五排水水库	83.34	达标	达标
12	大佛灌区	井研县	大佛水库	87.34	达标	达标
13	西礼灌区	西昌市	大桥水库	100.01	达标	达标
14	三溪口水库	泸县	三溪口水库	68.47	达标	达标
15	醴泉堰灌区	东坡区	通济堰	132.01	达标	达标
16	李家沟水库灌区	仁寿县	李家沟水库	81.87	达标	达标
17	一大渠灌区	安县	茶坪河水闸	72.67	达标	达标
18	永和埝灌区	三台县	永和埝	71.54	达标	达标
19	团结灌区	三台县	团结水库	189.34	达标	达标
20	黄板桥水库灌区	资中县	黄板桥水库	75.87	达标	超标
21	麻子滩水库灌区	安居区	麻子滩水库	152.67	超标	超标
22	书房坝水库灌区	安岳	书房坝水库	78.94	达标	达标
23	双溪水库灌区	荣县	双溪水库	144.01	达标	达标
24	木桥沟灌区	富顺县	木桥沟水库	67.47	超标	达标

专栏4 日处理能力20吨及以上的农村生活污水处理设施出水水质

1. 监测范围

2019年、2020年对全省满足监测条件的日处理能力20吨及以上的农村生活污水处理设施出水水质开展监测。

2019年共监测31家，覆盖17个市（州），34个县（市、区）；2020年共监测494家，覆盖17个市（州），83个县（市、区）。

2. 监测结果及评价

按照各设施建设时规定执行的排放标准进行评价，包括《城镇污水处理厂污染物排放标准》（GB 18918—2002）一级标准、《农村生活污水处理设施水污染物排放标准》

（DB 51/2626—2019）一级标准。

2019年，开展监测的32家设施中，20家全年达标，达标率为62.5%，12家超标。其中，上半年超标的有8家，下半年超标的有9家，上、下半年均超标的有4家。超标指标为总磷、氨氮、粪大肠菌群、化学需氧量。

2020年，全省17个市（州）开展监测的494家中，有406家全年达标，达标率为82.2%。17个市（州）中，巴中、乐山、泸州、眉山、绵阳、雅安、自贡、广元、成都、德阳、遂宁、南充、广安共有88家排放超标。其中，上半年超标的有69家，下半年超标的有28家，上、下半年均超标的有9家。超标指标为总磷、氨氮、悬浮物、化学需氧量。2020年各市（州）农村生活污水处理设施监测情况见下表。

2020年各市（州）农村生活污水处理设施监测情况

市（州）	2019年				2020年			
	县（市、区）（个）	监测的设施总数（家）	监测数量（家）上半年/下半年	超标数量（家）上半年/下半年	县（市、区）（个）	监测的设施总数（家）	监测数量（家）上半年/下半年	超标数量（家）上半年/下半年
巴中	2	2	1/2	1/1	4	4	4/4	1/0
成都	2	2	2/2	2/2	15	35	33/35	5/5
德阳	2	2	1/2	0/2	3	9	9/9	4/0
广元	2	2	2/2	1/1	3	9	9/9	4/5
广安	2	2	2/2	2/1	6	136	133/131	6/2
乐山	1	1	1/1	0/0	3	9	9/9	1/1
凉山州	—	—	—	—	1	2	2/2	0/0
泸州	2	2	2/1	1/1	3	36	27/36	2/1
眉山	2	2	1/2	1/2	7	17	17/16	1/0
绵阳	2	2	2/2	2/2	4	8	8/6	2/1
南充	2	2	2/2	1/2	9	39	36/35	10/4
内江	2	2	1/2	0/1	2	3	3/3	0/0
攀枝花	2	2	2/2	2/2	2	3	2/2	0/0
遂宁	2	2	2/2	0/0	6	22	22/18	14/3
雅安	1	1	0/1	0/0	2	19	19/18	5/3
宜宾	2	2	2/2	2/2	7	12	12/12	0/0
自贡	2	2	2/1	0/1	6	131	99/125	14/3
阿坝州	1	1	0/1	0/1	—	—	—	—
全省	31	31	25/29	15/21	83	494	444/470	69/28

第十章　土壤环境质量

一、国家网基础点土壤环境质量状况

1. 总体质量状况

国家网土壤监测1046个基础点，依据《土壤环境质量 农用地土壤风险管控标准》（GB 15618—2018），可评价893个，综合评价结果四川省低于筛选值点位占比为81.0%，该类点土壤生态环境风险低；介于筛选值和管制值之间的点位占比为18.6%，该类点土壤生态环境可能存在风险；高于管制值的点位占比为0.4%，该类点农用地土壤污染风险高。四川省基础点土壤环境质量综合评价结果如图3.10-1所示。

图3.10-1　四川省基础点土壤环境质量综合评价结果

2. 监测指标评价结果

四川省基础点11个监测指标评价结果显示，首要污染指标为重金属镉，低于筛选值的点位占比为84.7%，介于筛选值和管制值之间的点位占比为14.9%，高于管制值的点位占比为0.4%。铅低于筛选值占比为99.3%，介于筛选值和管制值之间占比为0.6%，高于管制值占比为0.1%。苯并[a]芘低于筛选值占比100%；其余指标汞、砷、铅、铬、铜、锌、镍、六六六、滴滴涕低于筛选值占比为97.6%～99.9%，介于筛选值和管制值占比为0.1%～2.4%。四川省基础点土壤监测指标评价结果如图3.10-2所示。

图3.10-2　四川省基础点土壤监测指标评价结果

3.空间分布状况

四川省介于筛选值和管制值之间的点位攀枝花最多，占比为60.0%，雅安次之，占比为46.2%，泸州、宜宾、乐山、自贡、德阳、凉山、广安、巴中、甘孜和内江高于全省平均水平。全省高于管制值点位的有4个，分别位于雅安、泸州、宜宾和内江。从重金属集中分布区域上看，攀西高原的攀枝花，川南的泸州和宜宾，以及成都平原周边山区雅安、乐山等重金属含量相对较高。21个市（州）基础点土壤综合评价结果占比如图3.10-3所示。

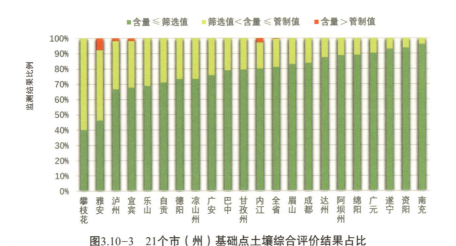

图3.10-3　21个市（州）基础点土壤综合评价结果占比

五大区域中，介于筛选值和管制值之间的点位占比最高的是攀西经济区（35.0%），其次是川南经济区（28.1%），低于全省平均水平的从高到低的经济区分别是成都平原经济区（16.9%）、川西北生态经济区（15.1%）和川东北经济区（11.9%）。四川省21个市（州）及五大区域介于筛选值和管制值之间的点位占比分布如图3.10-4所示。

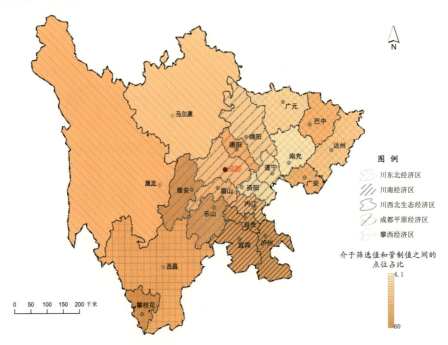

图3.10-4　四川省21个市（州）及五大区域介于筛选值和管制值之间的点位占比分布

二、国家网背景点土壤环境质量状况

四川省55个背景点采集土壤剖面，根据土壤不同发生层采集到不同深度样品160个，从表层到深层分为A层、B层和C层。A层土壤监测有机指标3项，分析样品数55个，六六六检出率为12.7%，滴滴涕检出率为3.6%，苯并[a]芘检出率为100%。A层、B层和C层土壤监测无机指标64项，分析样品数160个，其中pH范围为4.2～9.8，砷检出率为98.8%，钴检出率为99.4%，钙检出率为99.4%，溴检出率为97.5%，其他59项指标检出率均为100%。

三、国家网风险源周边土壤环境质量状况

2016—2020年，国家网对企业和园区周边95个土壤点、畜禽养殖场周边73个土壤点、危废集中处置场周边50个土壤点和饮用水水源地周边61个土壤点进行了监测。监测结果显示，企业和园区周边土壤重金属污染最严重，综合评价结果介于筛选值和管制值之间的点位占比为41.7%，高于管制值点位的占比为15.0%；畜禽养殖场周边土壤次之，评价结果介于筛选值和管制值之间的点位占比为25.8%，无超过管制值点位；饮用水水源地周边土壤生态环境可能存在风险，评价结果介于筛选值和管制值之间的点位占比为13.9%，无超过管制值点位；危废集中处置场周边土壤生态环境风险低，评价结果介于筛选值和管制值之间的点位占比为5.1%，无超过管制值的点位。四川省各类风险源周边土壤综合评价结果占比如图3.10-5所示。

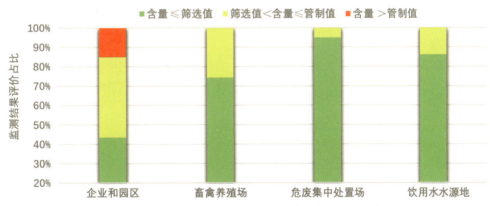

图3.10-5　四川省各类风险源周边土壤综合评价结果占比

四、小结

1. 四川省部分区域土壤中重金属含量较高，土壤污染以镉为主

四川省五大区域中，攀西高原的攀枝花，川南地区的泸州和宜宾，以及成都平原周边山区雅安、乐山等重金属含量相对较高，其中攀枝花为镉、铜、镍、铬等多种金属综合污染，其他地区以镉污染为主。

2. 风险源周边土壤重金属污染较重，企业和畜禽养殖场周边土壤质量劣于全省基础点

四川省企业和园区周边土壤重金属污染最严重，畜禽养殖场周边土壤次之，这两类风险源周边土壤环境质量劣于全省基础点土壤环境质量；饮用水水源地和危废集中处置场周边土壤污染较轻，土壤环境质量优于全省基础点土壤环境质量。

3. 自然地质背景和人为活动是造成土壤污染的原因

四川省土壤污染是自然地质作用与人为活动共同形成，低背景区污染主要与人为活动有关；高背景区污染既有自然原因，也有人为原因；企业高聚集区污染比企业低聚集区更为严重。

第十一章　辐射环境质量

一、辐射环境质量现状

（一）电离辐射环境监测结果

1. 环境 γ 辐射水平

环境 γ 辐射水平监测分为三种方式：第一种方式为连续测量，由设置在各市（州）的辐射环境自动监测站实时测量固定点位的 γ 空气吸收剂量率连续变化值，对任何非预期增加值给予警告，以便在突发核事故时发出预警信号；第二种方式为实时测量，由监测人员使用 γ 辐射剂量率测量仪直接测量确定点位的瞬时值；第三种方式为累积测量，通过在确定的监测点位上布设热释光剂量计的方式，测量一定时间间隔内的环境 γ 辐射累积剂量。

（1）γ 空气吸收剂量率连续测量。

2020年，全省21个市（州）35个辐射环境自动监测站点中，已验收的辐射环境自动监测站点共29个，包括14个国控点和15个省控点。全省辐射环境自动监测站实时连续测得的环境 γ 辐射空气吸收剂量率（未扣除宇宙射线响应值）年均值范围为57.28～121.33纳戈瑞/小时，平均值为83.90纳戈瑞/小时。排除雨、雪等自然因素的影响，各自动站均未监测到明显异常的 γ 辐射空气吸收剂量率，监测结果处于当地天然本底涨落范围内。

（2）γ 空气吸收剂量率瞬时测量。

2020年，全省21个市（州）γ 空气吸收剂量率（已扣除宇宙射线响应值）按监测点位统计年均值范围为36.7～141纳希沃特/小时，平均值为74.86纳希沃特/小时，在当地天然本底水平涨落范围内，年均值与历年监测结果相比无明显差异。

（3）γ 辐射累积剂量率。

2020年，全省21个市（州）的24个陆地 γ 监测点位通过累积方式测得的 γ 辐射累积剂量率范围为69～124纳戈瑞/小时，平均值为88纳戈瑞/小时。监测结果与历年相比无明显变化，处于当地天然本底涨落范围内。

2. 大气中的放射性水平

大气中的放射性水平监测主要通过采集空气气溶胶、沉降物等样品，根据监测目的和要求，通过放射性分析而实现。

（1）气溶胶。

2020年，全省27个辐射环境自动监测站的气溶胶样品中均未检出天然放射性核素锕-228（探测下限范围为0.25～17微贝可/立方米）和人工放射性核素碘-131（探测下限范围为0.13～7.3微贝可/立方米）、铯-134（探测下限范围为0.14～2.8微贝可/立方米）。在成都熊猫基地，监测出铅-210活度浓度范围为0.22～4.6毫贝可/立方米，钋-210活度浓度范围为0.061～0.35 毫贝可/立方米。全省蓬溪赤城湖辐射环境自动监测站、阿坝州环境监测站2个点位监测出镭-226，其活度浓度范围为6.3～6.4微贝可/立方米。全省仅1个点位成都市花土路站监测出铯-137活度浓度为1.7微贝可/立方米。气溶胶中其他放射性核素水平在本底涨落范围内，与历年相比无明显变化。

（2）沉降物。

2020年，全省开展沉降物监测的11个辐射环境自动监测站沉降物样品中均未检出天然放射性核素钍-234（探测下限范围为2.2～33毫贝可/平方米·天）、锕-228（探测下限范围为1.1～5.6毫贝可/平方米·天）和人工放射性核素碘-131（探测下限范围为0.23～2.1毫贝可/平方米·天）、铯-134

（探测下限范围为0.12～2.1毫贝可/平方米·天）。在检出的天然放射性核素中，铍-7、钾-40的日沉降量与历年监测值相比有所增加，铍-7的增加与大气条件和宇宙射线强弱有关，钾-40的增加可能与采样时的工业、农业活动以及大气条件有关。

（3）空气中氚化水和降水氚。

"十三五"期间，全省辐射环境监测网共设置空气中氚监测点位2个，降水氚监测点位1个。2020年，全省空气中氚化水蒸气活度浓度范围为17～36毫贝可/立方米，按监测点位统计平均值为27毫贝可/立方米；降水中氚活度浓度范围为1.4～1.6贝可/升，平均值为1.5贝可/升。全省空气中氚化水蒸气和降水中氚活度浓度与历年相比无明显变化，监测值的变化范围均属于正常天然辐射本底涨落范围。

（4）空气中氡。

"十三五"期间，全省辐射环境监测网共设置空气中氡监测点位2个。2020年，全省空气中氡活度浓度范围为5.3～19贝可/立方米，按监测点位统计平均值为14贝可/立方米，处于正常环境本底水平。

（5）空气中碘。

"十三五"期间，全省辐射环境监测网共设置空气中碘监测点位10个。2020年，全省空气中碘活度浓度均低于探测下限，探测下限范围为0.041～0.18毫贝可/立方米。

3. 水体中的放射性水平

（1）地表水。

"十三五"期间，全省辐射环境监测网在全省境内长江水系的长江、金沙江、嘉陵江、涪江、青衣江、白龙江、岷江、沱江、安宁河、大渡河等主要地表水体上布设了22个监测断面，开展水体中天然放射性核素和人工放射性核素以及总放射性水平监测。

2020年，全省江河水监测结果表明，天然放射性核素铀、钍和人工放射性核素锶-90、镭-226、铯-137，总α、总β活度浓度与历年相比，无明显变化。

（2）地下水。

"十三五"期间，全省辐射环境监测网设置1个地下水监测点位。2020年，地下水中天然放射性核素铀活度浓度为1.4微克/升，钍活度浓度为0.10微克/升，镭-226活度浓度为10毫贝可/升，处于本底涨落范围内。总α活度浓度为0.028贝可/升，总β活度浓度为0.097贝可/升，均低于《生活饮用水卫生标准》（GB 5749—2006）规定的放射性指标指导值。

（3）饮用水水源地水。

"十三五"期间，全省辐射环境监测网对省内21个市（州）主要饮用水水源地设置35个监测点位，所有点位均开展总放射性水平监测，另有5个点位开展了天然放射性核素铀、钍、镭-226以及人工放射性核素锶-90、铯-137的监测。2020年，饮用水中，天然放射性核素铀活度浓度范围为1.0～2.1微克/升，钍活度浓度范围为0.10～0.18微克/升，镭-226活度浓度范围为7.8～10毫贝可/升，铯-137活度浓度范围为0.24～0.39毫贝可/升，锶-90活度浓度范围为1.2～2.0毫贝可/升。总α活度浓度范围为0.006～0.048贝可/升，总β活度浓度范围为0.010～0.156贝可/升，均低于《生活饮用水卫生标准》（GB 5749—2006）规定的放射性指标指导值。

4. 土壤中的放射性水平

"十三五"期间，全省辐射环境监测网设置21个土壤监测点，开展土壤放射性核素监测。2020年，土壤中天然放射性核素监测结果与1983—1990年全国环境天然放射性水平调查结果处于同一水平，部分城市土壤中检出微量人工放射性核素铯-137，其活度浓度与历年监测结果相比无明显差异。

（二）电磁环境辐射监测结果

1. 电磁辐射自动监测站

"十三五"期间，全省辐射环境监测网设置18个电磁辐射自动监测站，均为省控点，其中1个站点开展射频电场和工频电磁场连续监测，2个站点开展工频电磁场连续监测，其余15个站点开展射频电场连续监测。2020年监测结果显示，电磁辐射自动监测站所监控的变电站工频电场强度、工频磁感应强度，移动通信基站的射频电场年均值均满足《电磁环境控制限值》（GB 8702—2014）中规定的相应频率范围公众照射导出限值规定。

2. 环境电磁辐射

"十三五"期间，全省辐射环境监测网设立7个电磁环境监测点，包括2个国控电磁环境辐射监测点和5个省控电磁环境辐射监测点。2020年监测结果显示，环境电磁辐射水平基本稳定，所有监测值均低于《电磁环境控制限值》（GB 8702—2014）相关频段的公众照射导出限值。

二、"十三五"期间变化趋势

（一）电离辐射变化趋势

1. 环境 γ 辐射剂量率

"十三五"期间，全省29个电离辐射环境监测自动站测得的 γ 空气吸收剂量率（年均值）范围为55.06～122.83纳戈瑞/小时，21个市（州）γ辐射瞬时剂量率（已扣除宇宙射线响应值）按监测点位统计年均值范围为36.7～141纳希沃特/小时，21个市（州）累积剂量率范围为63～166纳戈瑞/小时，均处于当地天然本底涨落范围内。

2. 大气中的放射性水平

"十三五"期间，全省空气气溶胶中，总 α 和总 β 放射性活度浓度未见异常，天然放射性核素铍-7、钍-232、钍-234、镭-226、镭-228、钾-40、铅-210、钋-210等活度浓度为环境本底水平；人工放射性核素铯-137、铯-134、锶-90活度浓度未见异常；空气中氡浓度、空气和降水中氚活度浓度为环境本底水平，空气中气态碘放射性同位素未检出。

3. 水体中的放射性水平

"十三五"期间，全省长江水系主要干、支流中，金沙江、嘉陵江、涪江、青衣江、白龙江、岷江、沱江、大渡河等地表水中，天然放射性核素铀、钍活度浓度，镭-226活度浓度和人工放射性核素锶-90、铯-137活度浓度均处于当地本底水平，未见异常。其中天然放射性核素活度浓度与1983—1990年"全国天然环境放射性水平调查"结果在同一水平。地下水中，天然放射性核素铀、钍、总 α、总 β 和镭-226活度浓度未见异常，均为当地本底水平。

全省21个市（州）政府所在地和14个重点县的集中式饮用水水源地中，总 α 和总 β 活度浓度均满足《生活饮用水卫生标准》（GB 5749—2006）规定的放射性指标指导值。

4. 土壤中的放射性水平

"十三五"期间，全省21个市（州）政府所在地土壤中，天然放射性核素铀-238、钍-232、镭-226和钾-40活度浓度处于当地本底水平，人工放射性核素锶-90和铯-137活度浓度未见异常。天然放射性核素活度浓度与1983—1990年"全国天然环境放射性水平调查"结果在同一水平。

（二）电磁辐射变化趋势

"十三五"期间，全省18个电磁环境自动监测站工频电场年均值范围为4.615～62.722伏/米，磁感应强度年均值范围为0.04～0.88微特斯拉，射频电场年均值范围为0.314～11.386伏/米。监测结果显示，工频电磁场变化不明显，部分点位呈下降趋势；射频电场受周边基站建设的影响，测值有略微起伏；中波台站因功率降低，整体监测值呈下降趋势。

三、2020年与2015年对比分析

1. 电离辐射对比分析

2020年相比2015年，全省电离辐射环境 γ 辐射空气吸收剂量率、空气中、水体中、土壤中的电

离辐射水平均无明显变化。

2. 电磁辐射对比分析

2020年相比2015年，电磁辐射监测点位中，国控点天府广场射频电场测值历年呈略微上升趋势，其主要原因为广场周边基站增多；通美大厦射频电场值相对稳定，2020年测值略微上升，因测量仪器频率范围更宽，测值包含了广播频段以外部分电磁设施贡献值。省控点人工监测点位总体变化起伏不大，因2020年城市基站架设增多及低矮化建设，逐年呈略微上升趋势，但总体年均值均低于《电磁环境控制限值》（GB 8702—2014）中规定的相应频率范围公众照射导出限值。

四、小结

"十三五"期间，全省辐射环境质量总体良好，环境电离辐射水平处于本底涨落范围内，环境电磁辐射水平低于《电磁环境控制限值》（GB 8702—2014）规定的公众暴露控制限值。

第四篇 结论与对策

第一章　生态环境质量状况主要结论

1. 全省城市环境空气质量稳定向好，优良天数率逐年上升，但臭氧（O_3）污染也逐渐突出，成为最重要的空气质量污染因素

2020年，全省城市环境空气质量六项监测指标年均浓度全部达到国家环境空气质量二级标准，优良天数率为90.8%，其中优占44.7%，良占46.2%；总体污染天数率为9.1%，其中轻度污染为7.9%，中度污染为1.1%，重度污染为0.1%，综合指数为3.46。

"十三五"期间，全省优良天数率逐年上升，2020年首次超过90%，超额完成"十三五"国家下达的细颗粒物（$PM_{2.5}$）浓度和优良天数率目标任务。21个市（州）14个城市空气质量达标，与2015年相比增加9个，达标城市占66.7%。二氧化硫（SO_2）、可吸入颗粒物（PM_{10}）浓度呈逐年下降趋势；二氧化氮（NO_2）浓度呈先上升后下降的趋势；细颗粒物（$PM_{2.5}$）浓度基本呈逐年下降趋势，2018年和2019年浓度持平；一氧化碳（CO）浓度呈先下降后持平的趋势；臭氧（O_3）浓度呈逐年上升趋势。

主要污染指标已从"十二五"期间的细颗粒物（$PM_{2.5}$）和可吸入颗粒物（PM_{10}）逐步转变到细颗粒物（$PM_{2.5}$）和臭氧（O_3）。

2. 全省降水质量明显好转，轻酸雨城市数量减少，无中酸雨城市和重酸雨城市

"十三五"期间，全省降水pH年均值呈明显上升趋势，由2016年的5.68逐步上升至2020年的6.06，非酸雨城市比例均保持在80%以上。2020年，全省21个市（州）城市中，仅有绵阳市和泸州市属轻酸雨城市，其余19个城市均属于非酸雨城市。

3. "十三五"期间，全省河流由轻度污染明显好转为优，水质改善明显，河流首要污染指标总磷浓度下降趋势明显

2020年，全省河流总体水质优。六大水系中，黄河干流（四川段）、长江（四川段）、金沙江水系、嘉陵江水系、岷江水系、沱江干流水质优，沱江支流水质良好。污染河段分布在岷江、沱江水系的部分支流。

"十三五"期间，全省河流总体水质由轻度污染明显好转为优，长江（四川段）、黄河干流（四川段）、金沙江水系一直保持优良水质，嘉陵江水系、岷江水系、沱江水系优良水质断面比例逐年增加。

到"十三五"末期，全省河流首要污染指标总磷超Ⅲ类水质断面占比从34.7%下降至2.0%，降低32.7个百分点。

4. 县级以上城市集中式饮用水水源地水质良好，乡镇饮用水水源地水质明显好转

2020年，全省21个市（州）政府所在地46个市级集中式生活饮用水水源地、县（市、区）政府所在地 217个城镇集中式饮用水水源地所测项目全部达标，断面（点位）达标率为100%，取水总量353002.65万吨，达标水量353002.65万吨，水质达标率为100%。开展监测的253个水源地的266个断面（点位）中，200个断面（点位）达到或优于Ⅱ类标准，占比为75.2%，其中市级断面（点位）40个，占市级断面总数的87.0%，县级断面（点位）160个，占县级断面总数的72.7%。

2020年，全省21个市（州）169个县监测的乡镇集中式饮用水水源地2778个断面（点位），有2601个断面（点位）所测项目全部达标，全年断面（点位）达标率为93.6%。

"十三五"期间，全省集中式饮用水水源地水质状况总体良好，县级以上城市饮用水水源地断面（点位）达标率从2016年的96.5%升高至2020年的100%；乡镇饮用水水源地断面（点位）达标率从2016年的78.6%上升至2020年的93.6%。

5. 地下水国家考核点位的水质与2019年相比有所改善，"极差"点位消失

2020年，四川省31个国家地下水质量考核点位中，"优良"点位4个，"良好"点位15个，"较差"点位12个，无"极差"点位。

"十三五"期间，四川省地下水水质总体呈好转趋势。与2016年相比，31个可比点位中"优良"点位增加12.9个百分点，"良好"点位增加19.8个百分点，"较差"点位下降32.3个百分点。

6. 全省城市声环境质量总体稳定向好，道路交通噪声对声环境质量的影响明显

2020年，全省声环境质量总体较好，区域声环境质量昼间平均等效声级为54.6分贝，昼间道路长度加权平均等效声级为68.4分贝，达标路段占72.9%，功能区昼间达标633点次，达标率为95.3%，夜间达标532点次，达标率为80.1%。

"十三五"期间，全省声环境质量状况稳定向好，城市区域环境噪声等效声级平均值为54.1～54.6分贝，全省区域环境噪声等效声级平均值波动较小，属于"好"与"较好"的城市比例升高，属于"一般"的城市比例降低。全省昼间各功能区达标率均呈上升趋势，夜间达标率上升趋势不明显。全省功能区噪声平均达标率均呈上升趋势。

"十三五"期间，城市道路交通噪声等效声级平均值为68.1～68.8分贝，声环境质量状况总体保持"好"的水平。但城市道路交通声环境质量状况属于"好"的城市比例降低，属于"较好""较差"的城市比例升高。

7. 全省生态环境质量保持稳定，逐年间均属于"无明显变化"

"十三五"期间，全省21个市（州）市域生态环境状况均为"优"和"良"，其中，为"优"的市（州）每年均为4个，占全省总面积的21.5%，占市域数量的19.0%。183个县域生态环境状况以"优"和"良"为主，占全省县域数量的96.7%，占全省总面积的99.9%；为"一般"的县每年均为6个，占全省县域数量的3.3%，占全省总面积的0.1%。

8. 农村环境质量综合状况整体良好并保持稳定，县域地表水水质进一步提高

2020年，全省农村环境质量综合状况指数（RQI）为59.5～90.9，分级达到"优"和"良"的县占94.6%，无"较差"和"差"的县。

2020年，农村千吨万人饮用水水源地断面（点位）达标率高于90%，与2019年相比有所提高，总体水质良好。87.5%的农田灌溉水达到相关标准要求，与2019年相比保持一致。监测的日处理能力20吨及以上的农村生活污水处理设施达标率为82.2%，相比2019年有较大幅度的提高。

"十三五"期间，县域河流Ⅰ～Ⅲ类水质断面比例总体呈上升的趋势，2019年、2020年Ⅰ～Ⅲ类水质断面比例大幅度提高，2020年高于2015年3.9个百分点。

9. 全省农用地土壤局部地区存在镉污染，企业和畜禽养殖场周边土壤有一定的污染风险

基于农用地土壤风险管控，全省土壤基础点监测结果低于筛选值的点位占比81.0%，介于筛选值和管制值之间的点位占比18.6%，高于管制值的点位占比0.4%。首要污染指标镉介于筛选值和管制值之间的点位占比14.9%，高于管制值的点位占比0.4%。

全省55个背景点表层土有机指标苯并[a]芘检出率较高，部分点位六六六、滴滴涕有检出；各剖面无机指标检出率较高。

企业和园区周边土壤重金属污染最重，监测结果介于筛选值和管制值之间点位的占比41.7%，高于管制值的点位占比15.0%；畜禽养殖场周边土壤次之，评价结果介于筛选值和管制值之间的点位占比25.8%，无超过管制值的点位；危废集中处置场周边土壤生态环境风险低，评价结果介于筛选值和管制值之间的点位占比5.1%，无超过管制值的点位。

饮用水水源地周边土壤生态环境可能存在风险，评价结果介于筛选值和管制值之间的点位占比13.9%，无超过管制值的点位。

10."十三五"期间，全省辐射环境质量状况良好

"十三五"期间，全省辐射环境质量状况良好。环境电离辐射水平稳定，全省电离辐射环境水平属于正常天然放射性本底水平，核设施与核技术利用单位外围电离辐射环境水平总体无明显变化；环境电磁辐射水平总体良好，广播电视发射塔、移动通信基站、变电站等主要电磁辐射污染源周围电磁辐射水平基本稳定，电磁辐射自动监测站年均值均满足《电磁环境控制限制》（GB 8702—2014）中对相应频率范围公众照射导出限值的规定。

第二章　生态环境质量变化原因分析

1. 经济社会发展转型及能源消费进一步优化是"十三五"期间全省生态环境质量总体好转的根本原因

"十三五"期间，全省大力推动经济转型升级，三次产业结构由2016年的11.8∶40.6∶47.6调整为2020年的11.4∶36.2∶52.4，五大支柱产业营业收入达4.2万亿元，其中高新技术产业营业收入近2万亿元，科技对经济增长的贡献率接近60%，使得能源消耗强度不断降低，单位GDP能耗下降2.84%，规模以上工业增加值能耗下降3.32%；化学需氧量、氨氮、二氧化硫和氮氧化物排放总量分别较2015年减少17.2%、18.6%、126.4%和19.7%，均超额完成国家下达的"十三五"约束性指标。

2. 生态环境管理新政策引领生态环境新发展是"十三五"期间全省生态环境质量总体好转的重要原因

"十三五"期间，全省以生态环境保护规划为引领，全面打响污染防治攻坚战，多措并举完善大气污染、水污染治理等支撑体系。一是全面加强法治体系建设，出台了《四川省沱江流域水环境保护条例》《四川省〈大气污染防治法〉实施办法》等地方法规，强化环境保护行政执法与刑事司法"两法"衔接，形成生态环境与公检法部门联合打击环境污染犯罪的长效联动机制，总体上约束了全省污染物的排放；二是出台了《岷江、沱江流域水污染物排放标准》《四川省施工扬尘排放标准》等多项省级地方标准，极大地促进了全省"十三五"期间污染源企业的排放管理；三是制定出台大气、水污染防治规划和实施细则，出台生态环境地方政府、河长责任制，健全了环境质量改善的考核机制，有力地保障了"十三五"期间全省污染防治工作的推进。

3. 落实地方环境管理主体责任及监管成效是"十三五"期间全省环境质量总体好转的重要保障

"十三五"期间，全省实施"党政同责"的目标考核机制，按月对大气、水环境质量达标情况进行通报，对环境质量下降的市、县进行行政约谈，并通过国家、省级环保督察发现的环境问题，督促地方进行整改，有效激励地方党委政府以及相关省直部门对环境保护工作的重视。

4. 环境经济的激励是"十三五"期间全省环境质量总体好转的重要因素

"十三五"期间，全省以持续改善生态环境质量为导向，建立起"超标者赔偿、改善者受益"的环境经济激励资金。在水环境方面，在全国率先与贵州、云南、重庆签订跨省的生态保护补偿协议，确定了省、市、县三级共同筹集资金，市、县两级享受资金分配权并共同承担保护责任的模式，同时省内推动岷江、嘉陵江、安宁河等全流域签订流域横向生态补偿协议，确立"一河一策"流域生态补偿新模式。各市（州）共筹集流域横向生态补偿资金30.8亿元，省级财政对签订了生态补偿协议的赤水河、沱江、岷江、嘉陵江和安宁河等市（州），安排了中央和省级奖励资金31.83亿元，共计62.63亿元，大大增加了流域水环境保护资金规模，有力促进了水环境质量改善。在大气方面，累积争取中央大气污染防治资金3.7亿元，省级财政安排资金9亿元，用于激励和考核重点城市大气污染治理；实施达标排放企业奖励，如宜宾市于2018年4月2日印发了《宜宾市人民政府办公室关于印发加快建设现代工业强市的若干政策措施（试行）的通知》，明确对首次开展清洁生产审核达标的企业给予20万元/户的以奖代补资金，提高企业的主动性。

5. 环保污染治理投资进一步提升，深化生态环境建设是"十三五"期间全省环境质量总体好转的重要途径

"十三五"期间，全省环境污染治理投资不断加大，环境公共服务水平明显升高。环境污染治理投资由2016年的470.41亿元逐年增至578.60亿元，增幅达23%。城乡环境公共基础设施和服务水平显著提高，农村人居环境逐步改善。建成区绿化覆盖率升高至41.8%，全省城市污水处理率、城市生活垃圾无害化处理率分别达95.2%、99.8%，农村卫生厕所普及率上升至86%。生态系统生产总值（GEP）效益显现，经研究核算，2019年全省达到49946.7亿元，其中，生态系统产品提供总价值为4559.4亿元，占全省GEP的9.13%；调节服务总价值为36944.2亿元，占全省GEP的74.0%；文化服务总价值为8443.11亿元，占全省GEP的16.9%。调节服务中气候调节、土壤保持、洪水调蓄的服务贡献较大，其次为水源涵养、固定二氧化碳、氧气提供服务等。

第三章　主要环境问题及原因分析

1. 细颗粒物（PM₂.₅）部分区域、城市超标现象依然较重，冬季全省细颗粒物（PM₂.₅）污染突出

2020年，全省细颗粒物（PM₂.₅）较高的区域依次为川南、成都平原和川东北经济区，其中川南经济区细颗粒物（PM₂.₅）年均浓度为39微克/立方米，对全省细颗粒物（PM₂.₅）年均浓度贡献占比接近四分之一（23.6%）。自贡、成都、宜宾、达州、泸州5个城市对全省细颗粒物（PM₂.₅）年均浓度贡献超过30%。全省细颗粒物（PM₂.₅）污染时段主要集中在1月、2月和12月，对全省全年细颗粒物（PM₂.₅）浓度贡献占比高达42%。

原因分析：一是川南、成都平原和川东北经济区是全省人口聚集、工业发达、经济富裕的区域。三大经济区面积仅占全省面积的38.3%，但人口、GDP、颗粒物排放总量却占全省的90.4%、92.0%和77.2%。二是四川盆地属于亚热带湿润和半湿润气候区，冬暖夏热，周边又被1000～3000米的高原山地包围，不利于污染物扩散，在冬季，这种地形、气象条件易造成逆温和静稳天气，导致盆地内部污染物的累积和二次转化，形成冬季重污染天气。三是氮氧化物（NOₓ）及其转化生成的硝酸盐爆发式增长也是导致冬季细颗粒物（PM₂.₅）浓度快速上升的重要原因。以2020年12月的污染过程为例，污染期间氮氧化物二次转化生成的硝酸根对细颗粒物（PM₂.₅）贡献较大，占比20%～30%，并随着污染程度加重，进一步推高了细颗粒物（PM₂.₅）的浓度。四是典型污染事件如秸秆焚烧、中元节祭祀、烟花爆竹燃放、腊肉熏制等在短时间内对全省空气质量影响明显。初步测算，近年来春秋季秸秆焚烧期间全省细颗粒物（PM₂.₅）平均浓度较非污染期间上升1～1.5倍，为全年全省细颗粒物（PM₂.₅）年均浓度贡献0.5%～1.5%，为0.2～0.5微克/立方米；春节期间烟花爆竹的燃放对全年全省细颗粒物（PM₂.₅）年均浓度贡献0.2%～1%，为0.1～0.4微克/立方米。

2. 臭氧（O₃）年均浓度呈逐年上升趋势，污染情况突显，已成为全省环境空气第二主要污染指标

全省臭氧（O₃）年均浓度呈逐年上升趋势，由2015年的120微克/立方米上升至2020年的135微克/立方米，升高12.5%。4—9月臭氧（O₃）为首要污染物，占比超过细颗粒物（PM₂.₅）。臭氧（O₃）污染出现时间逐年提前，2020年1月也出现了臭氧（O₃）污染。臭氧（O₃）造成的区域性污染频次和天数逐年递增，2020年全省出现5次13天臭氧（O₃）区域性污染，与2019年相比增加2天。全省城市环境空气主要污染指标已从"十二五"期间的细颗粒物（PM₂.₅）和可吸入颗粒物（PM₁₀）逐步转变成细颗粒物（PM₂.₅）和臭氧（O₃）。

原因分析：一是"十三五"期间，全省实施的主要污染物减排工作中未对臭氧（O₃）前置物挥发性有机物（VOCs）进行有效控制；二是挥发性有机物（VOCs）排放的来源和组成复杂，涉及工业源、交通源、生活源等；三是臭氧（O₃）浓度受烯烃、芳烃和醛类影响较大，针对这些重点组分的污染源管控措施较为欠缺。

3. 全省部分支流仍受到污染，主要集中在岷江、沱江流域

"十三五"期间，岷江、沱江支流各年度一直存在超过Ⅲ类水质的断面。2020年，岷江水系Ⅳ类水质断面占5.1%，其中，干流水质均达到Ⅲ类，支流的Ⅳ类断面占7.7%，17条支流中，茫溪河、体泉河受到轻度污染；沱江水系Ⅳ类水质断面占13.9%，其中，干流水质均达到Ⅲ类，支流的Ⅳ类断面占22.7%，15条支流中，阳化河、旭水河、釜溪河受到轻度污染。

原因分析：一是岷江、沱江流域的茫溪河、体泉河、阳化河、旭水河、釜溪河常年流量较小，无流量较大的河流补水，补水主要依靠自然集雨。二是城市生活污水处理厂出水占河流水量的比重较大。虽然"十三五"期间推行了《四川省岷江、沱江流域水污染物排放标准》，对岷江、沱江流域的城镇污水处理厂进行了提标改造，出水主要污染指标达到地表水Ⅳ类标准，但仍需依靠河流稀释自净才能达到Ⅲ类水质标准，受水环境容量限制，难度较大。三是超标河流流经地区多为老旧城区，城市污水收集率较低，污水处理能力不足；存在雨污分流不彻底，部分生活污水和雨水混排，污水处理厂有溢流现象。四是面源污染治理难度较大，雨季时面源污染物随雨水冲刷进入河道，虽然河流水量有较大的增加，但也带入了一定量的污染物。

4. 部分乡镇、农村饮用水水源地因自身条件和管理不善造成水质超标

2020年，全省乡镇饮用水水源地达标率为"十三五"期间最高年份，为93.6%，21个市（州）中，仅攀枝花、雅安、甘孜3个市（州）全年达标，其余18个市（州）均存在超标情况。超标的乡镇饮用水水源地主要污染指标，地表水型为总磷、高锰酸盐指数、生化需氧量，地下水型为总大肠菌群、菌落总数、锰。

原因分析：一是乡镇饮用水水源地大多位于农村区域，设置在小水库或小支流上，主要依靠自然降水作为水量补充，水质无法得到保障；二是农村面源污染较重，村民环保意识薄弱，沿河种植较普遍，生活垃圾及家畜粪便随意堆放，降雨时沿河的种植残留物、农药化肥、家禽粪便等通过地表径流输入水源地河流，也会渗入地下水，导致总磷、高锰酸盐指数、生化需氧量等指标和细菌类指标超标；三是部分地下水型饮用水水源地因地质背景原因出现锰超标；四是乡镇、农村饮用水水源地管理体制不健全，管理措施不到位，水源地保护区隔离网形同虚设，一级保护区内时常有游泳、钓鱼等人为活动现象。

5. 夜间噪声达标率无明显变化，交通噪声对声环境质量的影响逐渐突出

"十三五"期间，全省21个市（州）城市夜间功能区噪声达标率无明显变化，道路交通噪声中属于"好"和"较好"的城市比例五年间下降9.6个百分点。

原因分析：一是随着社会经济和城市化建设的不断发展，全省城镇化率较"十二五"末升高6.1个百分点，建成区的扩大聚集了更多常驻人口；交通运输的便捷改变了居民的出行方式，夜间活动增加，导致夜间噪声达标率改善不明显。二是各城市道路的建设速度跟不上人口和机动车的增长速度，车辆密集、堵塞严重、鸣笛现象时有发生等都是影响道路交通噪声的因素。三是多数城市只允许货车特别是大型货车夜间进入城区，也是造成夜间噪声居高不下的一个重要原因。

6. 部分区域农用地土壤中镉污染较为突出，自然背景和人为活动是造成土壤污染的原因

全省农用地土壤污染较突出的地区为攀西高原的攀枝花，川南的泸州和宜宾，以及成都平原周边的山区雅安、乐山，其中攀枝花为镉、铜、镍、铬等多种金属综合污染，其他地区以镉污染为主；企业和园区周边土壤重金属污染较重。

原因分析：攀西地区矿产资源丰富，攀枝花已探明铁矿（主要是钒钛磁铁矿）73.8亿吨，占四川省铁矿探明资源储量的72.3%，是全国四大铁矿之一。此外，钴保有储量7.46亿吨，还有铬、镓、钪、镍、铜、铅、锌、锰、铂等多种稀贵金属。地质背景较高是该区域多种重金属超标的主要原因。

镉污染主要来自两个方面：一是工业污染，二是化肥污染。一般锌与镉共生，冶炼过程中产生的废水、废渣，如果处置管理不好，就会造成镉污染。化肥污染主要是施磷肥过量造成的，磷矿石中含有镉元素，要在磷肥生产过程中将镉含量降到最低，依照国内现有技术暂时还达不到，所以在使用磷肥的时候或多或少都会有镉元素，农田镉污染就是因为磷肥使用过量、沉积造成的。

人为生产、生活活动导致企业高聚集区污染比企业低聚集区更为严重。自然地质高背景叠加人为活动，多种重金属污染明显加重。

7. 地下水水质"较差"点位仍比较多，周边环境对地下水水质产生了一定影响

"十三五"期间，全省地下水总体虽呈现好转趋势，但截至2020年仍存在38.7%的"较差"点

位；德阳、成都"双源"试点监测评价结果显示，40.0%的污染企业地下水超Ⅲ类水质标准，且超标指标较多。

原因分析：一是国家地下水质量考核点因受自然地质背景影响，其总硬度、锰超标；二是污染企业因防渗措施不到位、渗滤液收集等环保措施不到位，管理没跟上，对地下水造成一定污染；三是自然地质高背景加上人为生产生活的影响，加剧了污染企业地下水污染，"双源"试点监测中污染企业地下水多项指标超标就是这种表现。

第四章 对策和建议

1. 突出精准治气、科学治气、依法治气，强化协同治气，全面改善环境空气质量

突出精准治气：结合春夏季臭氧（O_3）污染和秋冬季细颗粒物（$PM_{2.5}$）污染的季节性特征，持续推动工业源、移动源、面源污染精准减排。工业源方面，加速落后产能淘汰退出，严格高污染燃料使用，推动传统行业生产方式绿色转型和升级改造，限定钢铁、水泥、玻璃、砖瓦、陶瓷等行业产能，分行业开展"提效减排"大气治理，持续落实"一厂一策"管理，制定实施污染物持续减排计划。移动源方面，大力推动"公转铁"，提高铁路在大宗物资运输中的比重，制定实施国IV及以下排放标准营运柴油货车淘汰更新计划；优化机动车排放构成，推进公交车、出租车（含网约车）、环卫车、运渣车及工程机械新能源化，推动存量燃油车新能源替代或加速淘汰；加快构建城市绿色出行体系；研究划定移动源低排区，加强移动源备案管理和尾气监测，强化油品储运销监管。面源方面，全面加强扬尘精细化管控，划定重点区域道路扬尘精细管理示范区；加强施工工地扬尘管控，提高施工现场污染治理标准，大力推行轨道交通施工工地封闭化作业，全面推进房屋建筑、市政、轨道等行业领域绿色示范标杆工地打造；持续加强餐饮油烟、汽车维修、秸秆禁烧等面源污染防治工作。

突出科学治气：坚持规划优先，科学规划城市空间布局，合理构建城市多级通风廊道系统，划定环境空气质量管理重点区域，开展重点区域开发强度、环境容量及建设强度控制研究，并制定相应的外迁等改造计划。加强大气科研，深入开展臭氧（O_3）与细颗粒物（$PM_{2.5}$）协同控制研究、污染物与温室气体协同控制研究，持续开展挥发性有机物（VOCs）组分观测、来源解析和颗粒物来源解析工作。

突出依法治气：坚持立法先行，推动出台相关大气污染防治条例，修订完善重污染天气应急预案，编制夏季臭氧（O_3）污染应急预案，制定分类分级应急减排措施。强化执法能力建设，借鉴京津冀2+26等城市相关经验做法，在夏季、冬季等重点时段开展大气污染防治专项执法检查，依法查处和曝光相关大气环境违法行为。

强化协同治气：把握成渝地区双城经济圈建设战略机遇，加强成渝和成都平原经济区区域合作，逐步建立成渝双城基本相同的污染源监管体系和联合监管机制，强化区域空气质量预测预报和联防联控，共同应对重污染天气。

2. 全面开展农村面源污染的监测与治理，促进小流域地表水和乡镇、农村饮用水水源地水质改善

从政策上支持农村面源污染的治理工作，以市为单位，编制面源污染防治实施方案，制定污染防治目标任务，对能够减少面源污染的行为给予经济上的支持和补贴。

进一步推进化肥农药减量增效各项举措，以有机肥、沼肥、配方肥替代单质化肥，提升畜禽排泄物的资源化利用率，采用绿色防控技术替代农药的使用。进一步巩固畜禽治理成果，形成"政府统一领导、部门协同管理、乡镇日常巡查、排污单位负责、社会监督支持"的长效管理机制。清理整治农村生活污水处理设施，让建成的设施能够正常使用，未建的地区也应尽快建成并投入使用。加强农村固体废弃物的管理、生活垃圾的管理。规范化建设农村垃圾回收站、化粪池，培养村镇居民爱护环境的生活习惯。

开展农业污染源调查监测。加密布设农业面源污染监控点，重点在大中型灌区、有污水灌溉历史的典型灌区进行农田灌溉用水和出水水质长期监测，掌握农业面源污染物产生和排放情况。开展畜禽粪肥还田利用全链条监测，分析评估养分和有害物质转化规律。在已有环境质量监测网络的基础上，构建农村面源污染监测网络、农村面源污染控制网格，形成常态化的农村环境保护、面源污染控制途径。

3. 合理地开展生态补水，加快老旧城镇污水收集改造工程，确保全省小流域水质改善

针对全省小流域无生态补水问题，制定生态补水方案，开展小水电站拦水坝生态流量督察工作，确保小流域的自然生态流量；持续推动农村面源污染工作，解决河道两岸垃圾堆放、农药随地表径流入河问题；加快城镇、农村污水处理厂建设，提高污水处理收集率，切实解决污水处理厂污水溢流问题，对农村单个小聚集村落，可采用一体化处理设施后建生态湿地解决生活污水直排问题。

4. 加强乡镇饮用水水源地集中建设、管理，提高乡镇居民生态环境保护意识

加快推动农村"千吨万人"集中式饮用水水源地建设工作，合理选址，确保饮用水水源地有自然生态河流补水，规范饮用水水源地保护区划定和建设工作。明确政府的职责职能，强化监督管理，加强对饮用水水源地水质的监测，制定应急处置预案，加大巡查和保护力度，提高应急处置能力，发现问题及时做出应急措施，保障群众的饮水安全。加大饮用水源保护的宣传力度，通过现代化的手段和"两微一端"的方式推送饮用水水源地生态环境保护的相关知识，强调饮用水水源地的重要性，充分发挥群众在饮用水水源地保护中的参与性，提高乡镇居民生态环境保护的意识。

5. 控制噪声污染的排放，合理城市布局，严格实施对噪声扰民的处罚，减少市民对噪声问题的投诉

加强噪声的管理，除控制工业噪声排放，交警部门应加大对市区内车辆随意鸣笛的执法力度，建设部门应严格建筑施工的审批和管理，城市相关部门对沿街商户音响噪音、广场跳舞等市民活动产生的噪声，作为噪声源头进行管理，做好日常巡查工作。辖区社区居委会和小区物业管理部门应切实承担起小区内部公共事务的管理职责，加强对小区居民跳广场舞的管理，引导合理安排场地，降低音响设备音量，营造安静、舒适、文明的生活环境。合理化城市布局，尽量避免噪声对人民生活的干扰和对环境的污染。

6. 强化土壤定期监测，对农用地分类管理，进一步推进土壤环境保护

土壤作为开放的缓冲物质体系，同外界进行物质和能量的交换，是各种人为和自然的污染源的汇集，在长时间的经济社会发展过程中，必然会引起土壤中污染物含量的增加。因此，应加强定期监测，及时跟踪不同区域土壤中污染物含量的变化情况及质量状况，同时起到农用地土壤环境风险预警，实现农用地持续安全利用。

根据《土壤环境质量 农用地土壤污染风险管控标准（试行）》（GB 15618—2018），农用地监测点位依据土壤环境质量进行分类管理，对于超过土壤风险筛选值而低于管制值的点位，需结合农产品监测结果，通过采取农艺调控和替代种植等措施，开展安全利用。对于超过风险管制值的点位，应当采取禁止种植食用农产品、退耕还林还草等严格管控措施。

7. 加强地下水监测，全面评估地下水环境质量，推动企业周边环境整治，减小农村面源影响，确保地下水水质稳步提升

梳理"十三五"全省地下水监测工作成果，构建"十四五"全省地下水监测网络，全面评估全省地下水环境质量。根据现有监测结果，针对重点污染企业自身造成的污染，建议污染企业进行防渗改造、周边环境整治工作；针对农业面源污染，建议开展农田节水、粪污治理、测土配方施肥、秸秆综合利用、种植业结构调整与布局优化等工作；针对农村生活污染源，开展农村生活污水治理、农村户用卫生厕所改造、农村生活垃圾收集及处置等工作。

第五章 "十四五"生态环境质量预测

一、基于污染物浓度设计值和相对响应因子的"十四五"空气质量情景预测

1. "十四五"空气质量情景预测基本思路

空气质量情景预测分析方法常被用来进行空气质量达标规划研究，目前常用的情景分析方法通常是针对污染物排放量的预测估算，但是考虑到污染物排放与浓度之间的非线性关系，尤其是像臭氧和二次细颗粒这类污染物的浓度水平与其前体物之间具有高度的非线性关系，仅对污染物排放的预测并不能有效地估计污染物浓度的未来状况。为此，可以将污染物排放的估算情况作为输入条件，利用空气质量模型对污染物浓度进行估算。

为预测全省"十四五"空气质量，四川省生态环境监测总站提出了基于污染物浓度设计值和相对响应因子的空气质量达标情景预测方法，设计了四川省空气质量达标规划情景预测模型。围绕全省"十四五"相关减排政策设计多个虚拟控制情景，对全省城市空气质量尤其是细颗粒物（$PM_{2.5}$）和臭氧（O_3）进行预测分析，为"十四五"期间全省污染排放控制，尤其是大气污染精细化管控提供有力的科学支撑。

2. 模型空气质量情景预测技术方法

（1）情景模拟基准年的选取。

选取"十三五"暨2016—2020年作为基准年，在逐年的空气质量模拟过程中，使用逐年的气象回溯模拟结果作为气象输入，排放输入则保持为2019年排放清单不变。模拟得到的污染物浓度的年际差异可认为仅由气象条件的年际变化导致，这样将每一年的污染物浓度与五年平均的浓度比较可以筛选出最接近五年平均气象条件的一年作为基准年，即典型气象年份。利用典型年份的气象场进行空气质量模拟预测，可显著降低气象条件年际差异对未来污染物浓度水平预测的影响。

（2）虚拟情景设计和排放预测。

针对全省"十四五"规划，基准排放情景水平为2019年排放清单。"十三五"末期的2020年为"十四五"规划的现状年，其排放水平即为现状排放情景。利用2019年排放清单推算到2020年，考虑到当年疫情影响和经济变化的具体情况，在2019年排放清单的基础上进行了相应的调整。2020年排放清单相对于2019年排放清单的调整比例见4.5-1。

表4.5-1　2020年排放清单相对于2019年排放清单的调整比例

单位：%

排放污染物	CO	NO_x	VOCs	SO_2	$PM_{2.5}$	NH_3
调整比例	-1	-4	1	-14	-2	-2

全省当前空气污染物的主要排放源是工业源、扬尘源、移动源和固定燃烧源，其中工业源和移动源减排是四川省"十四五"规划的重点。为探究不同减排水平的污染物浓度变化及达标情况，依据当前排放水平结合之前的减排政策效果评估，设置了11个虚拟的主要针对工业源和移动源进行减排的现实可能的排放控制情景。

相对于2020年现状情景的11个控制情景减排比例见表4.5-2。其中，nocontrol是无控制情景，仅考虑"十四五"期间因经济增长造成的排放增量；median0是经控制政策梳理并核算出相应减排比例的正常减排情景，median-3～median-1以及median+1是在median0的基础上浮动（加强或减弱减

排力度）的4个控制情景，其减排比例比median0更宽松或者更严格；medianX、medianY、medianZ是在median0、median-1的基础上专门针对氮氧化物（NO$_x$）和挥发性有机物（VOCs）额外增加的控制情景，主要考虑臭氧与前体物之间的非线性关系；median2030和median2035是两个远期减排情景。对11个控制情景分别进行模拟，各情景与2020年现状情景之间的污染物浓度差值即各情景减排（变化）对空气质量改善（变化）的贡献。

表4.5-2 相对于2020年现状情景的11个控制情景减排比例

单位：%

情景代码	减排源类	NO$_x$	VOCs	SO$_2$	CO	PM$_{2.5}$	PMC
nocontrol	工业源	30	30	30	30	30	30
	移动源	20	20	20	20	20	20
medianX	工业源	-36	-35	-48	-23	-9	-9
	移动源	-40	-10	0	-26	-10	-10
medianY	工业源	-26	-20	-38	-13	-4	-4
	移动源	-30	0	0	-16	-5	-5
medianZ	工业源	-36	-10	-48	-23	-9	-9
	移动源	-40	0	0	-26	-10	-10
median-3	工业源	-10	-10	-18	0	0	0
	移动源	-10	0	0	0	0	0
median-2	工业源	-16	-20	-28	-3	0	0
	移动源	-20	0	0	-6	0	0
median-1	工业源	-26	-35	-38	-13	-4	-4
	移动源	-30	-10	0	-16	-5	-5
median0	工业源	-36	-50	-48	-23	-9	-9
	移动源	-40	-20	0	-26	-10	-10
median+1	工业源	-46	-65	-58	-33	-19	-19
	移动源	-50	-30	0	-36	-20	-20
median2030	工业源	-55	-70	-80	-40	-40	-40
	移动源	-60	-40	0	-40	-40	-40
median2035	工业源	-80	-80	-90	-60	-50	-50
	移动源	-80	-60	0	-60	-50	-50

（3）基于情景模拟结果的污染物浓度水平预测及分析方法。

利用11个未来情景以及现状情景的模拟结果和基准年2019年回溯模拟结果，计算每日各市（州）污染物浓度的情景模拟日值数据与基准年模拟日值数据的比值，得到相对响应因子（RRF），再将相对响应因子乘以基准年的观测数据或者设计值，最后针对各情景预测污染物浓度水平，并进行达标情况分析。

3. 2020年现状情景预测验证

经2020年的现状情景模拟，与2020年实际观测进行对比。结果显示：基于2019年观测值或者2019年设计值预测的城市，全省平均的优良天数率都与2020年实际情况非常接近，尤其是基于2019年设计值的结果与2020年实际情况更为接近，绝对误差在±3%以内。

细颗粒物（PM$_{2.5}$）：预测的现状情景较实际观测略有高估，其中基于2019年设计值的预测结果与2020年实际观测更为接近，全省范围预测值高估约6%。分区域来看，预测高估3%～9%，成都平原经济区高估最多，主要是由于部分城市如乐山市、雅安市高估超过10%引起的；但有部分城市预测与观测非常接近，如成都市和德阳市等，预测与实测的误差在±5%以内。

臭氧（O$_3$）：同样是基于2019年设计值的预测结果与2020年实际观测更为接近。污染相对严重的成都平原和川南经济区，预测的现状情景较实际观测低估，比如成都市低估6%，乐山市低估10%。污染相对较轻的地区预测较实测稍有高估，但数值接近，全省总体来看预测值低估不到1%。

对2020年现状情景预测结果的评估表明，基于情景模拟结果的污染物浓度水平预测方法是有效的，可以较为准确地预测未来情景的污染物浓度水平。而该方法的预测误差很大程度上取决于未来年份气象条件与典型年份污染气象条件的差异，以及对排放水平相对变化的估算误差大小。

基于2019年观测值、2019年设计值预测的2020年现状情景的全省及区域优良天数率与2020年实际观测优良天数率、细颗粒物（PM$_{2.5}$）、臭氧（O$_3$）的对比见表4.5-3、表4.5-4、表4.5-5。

表4.5-3 优良天数率对比

单位：%

区域	2019年观测值	2020年情景值	2020年观测值
成都平原经济区	87	87	88
川南经济区	83	84	86
川东北经济区	91	92	94
攀西经济区 川东北生态经济区	98	99	99
全省	90	91	92

表4.5-4 细颗粒物（PM$_{2.5}$）浓度对比

单位：μg/m^3

区域	2019年观测值	2020年情景值	2020年观测值
成都平原经济区	36	36	33
川南经济区	41	40	39
川东北经济区	36	34	32
攀西经济区 川东北生态经济区	19	18	19
全省	33	32	31

表4.5-5 臭氧（O$_3$）浓度对比

单位：μg/m^3

区域	2019年观测值	2020年情景值	2020年观测值
成都平原经济区	141	142	149
川南经济区	146	145	147
川东北经济区	120	121	121
攀西经济区 川东北生态经济区	122	119	116
全省	132	132	133

4."十四五"空气质量情景模拟预测

基于未来情景以及现状情景的模拟结果,预测"十四五"期间全省细颗粒物（PM$_{2.5}$）和臭氧（O$_3$）浓度都将持续下降,优良天数率持续提高,空气质量进一步改善,在经控制政策梳理并核算出相应减排比例的正常减排情景下,2025年的全省环境空气质量、细颗粒物（PM$_{2.5}$）、臭氧（O$_3$）预测如下:

2025年相比2020年,全省优良天数率提高2个百分点;细颗粒物（PM$_{2.5}$）浓度降低9%。21个市（州）中,成都市、宜宾市、自贡市、达州市和南充市细颗粒物（PM$_{2.5}$）超标;德阳市、乐山市、绵阳市和泸州市退出不达标城市行列,细颗粒物（PM$_{2.5}$）浓度分别下降10%、13%、8%和5%;其他城市稳定达标。

2025年相比2020年,全省臭氧（O$_3$）日最大8小时平均浓度第90百分位数进一步下降,各城市降幅为1%～8%,平均降幅4%,各城市稳定达标。针对氮氧化物（NO$_x$）和挥发性有机物（VOCs）排放控制的额外控制情景显示,各城市臭氧（O$_3$）浓度都有不同程度的下降,没有出现不降反升的情况。从臭氧区域浓度来看,成都市及周边城市在减排控制下区域浓度稳定下降,但川南经济区浓度下降缓慢;在远期预测情景下,川南经济区可能超过成都平原经济区成为新的臭氧污染中心。

二、基于BP神经网络模拟算法的"十四五"四川省国控地表水环境质量预测

四川省生态环境监测总站基于2011—2020年的地表水历史监测数据和气象数据,利用BP神经网络模拟算法对四川省17个不能稳定达优良水质的断面进行水质预测,为科学设定四川省"十四五"国控地表水水质目标提供技术支撑。

1.模型选择

当前阶段,针对地表水环境质量模拟预测的大数据分析方法主要为传统综合指数法、灰色聚类分析法和模式识别法等,这些方法虽然起步较早,但往往需要设计好预测指标,确定好各级指标的隶属度函数及其权重,否则最终的预测结果误差较大。近年来,随着人工神经网络理论日益成熟,人工神经网络凭借其强大的自学习自训练能力和无限逼近可微函数的优越性能在水质预测方面得到了广泛应用。BP神经网络作为一种性能优良的前向无反馈网络,能够以任意精度无限逼近可微函数,而地表水环境质量预测问题即属于函数逼近问题,因此,将BP神经网络运用到水质预测中可以很好地解决目标函数的连续逼近问题,使预测结果准确性较好。

2.BP神经网络模型概述

BP神经网络是一种按误差逆传播算法训练的多层前馈网络,通过历史数据进行学习样本训练模型,使该网络模型能学习和存储大量的历史水质的输入—输出模式映射关系。假设神经网络模型有n个输入,则残差序列关系为

$$e_t = f(e_{t-1}, e_{t-2}, \ldots, e_{t-n}) + \varepsilon_t$$

式中,f是由神经网络模型决定的非线性函数,ε_t是随机误差。通过神经网络模型估计的残差,预测值记为$\hat{N}_t$;通过集成模型预测的结果,记为$\hat{y}_t = \hat{L}_t + \hat{N}_t$。

3.模型构建

以四川省"十四五"国控断面黄龙溪、碳研所、郫江口为例,通过10年历史数据分析,主要超Ⅲ类水质指标为总磷、氨氮、高锰酸盐指数和化学需氧量,因此对这4个指标进行模型构建。模型使用站点数据代码自动识别和智能清洗技术,主要包含空值、负值识别、异常值诊断、数据多日自动滑动平均填充等。首先定义网络结构,包含输入层、隐层和输出层,分别为60、25和60个,再定义变量,包含训练数据所使用的历史水质输入和输出向量、隐层输入输出变量、各层的权值和阈值,然后将水质输入输出各层的连接权值分别赋一个区间（−1,1）内的随机数,并计算隐层各神经

元的输入和输出，利用网络期望输出和实际输出，计算误差函数对输出层的各神经元的偏导数。水质预测数据信号流向如图4.5-1所示。

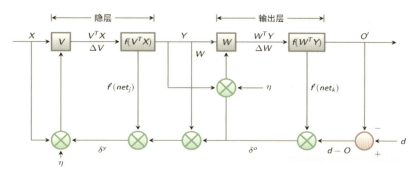

图4.5-1　水质预测数据信号流向

4. 模型训练

时间序列预测过程中，因为每个变量自由的历史数据对变量的影响较大，另外有其他的变量可能会导致该变量的波动，预报参数选择主要为先选用单变量进行预测，再进行多变量预测，综合对比分析单变量和多变量导致误差的因素，根据误差来确定需要选择输入的变量。本次预测过程经过多轮验证发现氨氮和高锰酸盐指数联合预报显著降低了预测误差；总磷为主要输入参数，高锰酸盐指数为辅助输入参数，联合预报精度更高，由此来确定联合输入的预测数据。多变量选择过程采用皮尔森多参数检验方法，验证变量之间的相关性，然后采用两两变量联合预报来评估误差是否显著降低。

5. 预测精度评估

对比水质指标预测数据与实际水质指标监测数据，分别计算均方误差（MAE）、均方根误差值（RMSE），对水质预测数据准确率进行分析。2010—2020年黄龙溪、碳研所、郫江口断面主要污染指标逐月模拟平均相对误差见表4.5-6。

表4.5-6　2010—2020年黄龙溪、碳研所、郫江口断面主要污染指标逐月模拟平均相对误差

断面名称	预测指标	MAE	RMSE
郫江口	高锰酸盐指数	0.31	1.82
黄龙溪	高锰酸盐指数	0.31	1.33
碳研所	高锰酸盐指数	0.29	2.44
郫江口	氨氮	0.83	0.87
黄龙溪	氨氮	1.54	0.52
碳研所	氨氮	1.59	1.28
郫江口	总磷	0.81	0.19
黄龙溪	总磷	0.39	0.13
碳研所	总磷	0.42	0.24
郫江口	化学需氧量	0.43	11.20
黄龙溪	化学需氧量	0.31	5.18
碳研所	化学需氧量	0.37	11.27

6. 典型断面水质预测

通过BP神经网络方法模拟预测岷江流域府河黄龙溪断面、沱江流域釜溪河碳研所断面、嘉陵江流域郪江郪江口断面主要污染指标高锰酸盐指数、氨氮、总磷、化学需氧量2021—2025年浓度，采用单因子评价法预测"十四五"期间水质类别，预测结果如下：

碳研所：2021—2022年水质类别为Ⅴ类，2023—2025年为Ⅳ类。

黄龙溪：2021年水质类别为Ⅳ类，2022—2025年为Ⅲ类。

郪江口：2021—2022年水质类别为Ⅳ类，2023—2025年为Ⅲ类。

因"十三五"期间四川省水污染治理力度持续加大，水质好转明显，2016—2020年与2010—2015年有较大的数据波动，对模型数据的训练产生了影响，同时在预测时忽略了如社会经济发展、产业结构调整、污染防治措施等因素对水环境质量的影响，此外，在不考虑年际水质监测数据互不影响的前置预测条件下，可能导致黄龙溪、碳研所断面在2021—2022年预测浓度值偏大，水质类别可能存在偏差1个等级。2021—2025年黄龙溪、碳研所、郪江口断面主要污染指标预测浓度值见表4.5-7。

表4.5-7 2021—2025年黄龙溪、碳研所、郪江口断面主要污染指标预测浓度值

单位：mg/L

年度	断面名称	高锰酸盐指数	氨氮	总磷	化学需氧量	水质类别
2021年	黄龙溪	3.1	1.13	0.220	25.8	Ⅳ
	碳研所	6.3	1.61	0.255	19.2	Ⅴ
	郪江口	5.3	0.55	0.236	14.8	Ⅳ
2022年	黄龙溪	3.7	0.92	0.177	16.6	Ⅲ
	碳研所	6.9	1.52	0.309	24.4	Ⅴ
	郪江口	5.7	0.46	0.217	22.5	Ⅳ
2023年	黄龙溪	3.4	0.74	0.198	16.8	Ⅲ
	碳研所	5.6	1.07	0.262	22.5	Ⅳ
	郪江口	5.2	0.54	0.173	17.5	Ⅲ
2024年	黄龙溪	3.3	0.84	0.164	15.2	Ⅲ
	碳研所	4.4	0.53	0.203	15.6	Ⅳ
	郪江口	4.8	0.58	0.158	15.8	Ⅲ
2025年	黄龙溪	2.9	0.50	0.152	18.0	Ⅲ
	碳研所	3.8	0.77	0.226	19.3	Ⅳ
	郪江口	5.2	0.75	0.155	17.8	Ⅲ

7. 2025年四川省"十四五"国控断面优良水质比例预测

历史监测数据显示，位于长江、黄河、金沙江、岷江、沱江、嘉陵江干流及一级支流的断面长期水质稳定达到或优于Ⅲ类水质，不再进行"十四五"水质预测，主要对生态流量较小、流经人口密集、工农业较发达地区的17个长江干流三级及以下支流的断面进行模拟预测。模拟结果显示2025年17个断面中，10个断面水质为Ⅲ类，7个断面水质为Ⅳ类。预计全省"十四五"国控地表水优良水质比例约为96.5%，无Ⅴ类和劣Ⅴ类水质。17个预测断面2025年水质类别见表4.5-8。

表4.5-8　17个预测断面2025年水质类别

流域	河流	断面名称	2025年水质类别
嘉陵江流域	龙台河	两河	Ⅲ
嘉陵江流域	平滩河	牛角滩	Ⅳ
嘉陵江流域	郪江	郪江口	Ⅲ
嘉陵江流域	郪江	象山	Ⅳ
嘉陵江流域	姚市河	白沙	Ⅲ
岷江流域	府河	黄龙溪	Ⅲ
沱江流域	釜溪河	碳研所	Ⅳ
沱江流域	釜溪河	宋渡大桥	Ⅳ
沱江流域	富顺河	碾子湾村	Ⅳ
沱江流域	高升河	红光村	Ⅳ
沱江流域	隆昌河	九曲河	Ⅲ
沱江流域	球溪河	发轮河口	Ⅳ
沱江流域	索溪河	谢家桥	Ⅲ
沱江流域	小濛溪河	资安桥	Ⅲ
沱江流域	旭水河	叶家滩	Ⅲ
沱江流域	阳化河	红日河大桥	Ⅲ
长江（四川段）	大陆溪	四明水厂	Ⅲ

第五篇 专题分析

第一章　关联性分析

一、社会经济发展与环境空气质量和地表水水质的相关性

"十三五"期间，全省大力推动经济转型升级，实现了三次产业从"二三一"转变成"三二一"结构，高新技术产业的发展对经济增长的贡献率接近60%，同时也带来了单位能耗强度的不断降低，有利于生态环境质量的改善。"十三五"期间，全省生态环境质量总体呈好转势态，为厘清社会经济发展与生态环境质量之间的内在联系，选择社会经济中的部分重要指标与"十三五"期间全省空气、地表水质量变化相关性进行研究，寻找社会经济发展与生态环境质量变化的内在关系。

（一）相关性理论

1. 相关性分析原理

相关关系是一种非确定性的关系，相关系数是研究变量之间线性相关程度的量。由于研究对象的不同，相关系数有不同的定义方式。

简单相关系数又叫相关系数或线性相关系数，一般用字母r表示，用来度量两个变量间的线性关系。其定义式为

$$r(X,Y) = \frac{\mathrm{Cov}(X,Y)}{\sqrt{\mathrm{Var}(X)\mathrm{Var}(Y)}}$$

式中，$\mathrm{Cov}(X,Y)$为X与Y的协方差，$\mathrm{Var}(X)$为X的方差，$\mathrm{Var}(Y)$为Y的方差。

当r大于0时，两个变量呈正相关；当r小于0时，两个变量呈负相关。r的值介于−1与1之间。r的绝对值越接近1，表明两个变量的线性相关性越强；r的绝对值接近0时，表明两个变量几乎不存在线性相关关系。通常r的绝对值大于0.75时就认为两个变量有很强的线性相关关系。

2. 空气质量相关性分析

对空气质量的相关指标进行分析，寻找相关性规律。四川省空气优良天数率与社会经济指标相关性如图5.1−1所示，四川省环境空气主要监测指标与社会经济指标相关性如图5.1−2所示。

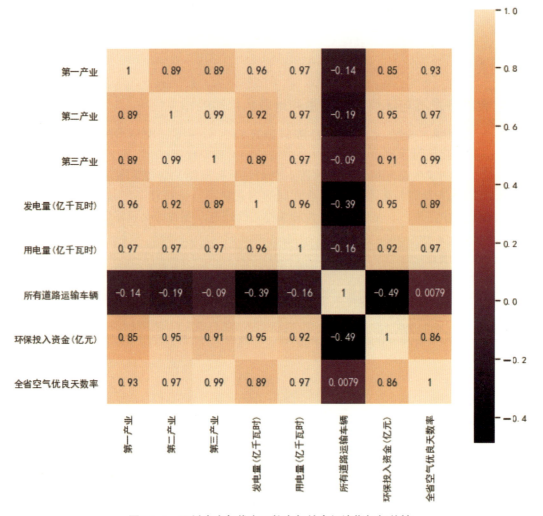

图5.1-1 四川省空气优良天数率与社会经济指标相关性

　　由图5.1-1可知，第一产业、第二产业、第三产业、发电量、用电量、环保投入资金与全省空气优良天数率相关系数均大于0.8，呈线性正相关。

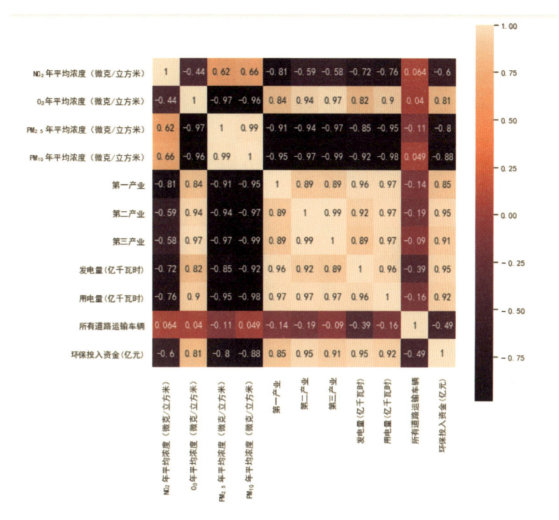

图5.1-2　四川省环境空气主要监测指标与社会经济指标相关性

由图5.1-2可知，二氧化氮（NO₂）年平均浓度与第一产业、用电量的相关系数的绝对值均大于0.75，呈线性负相关；臭氧（O₃）年平均浓度、细颗粒物（PM₂.₅）年平均浓度、可吸入颗粒物（PM₁₀）年平均浓度与第一产业、第二产业、第三产业、发电量、用电量、环保投入资金的相关性强，相关系数的绝对值大于0.8。

3. 水质指标相关性分析

对水环境质量的相关指标进行分析，寻找相关性规律。四川省优良水质比率与社会经济指标相关性如图5.1-3所示。

由图5.1-3可知，第一产业、第二产业、第三产业、常住人口、污水处理厂数量、污水处理能力、污水管道长度、环保投入资金与全省水质优良比率的相关性强，相关系数均大于0.8，呈线性正相关。

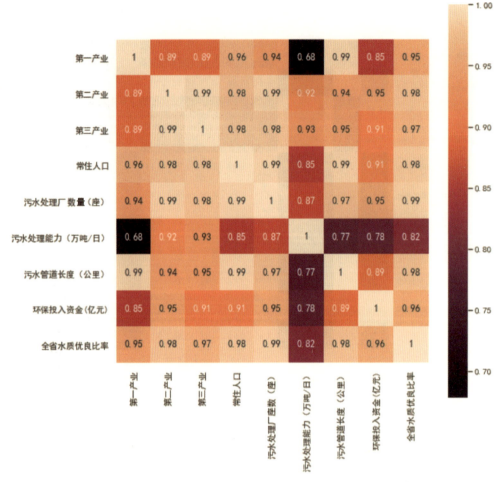

图5.1-3　四川省优良水质比率与社会经济指标相关性

（二）数据建模

1.模型运用

（1）Lasso模型原理及构建步骤。

当数据中特征较多时，特征之间存在多重共线性的可能性增大。目前常用的处理方法有主成分分析、偏最小二乘回归、岭回归和Lasso回归。关于最优特征子集的选择方法，Tibshirani提出Lasso（Least Absolute Shrinkage and Selection Operati）回归方法。Lasso回归属于一种收缩估计方法，通过构造惩罚函数压缩模型系数，可将某些特征系数严格变为0，进而达到特征选择的目的。Lasso回归特征选择本质上是模型稀疏表达的过程，该过程通过优化损失函数实现。Lasso回归方法理论如下：

假设一组数据（X_i, Y_i），$X_i = (x_{i1}, x_{i2}, \cdots, x_{ip})^\mathrm{T}$为第$i$个观测值对应的解释变量，$Y_i$为第$i$个观测值对应的被解释变量，构造普通线性模型如下：

$$Y_i = \alpha + \beta_1 x_{i1} + \beta_2 x_{i2} + \cdots + \beta_p x_{ip} + \varepsilon$$

$$Y_i = \alpha + \sum_{j=1}^{p} \beta_j x_{ij} + \varepsilon$$

根据残差平方和最小，估计系数β，即

$$\left(\hat{\alpha} + \hat{\beta}\right) = \arg\min \sum_{i=1}^{n} (Y_i - \alpha - \sum_{j=1}^{p} \beta_j x_{ij})^2$$

引入惩罚函数 $\lambda \sum_{j=1}^{p} |\beta_j|$，得

$$\left(\hat{\alpha}, \hat{\beta}\right) = \arg\min \sum_{i=1}^{n} (Y_i - \alpha - \sum_{j=1}^{p} \beta_j x_{ij})^2 + \lambda \sum_{j=1}^{p} |\beta_j|$$

于是问题转化为求带有惩罚函数的最优化问题，即

$$\left(\hat{\alpha}, \hat{\beta}\right) = \arg\min \sum_{i=1}^{n} (Y_i - \alpha - \sum_{j=1}^{p} \beta_j x_{ij})^2$$

$$\text{s.t.} \ \lambda \sum_{j=1}^{p} |\beta_j|$$

式中，λ 为非负正则参数，λ 越大，对模型惩罚力度越大。

Lasso回归容易产生稀疏解，其是一个连续过程，产生的结果稳定，同时可有效解决特征的多重共线性问题，所以在特征选择方面得到广泛应用。

（2）多元线性回归模型原理。

回归分析是通过对一个因变量和两个或两个以上自变量的相关分析来确定数据间的相关性，进而建立一种数学模型（即多元线性回归模型）来有效地预测因变量数据的发展方向，实现对因变量预估或者验证的一种常用的估算方法。

设变量 Y 与 $X_1, X_2, \cdots, X_p$ 之间有如下线性关系：

$$Y = \beta_0 + \beta_1 X_1 + \cdots + \beta_p X_p + \varepsilon$$

式中，$\varepsilon \sim N(0, \sigma^2)$，$\beta_0, \beta_1, \cdots, \beta_p$ 和 σ^2 是未知参数，$p \geq 2$，称为多元线性回归模型。

设 $(x_{i1}, x_{i2}, \cdots, x_{ip}, y_i)$ $(i=1, 2, \cdots, n)$ 是 $(X_1, X_2, \cdots, X_p, Y)$ 的 n 次独立观测值，则多元线性回归模型的矩阵形式可表达为

$$\boldsymbol{Y} = \begin{bmatrix} y_1 \\ y_2 \\ \vdots \\ y_n \end{bmatrix}, \ \boldsymbol{\beta} = \begin{bmatrix} \beta_0 \\ \beta_1 \\ \vdots \\ \beta_p \end{bmatrix}, \boldsymbol{X} = \begin{bmatrix} 1 & x_{11} & x_{12} & \cdots & x_{1p} \\ 1 & x_{21} & x_{22} & \cdots & x_{2p} \\ \vdots & \vdots & \vdots & & \vdots \\ 1 & x_{n1} & x_{n2} & \cdots & x_{np} \end{bmatrix}, \boldsymbol{\varepsilon} = \begin{bmatrix} \varepsilon_1 \\ \varepsilon_2 \\ \vdots \\ \varepsilon_n \end{bmatrix}$$

$$\boldsymbol{Y} = \boldsymbol{X}\boldsymbol{\beta} + \boldsymbol{\varepsilon}$$

式中，$\boldsymbol{Y}$ 是由响应变量构成的 n 维向量，$\boldsymbol{X}$ 是 $n \times (p+1)$ 阶设计矩阵，$\boldsymbol{\beta}$ 是 $p+1$ 维向量，$\boldsymbol{\varepsilon}$ 是 n 维差向量，并且满足 $E(\boldsymbol{\varepsilon})=0$，$\text{Var}(\boldsymbol{\varepsilon})=\sigma^2 I_n$。

（3）逐步回归模型原理。

逐步回归的基本思想是通过剔除变量中不太重要且又和其他变量高度相关的变量，降低多重共线性程度。将变量逐个引入模型，每引入一个解释变量后都要进行F检验，并对已经选入的解释变量逐个进行T检验，当原来引入的解释变量由于后面解释变量的引入变得不再显著时，将其删除，以确保每次引入新的变量之前回归方程中只包含显著性变量。这是一个反复的过程，直到既没有显著的解释变量选入回归方程，也没有不显著的解释变量从回归方程中剔除为止，以保证最后所得到的解释变量集是最优的。

2. 环境空气数据建模

（1）指标筛选。

对影响空气质量的6个自变量，即第一产业x_1、第二产业x_2、第三产业x_3、发电量x_4、用电量x_5、环保投入资金x_6，采取Lasso回归进行特征筛选。空气指标筛选结果见表5.1-1。

表5.1-1　空气指标筛选结果

特征	第一产业	第二产业	第三产业	发电量	用电量	环保投入资金
Lasso系数	2.53×10^{-5}	-3.58×10^{-6}	7.80×10^{-6}	-1.36×10^{-5}	-2.27×10^{-5}	0

结果表明，仅有两个变量的系数大于0，选取系数大于0的特征，模型中仅保留第一产业x_1、第三产业x_3，第一产业x_1、第三产业x_3与全省空气优良天数率y相关性强，因此仅保留这两个变量，剔除其余指标。

（2）指标建模。

对第一产业x_1、第三产业x_3与全省空气优良天数率y进行简单线性回归，得到各项计算结果见表5.1-2、表5.1-3。

表5.1-2　四川省空气指标线性回归ANOVA表

指标	平方和	自由度	均方	F	显著性
回归	0.003	2	0.001	70.748	0.014
残差	0	2	0	—	—
总计	0.003	4	—	—	—

表5.1-3　四川省空气指标线性回归系数表

指标	未标准化系数 B	标准误差	标准化系数 Beta	t	显著性
（常量）	0.724	0.018	—	39.459	0.001
第一产业	9.73×10^{-6}	0	0.224	1.220	0.347
第三产业	5.09×10^{-6}	0	0.788	4.288	0.050

通过表5.1-2，得到建立的回归方程具有显著性，模型具有意义。

通过表5.1-3得到回归方程为

$$y=0.724+0.00000973x_1+0.00000509x_3$$

虽然在表5.1-3中得到第一产业的P值大于0.05，不显著，但通过查阅文献发现第一产业对空气质量会产生影响，因此保留此变量。

第一产业和第三产业对四川省空气质量的影响都是正相关的，所以应该密切关注第一产业和第三产业占GDP的比重，对产业、能源、交通、用地四大结构进行优化调整，进一步深化细化压减燃煤、治污减排、控车减油、清洁降尘、综合执法、科技治气等措施。

3. 地表水数据建模

（1）指标筛选。

对影响地表水环境质量的8个自变量，即第一产业x_1、第二产业x_2、第三产业x_3、常住人口x_4、污水处理厂座数x_5、污水处理能力x_6、污水管道长度x_7、环保投入资金x_8，采取Lasso回归进行特征筛选。水质指标筛选结果见表5.1-4。

表5.1-4　水质指标筛选结果

特征	第一产业	第二产业	第三产业	常住人口	污水处理厂座数	污水处理能力	污水管道长度	环保投入资金
Lasso系数	6.39×10^{-5}	1.57×10^{-4}	-2.48×10^{-5}	0	-1.71×10^{-4}	-3.73×10^{-4}	1.99×10^{-5}	0

结果表明有三个变量的系数大于0，选取系数大于0的特征，模型中仅保留第一产业x_1、第二产业x_2、污水管道长度x_7，第一产业x_1、第二产业x_2、污水管道长度x_7与全省水质优良比率y相关性强，因此剔除其余指标。

（2）水质指标建模。

对筛选得到的三个水质指标第一产业x_1、第二产业x_2、污水管道长度x_7与全省水质优良比率y进行简单线性回归建模，但得到的模型并不显著。

因此，选择逐步回归法进行建模，剔除了第一产业x_1、第二产业x_2，仅保留污水管道长度x_7，查阅文献得知GDP对于水质的影响较大。通过分析"十三五"期间三次产业结构可知，自2016年起，第三产业占比最多，五年内每年占比都约为总GDP的50%，因此将第三产业加入模型中进行分析。"十三五"期间三次产业结构如图5.1-4所示。

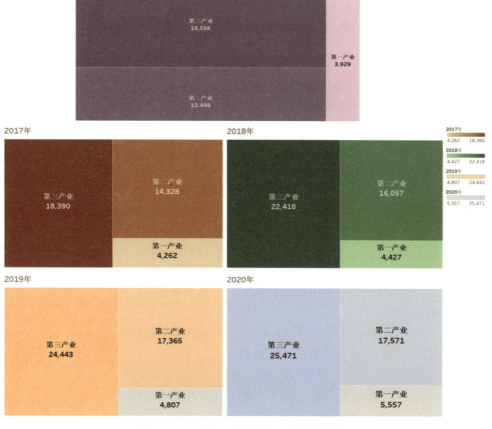

图5.1-4　"十三五"期间三次产业结构

将第三产业x_3、污水管道长度x_7与全省水质优良比率y建立模型,所得结果见表5.1-5、表5.1-6。

表5.1-5　四川省水质指标线性回归ANOVA表

指标	平方和	自由度	均方	F	显著性
回归	0.074	2	0.037	33.484	0.029
残差	0.002	2	0.001	—	—
总计	0.076	4	—	—	—

通过表5.1-5,得到建立的回归方程具有显著性,模型具有意义。

表5.1-6　四川省水质指标线性回归系数表

指标	未标准化系数	标准误差	标准化系数	t	显著性
	B		Beta		
(常量)	0.11	0.086	—	1.281	0.329
第三产业	1.28×10^{-5}	0	0.386	1.032	0.411
污水管道长度(公里)	4.10×10^{-5}	0	0.612	1.635	0.244

通过表5.1-6得到回归方程为

$$y=0.11+0.0000128x_3+0.000041x_7$$

分析结果清晰地显示,第三产业在很大程度上促进了全省产业与经济的发展,省委省政府为了权衡产业结构优化下的经济发展与环境关系,加大了对全省生态环境的监管力度,保证了"十三五"期间全省地表水水质优良率逐年增加,水污染程度越来越小。

污水管道长度与全省水质优良比率呈正相关性,表明"十三五"期间全省加强了对污水排放的管理,尤其是对于污水管道的改造,提高了污水收集率,减少了污水乱排的情况,对水环境质量好转起到了积极的作用。

(三)结论

1.四川省空气质量

(1)二氧化氮年平均浓度与第一产业、用电量的相关系数的绝对值均大于0.75,呈强相关性;臭氧年平均浓度、细颗粒物年平均浓度、可吸入颗粒物年平均浓度与第一产业、第二产业、第三产业、发电量、用电量、环保投入资金相关性强,相关系数的绝对值大于0.8。第一产业、第二产业、第三产业、发电量、用电量、环保投入资金都与全省空气优良天数率相关性强,相关系数大于0.8。

(2)利用Lasso回归进行特征筛选,得到最终的重要变量为第一产业和第三产业。

(3)根据特征筛选的指标进行逐步回归建模,得到最终模型,且观察模型的系数发现,第一产业、第三产业对全省空气优良天数率影响比较大。

2.四川省地表水水质

(1)第一产业、第二产业、第三产业、常住人口、污水处理厂座数、污水处理能力、污水管道长度、环保投入资金都与全省水质优良比率相关性强。

(2)利用Lasso进行特征筛选,得到重要变量为第一产业、第二产业、污水管道长度。

(3)通过逐步回归模型系数发现,第三产业在很大程度上促进了全省产业的发展,提高了全省的经济情况,加大了政府对于环境治理的投入,例如对于污水管道的改造等,使得全省的水环境质量逐步提高。

二、地表水污染指标的相关性

1. 目的

河流水质状况受较多因素的影响，在分析断面水质影响因子时需追根溯源，找到污染的来源。现阶段，在分析影响水质变化原因时更多的是从污染排放、污染物入河量、水环境容量等方面进行分析，而查找原因时需要多部门密切配合共同完成，对监测数据进行综合判断。2017年，四川省生态环境监测总站申报四川省环境保护科技项目《单元化地表水环境质量综合分析研究》，尝试通过现有开展监测工作所获取的各类监测数据，基于数据统计的思路，利用多项式Logistic回归模型分析河流水质污染指标之间的相关性，判断出哪一类因素是导致河流水质变化的最主要原因，从而快速、准确地为全省"水十条"工作服务。

2. 基本思路

（1）利用岷江干流断面水质监测数据，使用单因子指数法对其进行评价分析，以判断岷江干流各断面水质类别以及主要污染指标和重点污染的断面。

（2）针对污染严重的指标进行相关性分析，找出与评价指标相关性较大的指标作为影响河段水质的主要污染指标。

（3）利用现有环境监测部门对岷江各控制断面范围内开展的干流、支流、污水处理厂、废水污染源等的监测数据，建立污染指标的多项式Logistic回归模型，分析得出影响各个断面水质情况的原因。

3. 多项式Logistic回归模型理论

多项式Logistic回归模型是在二项式Logistic回归模型的基础上发展而来的，其研究目的是通过变量各分类水平与参照类别进行对化，来分析影响因素的作用大小。

二项式Logistic回归模型的方程为

$$\text{Logit}\,P = \ln\left(\frac{P}{1-P}\right) = \alpha + \sum_{i=1}^{k}\beta_i x_i$$

在形式上，二项式Logistic回归模型的方程与线性回归方程的形式很相似，方程中系数β_i表示当其他解释变量保持不变时，解释变量x_i每增加一个单位，将引起$\text{Logit}\,P$平均变化$\exp(\beta_i)$个单位，当为0或1时，$\text{logit}\,P$无效，Logit变换使得P的范围从（0,1）变到（$-\infty, +\infty$）。

经数学变换可得概率的计算公式为

$$P = \frac{\exp(\alpha + \sum_{i=1}^{k}\beta_i x_i)}{1 + \exp(\alpha + \sum_{i=1}^{k}\beta_i x_i)}$$

式中，exp表示指数函数。进一步变换得到

$$P = \frac{1}{1 + \exp[-(\alpha + \sum_{i=1}^{k}\beta_i x_i)]}$$

多项式Logistic回归模型与二项式Logistic回归模型相类似，进一步得到多项式Logistic回归模型的方程为

$$\text{Logit}\,P_j = \ln\left(\frac{P_j}{P_J}\right) = \alpha_j + \sum_{i=1}^{k}\beta_{ij} x_i$$

式中，P_j为解释变量是第j类的概率，P_J为解释变量是第J（$J \neq j$）类的概率，且第J类为参照的变量类型。另外，多项式Logistic回归模型的方程的系数的含义类似二项式Logistic回归模型的方程的系数，该模型被称为广义的Logistic模型，通过最大似然估计法估计未知参数和方程检验，建立好模型后再进行预测水质类型。

4. 岷江干流地表水超标指标分析

选取pH、溶解氧、高锰酸盐指数、化学需氧量、五日生化需氧量、氨氮、总磷共七项指标对岷江干流13个断面"十二五"期间逐月监测数据进行单因子评价分析，每一个断面五年监测期间共60次监测结果中，若评价指标低于5次超过Ⅲ类标准，则判定为偶发性事件，不参与统计评价；若超过5次，则判定为河段水质受到该污染物影响，存在一定的规律，参与统计分析。

分析表明，岷江干流污染江段主要集中在成都出境岳店子下断面以下的眉山段、乐山段、宜宾段。岷江13个干流断面空间分布如图5.1-5所示，13个干流断面水质超标分析结果见表5.1-7。

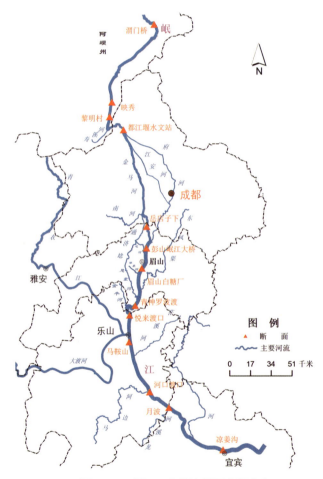

图5.1-5 岷江13个干流断面空间分布

表5.1-7 13个干流断面水质超标分析结果

断面名称	超Ⅲ类指标	断面名称	超Ⅲ类指标
渭门桥	无	青神罗波渡	氨氮、总磷
映秀	无	悦来渡口	氨氮、总磷

断面名称	超Ⅲ类指标	断面名称	超Ⅲ类指标
黎明村	无	马鞍山	无
都江堰水文站	无	河口渡口	总磷
岳店子下	化学需氧量、总磷	月波	总磷
彭山岷江大桥	氨氮、总磷	凉姜沟	总磷
眉山白糖厂	氨氮、总磷	—	—

5. 水质指标相关性分析

2011—2015年，因污染源监督性监测按季度开展监测，为保持数据一致性以便后期Logistic统计模型计算，将断面数据按季度计算平均值后进行水质指标相关性分析。

每年每个断面4个季度平均数据，连续5年每个断面就有20个有效数据作为数学分析样本，每个样本共有7个指标变量，构成一个20×7阶的数据矩阵，pH为X_1，化学需氧量为X_2，五日生化需氧量为X_3，高锰酸盐指数为X_4，氨氮为X_5，总磷为X_6，溶解氧为X_7。

实验数据矩阵为

$$X_1 = \begin{bmatrix} x_{1,1} \\ x_{2,1} \\ \vdots \\ x_{20,1} \end{bmatrix}, \quad X_2 = \begin{bmatrix} x_{1,2} \\ x_{2,2} \\ \vdots \\ x_{20,2} \end{bmatrix}, \cdots, \quad X_7 = \begin{bmatrix} x_{1,7} \\ x_{2,7} \\ \vdots \\ x_{20,7} \end{bmatrix}$$

$$X = \begin{bmatrix} x_{1,1} & x_{1,2} & \cdots & x_{1,7} \\ x_{2,1} & x_{2,2} & \cdots & x_{2,7} \\ \vdots & \vdots & & \vdots \\ x_{20,1} & x_{20,2} & \cdots & x_{20,7} \end{bmatrix}$$

计算实验数据的相关系数矩阵R为

$$R = \begin{bmatrix} r_{11} & r_{12} & \cdots & r_{1p} \\ r_{21} & r_{22} & \cdots & r_{2p} \\ \vdots & \vdots & & \vdots \\ r_{p1} & r_{p2} & \cdots & r_{pp} \end{bmatrix}, \quad p = 7$$

式中，$r_{ij}(i, j=1,2,\cdots,7)$为各个数据变量$x_i(i=1,2,\cdots,7)$和$x_j(j=1,2,\cdots,7)$之间的相关系数，$r_{ij}=r_{ji}$，其计算公式为

$$r_{ij} = \frac{\sum_{k=1}^{n}(x_{ik}-\overline{x}_i)(x_{jk}-\overline{x}_j)}{\sqrt{\sum_{k=1}^{n}(x_{ik}-\overline{x}_i)^2 \sum_{k=1}^{n}(x_{jk}-\overline{x}_j)^2}}, \quad n=20$$

根据单因子评价结果分析，pH、溶解氧、高锰酸盐指数、化学需氧量、五日生化需氧量、氨氮、总磷七项指标未对岷江干流渭门桥、映秀、黎明村、都江堰水文站、马鞍山段水质构成影响，不再进一步分析。其余8个断面根据公式计算结果得到各断面超标指标强相关性结果，见表5.1–8。

表5.1-8　8个断面超标指标强相关性结果

断面名称	超Ⅲ类指标强相关性的指标	断面名称	超Ⅲ类指标强相关性的指标
岳店子下	$CODcr$：BOD_5、I_{Mn} TP：DO	青神罗波渡	NH_3-N：BOD_5、I_{Mn} TP：DO
眉山白糖厂	NH_3-N：I_{Mn}、TP、DO TP：BOD_5、I_{Mn}、NH_3-N、DO	悦来渡口	NH_3-N：$CODcr$、I_{Mn}、TP、DO TP：$CODcr$、I_{Mn}、NH_3-N、DO
彭山岷江大桥	NH_3-N：I_{Mn}、TP、DO TP：NH_3-N、I_{Mn}、DO	河口渡口	TP：BOD_5
月波	TP：I_{Mn}	凉姜沟	TP：BOD_5

6. 多项式Logistic回归模型的分析结果

根据岷江干流各断面控制范围内的上游来水水质，各支流、污水处理厂、废水污染源监测数据利用Logistic统计模型进行建模，因岷江干流至岳店子下开始出现超标，选取岳店子下断面建模结果作为例子，Logistic模型分析结果见表5.1-9。

表5.1-9　Logistic模型分析结果

断面名称	污染指标	建立模型	污染原因	回判效率	预测准确率
岳店子下	$CODcr$	$CODcr$的多元回归模型	Ⅳ类：$S_{BOD_5} > S_{CODcr} > W_{CODcr} > Z_{CODcr}$ Ⅴ类：$S_{BOD_5} > Z_{COD_5} > W_{CODcr} > S_{CODcr}$	100%	非常好
	TP	TP的多元回归模型	Ⅳ类：$S_{TP} > W_{TP} > Z_{TP} > F_{TP}$ Ⅴ类：$S_{TP} > Z_{TP} > W_{TP} > F_{TP}$ 劣Ⅴ类：$S_{TP} > Z_{TP} > W_{TP} > F_{TP}$	100%	不太好

注：S表示上游来水，Z表示支流，W表示污水处理厂，F表示废水污染源。

7. 研究结论

岳店子下断面，根据2011—2015年水质指标数据，利用单因子指数法评价超标的指标为化学需氧量和总磷，化学需氧量超标情况为Ⅳ类和Ⅴ类，总磷超标情况为Ⅳ类、Ⅴ类和劣Ⅴ类。根据相关性分析与现有部分影响因素监测数据，分析超标的原因如下：

（1）化学需氧量为Ⅳ类的原因强弱依次是上游来水的五日生化需氧量、上游来水的化学需氧量、污水处理厂排放的化学需氧量、支流汇入的化学需氧量。

（2）化学需氧量为Ⅴ类的原因强弱依次是上游来水的五日生化需氧量、支流汇入的五日生化需氧量、污水处理厂排放的化学需氧量、上游来水的化学需氧量。

（3）总磷为Ⅳ类的原因强弱依次是上游来水的总磷、污水处理厂排放的总磷、支流汇入的总磷、废水污染源排放的总磷。

（4）总磷为Ⅴ类的原因强弱依次是上游来水的总磷、支流汇入的总磷、污水处理厂排放的总磷、废水污染源排放的总磷。

（5）总磷为劣Ⅴ类的原因强弱依次是上游来水的总磷、支流汇入的总磷、污水处理厂排放的总磷、废水污染源排放的总磷。

8. 2020年现状验证

根据研究结论，用"十三五"期间的2016—2019年数据与以前历史数据共同建模，增加了样本容量，再利用2020年数据验证之前的研究结论。2020年Logistic模型验证结果见表5.1-10。

表5.1-10　2020年Logistic模型验证结果

断面名称	污染指标	建立模型	污染原因	回判效率	预测准确率
岳店子下	CODcr	CODcr的多元回归模型	IV类：$S_{BOD_5} > S_{CODcr} > W_{CODcr} > Z_{CODcr}$ V类：$S_{BOD_5} > Z_{COD_5} > W_{CODcr} > S_{CODcr}$	100%	非常好
	TP	TP的多元回归模型	IV类：$S_{TP} > W_{TP} > Z_{TP} > F_{TP}$ V类：$S_{TP} > Z_{TP} > W_{TP} > F_{TP}$ 劣V类：$S_{TP} > Z_{TP} > W_{TP} > F_{TP}$	100%	比较好

注：S表示上游来水，Z表示支流，W表示污水处理厂，F表示废水污染源。

　　预测结果与"十二五"期间分析结果一致，因为样本容量增加，使得收集到的水质信息更全，规律性更强，所有预测的精度越来越好，且总磷的预测准确率提高。

第二章 重点区域/流域生态环境质量变化分析

一、自贡市环境空气质量特征多方位立体分析

近几年，自贡市环境空气质量在全省21个城市排名相对靠后，最明显的表现为冬季重污染过程频发，持续时间较长。不利气象条件协同本地源排放是冬季重污染的主要原因。冬季冷空气偏少偏短，有效降水偏少且持续短，日最高气温起伏较小，近地面层以静风或微风为主，大气层结多静稳，边界层高度总体维持在800米以下，大气环境容量较小，同时受机动车尾气排放和扬尘源影响增强，细颗粒物浓度占比上升，挥发性有机物浓度偏高，其中烯烃、芳香烃升幅最明显，可能受不利气象叠加机动车尾气排放和溶剂挥发等影响。整体上，自贡市环境空气质量形势不容乐观。因此，以自贡市2020年为例，分析其空气质量总体特征。

（一）自贡市环境空气质量现状

2020年，自贡市环境空气质量综合指数为4.10，排名全省第19位，川南地区倒数第1位；自贡市优良天数率为81.1%，排名全省第19位；污染天数率为18.9%，其中轻度污染为15%，中度污染为3.6%，仅出现1天重度污染，与2019年相比，减少1天。细颗粒物（$PM_{2.5}$）年均浓度为43.2微克/立方米，与2019年相比下降3.8%；臭氧（O_3）年均浓度为151.5微克/立方米，同比下降2.3%；二氧化硫（SO_2）、一氧化碳（CO）、可吸入颗粒物（PM_{10}）年均浓度与2019年相比，分别下降15.8%、9.1%、7.9%；二氧化氮（NO_2）同比上升1.5%。2020年自贡市空气质量状况如图5.2-1所示，环境空气主要监测指标同比变化情况见表5.2-1。

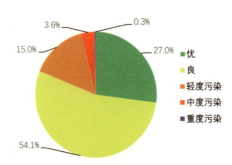

图5.2-1 2020年自贡市空气质量状况

表5.2-1 2020年自贡市环境空气主要监测指标同比变化情况

指标	2020年	与2019年相比
优良天数率	81.8%	−0.8%
细颗粒物（$PM_{2.5}$）	43.2 μg/m³	−3.8%
可吸入颗粒物（PM_{10}）	61.8 μg/m³	−7.9%
臭氧（O_3）	151.5 μg/m³	−2.3%
一氧化碳（CO）	1.0 μg/m³	−9.1%
二氧化硫（SO_2）	6.4 μg/m³	−15.8%
二氧化氮（NO_2）	26.6 μg/m³	1.5%

（二）污染来源分析

2020年，自贡市、春华路站点、檀木林站点和青杠林站点细颗粒物（$PM_{2.5}$）年均浓度分别为43.2微克/立方米、45.7微克/立方米、41.4微克/立方米和42.0微克/立方米。整体分析，自贡市细颗粒物（$PM_{2.5}$）高值主要集中在夜间23点至次日凌晨4点、上午8点至12点两个时段；从国控站点分析，春华路站点高值时段持续时间最长，从夜间21点一直持续到下午13点左右，对自贡市整体细颗粒物（$PM_{2.5}$）浓度贡献最大；檀木林站点和青杠林站点高值时段主要为凌晨0点至3点左右。自贡市及各国控子站细颗粒物（$PM_{2.5}$）小时平均浓度如图5.2-2所示。

城市及站点	0:00	1:00	2:00	3:00	4:00	5:00	6:00	7:00	8:00	9:00	10:00	11:00	12:00	13:00	14:00	15:00	16:00	17:00	18:00	19:00	20:00	21:00	22:00	23:00
自贡	47.4	47.1	47.0	46.5	46.2	45.4	44.7	44.8	45.1	45.7	46.1	46.3	45.4	43.9	41.7	39.3	37.3	36.2	36.2	37.3	40.1	42.2	43.9	46.2
春华路	49.6	49.9	49.6	48.9	48.5	47.5	47.7	47.3	47.5	48.4	49.0	49.0	48.3	46.8	44.2	42.0	40.6	38.9	38.9	39.7	43.6	45.5	47.4	48.9
檀木林体育馆	45.6	45.0	44.4	44.4	43.9	43.0	42.8	42.5	43.5	44.3	44.2	44.7	43.4	41.9	39.8	37.1	34.8	34.2	33.8	35.4	37.8	39.8	41.8	44.4
青杠林路	45.8	45.5	45.5	45.1	43.8	43.6	42.8	43.2	42.9	43.3	43.7	44.8	44.3	43.0	41.1	38.7	36.6	35.4	35.4	36.2	38.6	40.8	42.6	44.6

图5.2-2　自贡市及各国控子站细颗粒物（$PM_{2.5}$）小时平均浓度（单位：μg/m³）

1. 春华路站点细颗粒物（$PM_{2.5}$）污染风玫瑰图分析

2020年，春华路站点细颗粒物（$PM_{2.5}$）年均浓度为45.7微克/立方米。由春华路国控站点污染风玫瑰图可以看出，春华路国控站点细颗粒物（$PM_{2.5}$）出现高浓度的方向较为分散，主要从西北方向到东南方向，说明春华路站点可能受站点周边本地排放源影响较大。春华路站点细颗粒物（$PM_{2.5}$）污染风玫瑰图如图5.2-3所示。

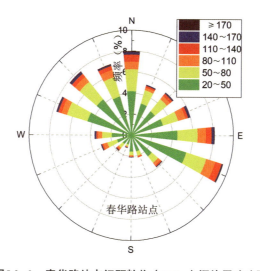

图5.2-3　春华路站点细颗粒物（$PM_{2.5}$）污染风玫瑰图

2. 檀木林站点细颗粒物（$PM_{2.5}$）污染风玫瑰图分析

2020年，檀木林站点细颗粒物（$PM_{2.5}$）年均浓度为41.4微克/立方米，对檀木林站点污染风玫瑰图进行分析，檀木林国控子站细颗粒物（$PM_{2.5}$）出现高浓度的方向为西南、西北和正东。檀木林国控子站细颗粒物（$PM_{2.5}$）污染风玫瑰图如图5.2-4所示。

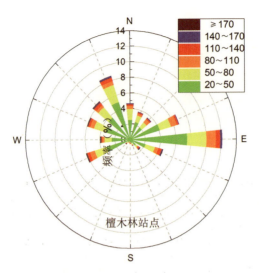

图5.2-4 檀木林国控子站细颗粒物（PM₂.₅）污染风玫瑰图

3.青杠林站点细颗粒物（PM₂.₅）污染风玫瑰图分析

2020年，青杠林站点细颗粒物（$PM_{2.5}$）年均浓度为42微克/立方米。由青杠林站点污染风玫瑰图可以看出，青杠林国控子站出现细颗粒物（$PM_{2.5}$）高浓度的方向主要为东北、西南。青杠林国控子站细颗粒物（$PM_{2.5}$）污染风玫瑰图如图5.2-5所示。

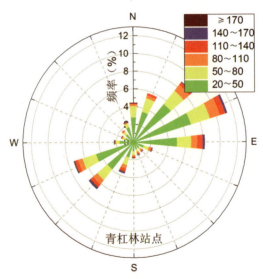

图5.2-5 青杠林国控子站细颗粒物（PM₂.₅）污染风玫瑰图

（三）网格化微站空气质量分析

1.细颗粒物（PM₂.₅）

2020年，自贡各县（市、区）细颗粒物（$PM_{2.5}$）年均浓度均低于自贡市均值，排名前三的为沿滩区、自流井区、贡井区。沿滩区年均浓度为40.8微克/立方米，较自贡市均值偏低5.5%；自流井区年均浓度为39.3微克/立方米，较自贡市均值偏低9.0%；贡井区年均浓度为38.9微克/立方米，较自贡市均值偏低9.9%。仅荣县、富顺县低于二级限值，荣县浓度最低，为32.3微克/立方米。2020年自贡网格化微站细颗粒物（$PM_{2.5}$）平均浓度分布如图5.2-6所示。

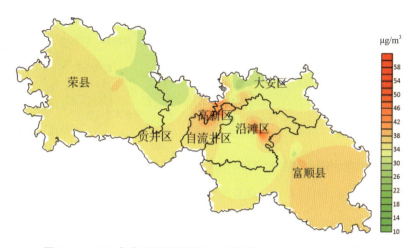

图5.2-6　2020年自贡网格化微站细颗粒物（PM₂.₅）平均浓度分布

2. 臭氧（O₃）

2020年，自贡各县（市、区）臭氧（O₃）年均浓度均低于自贡市均值，排名前三的为富顺县、沿滩区、高新区。富顺县年均浓度为131.5微克/立方米，较自贡市均值偏低13.2%；沿滩区年均浓度为128.7微克/立方米，较自贡市均值偏低15.0%；高新区年均浓度为127.8微克/立方米，较自贡市均值偏低15.6%；荣县年均浓度最低，为99.7微克/立方米。 2020年自贡网格化微站臭氧（O₃）平均浓度分布如图5.2-7所示。

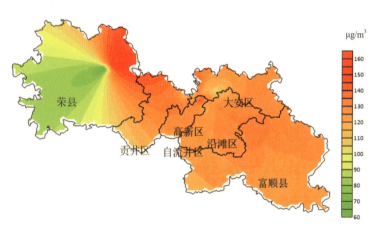

图5.2-7　2020年自贡网格化微站臭氧（O₃）平均浓度分布

（四）颗粒物化学组分特征

1. 颗粒物组分总体情况

自贡市2020年整体分析，二次组分（硝酸根、硫酸根、铵根）占比为44.8%，其中硝酸根浓度为7.3微克/立方米，占比为18.3%；硫酸根浓度为5.6微克/立方米，占比为16.8%；铵根浓度为3.7微克/立方米，占比为9.7%。地壳元素浓度为4.6微克/立方米，占比为13.9%；钾离子浓度为1.0微克/立方米，占比为4.2%。2020年自贡市颗粒物组分浓度及占比如图5.2-8所示。

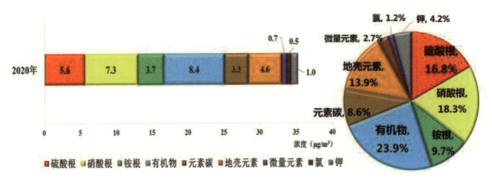

图5.2-8　2020年自贡市颗粒物组分浓度及占比

2. 细颗粒物中主要组分的小时变化特征

从全年小时变化分析，上午主要受移动源、扬尘源、工业源（如典型钢铁行业）影响；中午至下午燃煤源影响较大，且二次转化作用增强；夜间至凌晨时段移动源和生物质燃烧的贡献最明显。

上午时段（9—13点）二氧化氮（NO_2）及其二次转化后的硝酸根（NO_3^-）浓度均上升，说明此时段内受移动源的影响较大；典型地壳物质如钙（Ca）、铝（Al）、硅（Si）等元素浓度较高，说明此时扬尘源也有一定贡献；同时铬（Cr）、铁（Fe）、锰（Mn）等典型钢铁行业示踪元素浓度也出现最高值，说明还受到工业源（如典型钢铁行业）的影响。

中午至下午时段（9—17点）二氧化硫（SO_2）浓度高于其他时段，说明此时燃煤源影响增大；前体物二氧化硫（SO_2）、二氧化氮（NO_2）、氨（NH_3）转化后的二次离子硫酸根（SO_4^{2-}）、硝酸根（NO_3^-）、铵根（NH_4^+）浓度均较高，说明此时段还伴有较强的二次转化作用。

夜间至凌晨时段（20—4点）二氧化氮（NO_2）浓度上升至其他时段的一倍左右，其二次转化后的硝酸根（NO_3^-）浓度也逐渐升高，同时有机碳（OC）、元素碳（EC）浓度也有所上升，且有机碳（OC）/元素碳（EC）比值较低，说明此时段内受移动源影响大；生物质示踪物质钾（K）元素浓度明显攀升，说明该时段内还受生物质燃烧的影响。

自贡市颗粒物中主要组分小时浓度变化情况如图5.2-9所示。

小时	1	2	3	4	5	6	7	8	9	10	11	12	13	14	15	16	17	18	19	20	21	22	23	24
$PM_{2.5}$	40.3	39.5	38.1	38.1	38.0	38.0	37.5	38.2	38.4	37.7	37.9	37.3	37.0	35.2	33.9	32.6	31.2	30.8	31.9	34.5	36.0	38.5	39.0	39.7
NO_2	36.0	31.4	27.7	25.2	23.4	23.2	26.8	35.1	37.5	36.3	32.1	26.2	20.8	16.9	16.1	16.7	19.3	26.7	37.8	49.4	53.5	51.7	47.6	41.4
NO_3^-	7.7	7.8	7.9	7.9	8.2	8.1	8.3	8.2	8.2	8.1	8.0	7.6	7.7	7.4	7.3	6.7	6.4	5.9	6.1	6.0	6.5	6.6	7.3	7.4
SO_2	5.4	5.6	5.8	5.8	5.8	5.6	5.6	5.6	6.0	6.4	7.2	7.0	6.3	6.4	6.1	5.9	5.7	5.9	5.5	5.3	5.3	5.3	5.5	5.5
SO_4^{2-}	5.2	5.1	5.1	4.9	5.0	4.9	4.9	4.8	5.0	5.1	5.2	5.6	5.7	5.7	5.7	5.3	5.5	5.3	5.4	5.3	5.1			5.1
NH_4^+	3.8	3.8	3.9	3.9	4.2	4.1	4.1	4.0	4.0	4.0	4.0	3.8	4.0	4.0	3.7	3.7	3.3	3.4	3.3	3.6	3.4	3.6	3.6	3.6
OC	6.8	6.6	6.4	6.4	6.1	6.0	5.9	6.0	5.9	5.6	5.6	5.6	5.7	5.3	5.3	5.0	5.0	4.8	5.4	6.0	5.9	6.5	6.7	6.8
EC	3.6	3.6	3.6	3.5	3.4	3.4	3.4	3.4	3.4	3.4	3.2	3.1	3.0	2.7	2.7	2.5	2.5	2.4	2.6	2.8	2.9	3.4	3.6	3.6
OC/EC	3.0	3.0	2.7	2.9	2.9	2.8	3.6	2.7	2.6	2.4	2.4	2.7	3.0	3.1	3.2	3.4	4.1	3.5	3.4	3.2	3.0	3.1	2.7	2.8
K	1030	1031	1040	1012	966	913	908	870	877	815	793	653	618	579	565	522	502	501	520	609	780	1287	1172	1050
Ca	139	134	133	137	137	119	149	158	192	214	219	196	170	150	157	157	157	149	149	164	167	164	163	162
Al	706	667	645	635	659	646	641	603	635	702	717	690	706	719	757	714	662	651	640	660	718	704	718	754
Si	364	349	334	316	326	335	314	325	376	433	456	429	415	401	410	404	409	410	403	413	433	409	397	390
Mn	43.5	40.6	40.1	51.4	43.8	46.0	49.6	52.2	43.5	54.0	64.9	56.9	50.6	40.5	41.3	47.0	42.1	44.8	42.9	48.1	43.4	44.6	40.7	45.4
Fe	159	161	147	132	139	133	134	142	170	223	253	244	205	176	185	183	179	171	172	179	175	175	171	175
Cr	14.1	12.6	11.5	12.9	11.4	12.6	12.8	12.6	12.3	15.4	19.0	16.0	15.0	12.4	14.1	15.4	13.4	14.7	13.9	14.1	12.8	13.7	13.0	12.8
Ni	16.4	20.7	20.7	19.3	20.4	19.1	25.2	21.6	18.7	18.2	22.1	21.1	17.7	22.6	19.8	23.4	21.9	20.7	21.8	18.6	16.7	19.5	23.5	20.8
Mo	30.5	36.7	30.1	32.0	27.8	28.5	32.9	30.3	29.0	28.0	30.0	33.3	26.7	29.8	27.4	29.6	27.1	31.4	35.8	31.9	24.4	31.0	30.0	30.6
Se	13.4	15.4	13.3	14.2	16.2	25.2	16.9	17.6	14.9	16.3	13.8	14.6	13.5	11.9	11.5	10.6	10.4	11.4	10.8	11.7	11.4	11.5	12.2	13.0
Cl	1.2	1.1	1.1	1.0	1.2	1.0	1.1	1.0	1.0	1.0	1.0	1.0	0.9	0.8	0.7	0.7	0.8	0.9	0.9	0.9	1.0	1.2	1.0	
Na	0.1	0.1	0.1	0.1	0.1	0.1	0.1	0.1	0.1	0.1	0.1	0.1	0.1	0.1	0.1	0.1	0.1	0.1	0.4	0.1	0.3	0.1	0.1	

图5.2-9　自贡市颗粒物中主要组分小时浓度变化情况

3. 细颗粒物（PM$_{2.5}$）来源解析

根据PMF模型解析出的2020年自贡组分站各类污染源对细颗粒物的贡献结果，二次源、移动源、扬尘源和工业源贡献较大。其中二次源贡献最大，为25.9%，贡献四分之一，主要来源于二氧化硫（SO$_2$）、氮氧化物（NO$_x$）等前体物的二次转化。其次是移动源，贡献22.2%；扬尘源和工业源各贡献18%左右，占五分之一；生物质燃烧贡献8.5%；燃煤源贡献6.6%。自贡组分站2020年细颗粒物（PM$_{2.5}$）来源解析结果如图5.2-10所示。

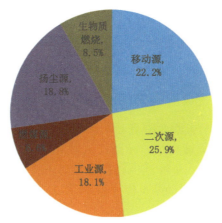

图5.2-10　自贡组分站2020年细颗粒物（PM$_{2.5}$）来源解析结果

根据季节分析，春季贡献最大的为移动源和扬尘源，贡献分别为28.6%和27.3%，两者贡献之和接近60%。夏季贡献最大的为移动源和工业源，贡献均为30%左右。秋季二次源、扬尘源、工业源、移动源贡献较大，二次源和扬尘源贡献25%左右，工业源和移动源贡献20%左右。冬季移动源贡献最大，贡献为三分之一，其次是工业源，贡献25%左右。总体分析，扬尘源在春季贡献最大为27.3%，其次是秋季为24.3%，冬季贡献最小为10.4%。移动源在冬季贡献最大为33.8%，其次是春夏季。工业源在夏季贡献最大为29.6%，春季贡献最小为10.8%，可能与2020年初疫情影响有关，仅为夏季的三分之一左右。除夏季外，均解析出明显的生物质燃烧影响，秋冬季最为明显，贡献接近10%。自贡组分站不同季节细颗粒物（PM$_{2.5}$）中各污染源贡献如图5.2-11所示。

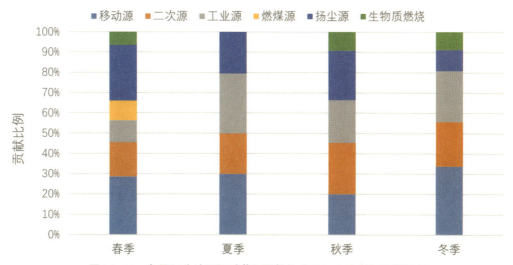

图5.2-11　自贡组分站不同季节细颗粒物（PM$_{2.5}$）中各污染源贡献

（春季：3、4、5月；夏季：6、7、8月；秋季：9、10、11月；冬季：12、1、2月）

（五）结论

2020年自贡市空气污染整体分析，二次组分（硝酸根、硫酸根、铵根）占比最大，其次为有机物；从全年小时变化分析，上午主要受移动源、扬尘源、工业源（如典型钢铁行业）影响；中午至下午燃煤源影响较大，且二次转化作用增强；夜间至凌晨时段移动源和生物质燃烧的贡献最明显。

根据PMF模型解析出的2020年自贡组分站各类污染源对细颗粒物的贡献结果，二次源贡献最大，主要来源于二氧化硫（SO_2）、氮氧化物（NO_x）等前体物的二次转化；其次是移动源、扬尘源和工业源。

（六）对策建议

根据颗粒物源解析结果，自贡市应重点管控移动源和工业源，春季应重点管控扬尘源，同时春季、秋季、冬季应加强对生物质燃烧的管控。

二、基于自动监测的"水十条"国考断面水环境质量分析

"十三五"期间，全省87个国考断面中有83个国考断面已完成水质自动监测站建设并投入运行。其中，岷江流域19个，沱江流域16个，嘉陵江流域30个，金沙江流域8个，长江干流（四川段）9个，黄河干流（四川段）1个，金沙江岗托桥、大湾子、蒙姑未建设，金沙江贺龙桥水站受2018年洪灾而停运。四川省国考水质自动站点位分布如图5.2-12所示。

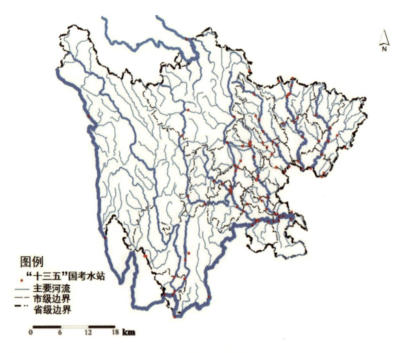

图例
· "十三五"国考水站
— 主要河流
-- 市级边界
-- 省级边界

0 6 12 18 km

图5.2-12　四川省国考水质自动站点位分布

（一）六大流域水环境质量总体状况

2020年，全省83个国考水质自动监测站监测结果显示，优良水质断面（Ⅰ～Ⅲ类）共82个，占98.8%；Ⅳ类水质断面1个，占1.2%，为碳研所断面，主要污染指标为高锰酸盐指数、总磷。2020年83个国考断面水质类别比例如图5.2-13所示。

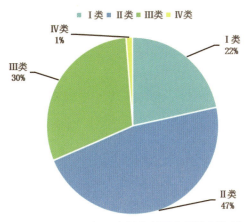

图5.2-13 2020年83个国考断面水质类别比例

六大水系中，长江水系、黄河水系、金沙江水系、岷江水系、嘉陵江水系优良水质比例均为100%，水质优；沱江水系优良水质比例为93.8%，水质优。2020年六大流域各断面水质类别所占比例如图5.2-14所示。

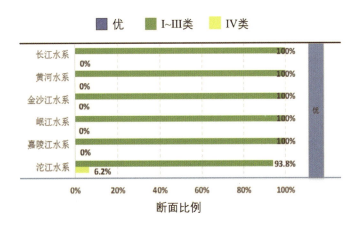

图5.2-14 2020年六大流域各断面水质类别所占比例

（二）主要指标浓度

高锰酸盐指数：全省超过Ⅲ类水质断面比例为1.2%，年均浓度为2.2毫克/升；最大月均浓度值9.30毫克/升出现在碳研所（5月）。

总磷：全省超过Ⅲ类水质断面比例为1.2%，年均浓度为0.067毫克/升；最大月均浓度值0.342毫克/升出现在碳研所（8月）。

氨氮：全省超过Ⅲ类水质断面比例为0，年均浓度为0.112毫克/升；最大月均浓度值2.860毫克/升出现在碳研所（3月）。

溶解氧：全省未达Ⅲ类水质断面比例为0，年均浓度为8.80毫克/升；最小月均浓度值1.80毫克/升出现在碳研所（5月）。

2020年六大流域主要指标浓度分布如图5.2-15所示。

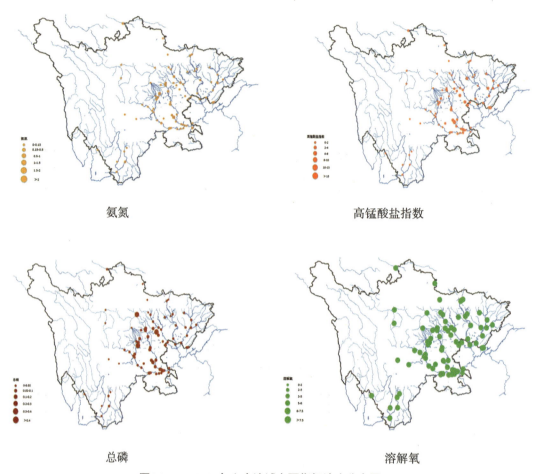

氨氮　　　　　　　　　　　　　　　高锰酸盐指数

总磷　　　　　　　　　　　　　　　溶解氧

图5.2-15　2020年六大流域主要指标浓度分布图

（三）超Ⅲ类水质断面主要污染指标趋势分析

2020年，全省83个国考水质自动监测站点中，仅釜溪河碳研所断面为Ⅳ类，主要污染指标为总磷和高锰酸盐指数，年均浓度分别为0.264毫克/升、7.3毫克/升；全年监测有效天数分别为301天和258天，超标Ⅲ类水质天数分别为257天和211天，日均值超标率分别为85.4%和81.8%。

1. 月均值浓度分析

高锰酸盐指数：1月、3—7月、9—10月超Ⅲ类情况严重，达Ⅲ类水质天数均小于10天，其中3—7月无达Ⅲ类水质天数，4—7月高锰酸盐指数月均浓度均大于8毫克/升，均明显高于其他月份。2020年碳研所断面高锰酸盐指数逐月情况统计见表5.2-2。

表5.2-2　2020年碳研所断面高锰酸盐指数逐月情况统计

月份	浓度（mg/L）	超Ⅲ类水质天数（天）	达Ⅲ类水质天数（天）
1月	6.4	20	8
2月	5.9	11	14
3月	7.6	28	0

月份	浓度（mg/L）	超Ⅲ类水质天数（天）	达Ⅲ类水质天数（天）
4月	8.5	27	0
5月	9.2	20	0
6月	8.9	24	0
7月	8.5	27	0
8月	8.2	10	0
9月	7.6	21	1
10月	7.0	14	3
11月	4.3	6	23
年均	7.4	208	49

注：2020年12月碳研所水质自动站因仪器更新暂停监测。

总磷：2—10月超Ⅲ类情况严重，达Ⅲ类水质天数均小于10天，其中2—3月、5—6月、8—9月无达Ⅲ类水质天数，2月、5月、6月和8月总磷月均浓度均大于0.3毫克/升，均明显高于其他月份。2020年碳研所断面总磷逐月情况统计见表5.2-3。

表5.2-3　2020年碳研所断面总磷逐月情况统计

月份	浓度（mg/L）	超Ⅲ类水质天数（天）	达Ⅲ类水质天数（天）
1月	0.206	15	16
2月	0.302	22	0
3月	0.261	31	0
4月	0.247	28	1
5月	0.335	26	0
6月	0.341	21	0
7月	0.258	28	2
8月	0.350	19	0
9月	0.264	30	0
10月	0.220	26	4
11月	0.213	9	21
年均浓度	0.264	255	44

注：2020年12月碳研所水质自动站因仪器更新暂停监测。

2. 日均值数据离散分析

高锰酸盐指数：3—7月日均值离散情况较重，且呈明显的上升趋势，尤其是6月、7月，进入9月后日均值离散情况开始好转，数据离散主要表现在10月中下旬，11月数据离散趋势表现出稳中向好。2020年釜溪河碳研所高锰酸盐指数浓度逐日变化情况如图5.2-16所示。

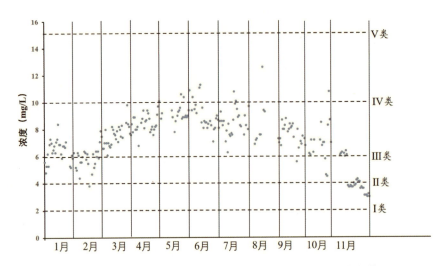

图5.2-16　2020年釜溪河碳研所高锰酸盐指数浓度逐日变化情况

　　通过对高锰酸盐指数日均值离散型的分析发现，污染最严重的时段集中在3—7月，监测数据离散现象明显，且日均值变化较大，8月中下旬—11月高锰酸盐指数浓度有明显下降趋势，数据离散情况有所好转，水质趋向稳定。

　　总磷：2月、5—9月日均值离散情况较重，对应浓度分别是0.217~0.348毫克/升、0.230~0.560毫克/升，其余时间监测值显示水质均稳定在Ⅲ类至Ⅳ类。2020年釜溪河碳研所总磷浓度逐日变化情况如图5.2-17所示。

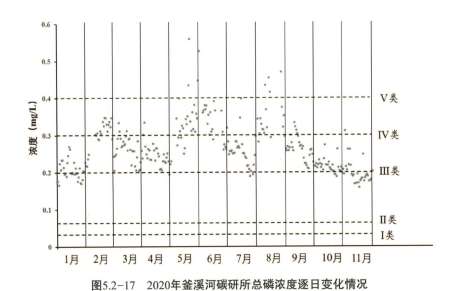

图5.2-17　2020年釜溪河碳研所总磷浓度逐日变化情况

　　通过对总磷日均值离散型的分析发现，总磷污染严重的时段同样与日均监测数据离散明显这一特征相关联，2月和5月监测数据离散现象明显，且日均值变化较大，随着丰水期到来，6—7月日均值有所下降，总磷长期处于超标状态，8月出现个别时段数据因暴雨浊度影响离散上升，造成当月总磷污染严重，进入9月后未出现数据离散，水质趋向稳定。

3. 小结

综上分析，碳研所断面在上半年水质易受上游干支流来水水质变化以及所处自贡市城区排水影响而显现出波动状态，该时段内主要基于人为活动产生的污染物随降水冲刷逐步进入釜溪河干支流，同时因釜溪河为堰闸型河流，受上游来水量影响经常出现生态流量不足的情况，造成水质日均变化较大，尤其是1—5月上游城市污水处理厂发生污水管网破损导致污水直排，引起总磷指标离散程度较大；进入7—10月雨季，水量增大，水体自净能力加强，水环境纳污能力有所增强，但同时丰水期存在城市管网雨污合流，污水处理厂处理率不够造成溢流或出现污水直排入河道，导致总磷监测数据出现离散的情况；10—11月雨季过后，釜溪河流量逐渐恢复常态，水质也逐步趋向稳定。

（四）重点流域污染负荷累积分析

1. 岷江流域

2020年，岷江流域水质整体为优良。受丰水年径流量增加稀释扩容和新冠肺炎疫情工业企业减排影响，岷江流域干支流水质改善明显。干流上游段渭门桥和都江堰水文站水质类别为Ⅰ～Ⅱ类，可视为岷江流域水质的背景值；在流经黎明村后分为内江和外江，内江过成都市区并流经江安河二江寺和府河黄龙溪出境，外江过成都郊区并流经岳店子下，于眉山市境内交汇。内江府河黄龙溪、外江岳店子下均有不同程度水质下降，其中江安河二江寺、府河黄龙溪日均水质类别以Ⅲ类为主，外江岳店子日均水质类别以Ⅱ类为主；干流中下游段污染物浓度的变化主要受支流汇入影响，以乐山出境月波为例，在流经悦来渡口受纳流量占比约73%的大渡河和青衣江汇入后，日均值为Ⅰ～Ⅱ类的比例从悦来渡口的43.1%升高到月波的76.9%，这表明综合水文水质影响考虑，大渡河和青衣江的汇流稀释效应引起岷江干流中下游段的水质进一步稀释改善；流经宜宾时由于受城市化效应和输入型污染源排放影响，岷江河口凉姜沟断面日均值为Ⅰ～Ⅱ类的比例下降至70.5%。2020年岷江流域沿程水质状况如图5.2-18所示。

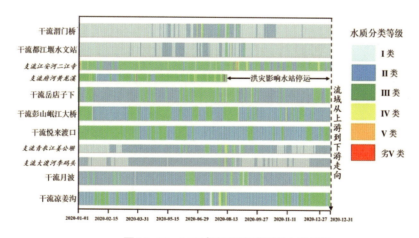

图5.2-18　2020年岷江流域沿程水质状况

注：纵轴站点按岷江流域从上游到下游排列，其中干流站点采用加粗表示，支流站点采用斜体表示。

2. 沱江流域

2020年，沱江干流稳定达Ⅰ～Ⅲ类，部分支流污染问题突出。在上游，绵远河八角、石亭江双江桥和鸭子河三川断面由于受城镇生活污水和工业集中区域污水排放的影响，加之流量不足造成2—5月超Ⅳ类水标准，沱江德阳段支流流量普遍较小，其中绵远河流经德阳主城区，石亭江沿线分布多家涉磷企业，北河201医院处水质有所改善，并同时汇入水质较好的青白江，但再往下游沱江干流宏缘断面在7—9月、丰水期出现轻度污染；在中游，从成都宏缘流经资阳拱城铺渡口水质有所下降，这可能与沿途汇入九曲河、绛溪河以及经过资阳城区吸纳生活污染排放有关，再往下游幸福村水质状况有所恢复，然而汇入受污染的支流球溪河后干流水质略有下降；沱江下游由于受轻中度污染的釜溪河、濑溪河等汇入以及经泸州城区的影响，在自贡和泸州段，干流水质表现出李家湾（釜溪河汇沱江后）先下降、经大磨子（自贡与泸州交界）再改善、最后沱江大桥（沱江入长江口、泸州城区）下降的特点。2020年沱江流域沿程水质状况如图5.2-19所示。

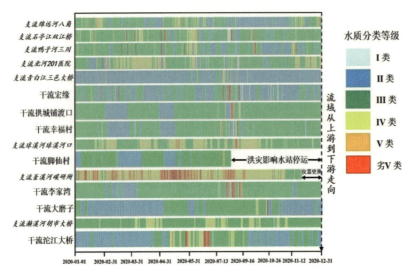

图5.2-19　2020年沱江流域沿程水质状况

注：纵轴站点按沱江流域从上游到下游排列，其中干流站点采用加粗表示，支流站点采用斜体表示。

3. 嘉陵江流域

2020年，嘉陵江流域干支流除少数时段受强降雨影响水质异常外，整体保持Ⅰ～Ⅱ类。受四川夏季特大暴雨的影响，嘉陵江流域中下游站点金溪电站、烈面分别出现Ⅴ类和劣Ⅴ类水质1天和8天，主要超标污染因子均为总磷，这可能与丰水期降雨过程引起泥沙携带含磷颗粒态入河有关。2020年嘉陵江流域沿程水质状况如图5.2-20所示。

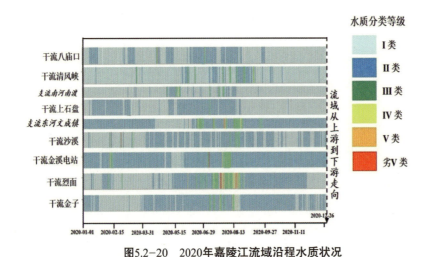

图5.2-20　2020年嘉陵江流域沿程水质状况

注：纵轴站点按嘉陵江流域从上游到下游排列，其中干流站点采用加粗表示，支流站点采用斜体表示。

第三章 监测深化与能力拓展

一、大气污染预警监测在重污染天气中的应对及污染评估

"十三五"期间，四川省大气污染监测及预警预报能力稳步提升，未来三天等级预报准确率由2016年的86.2%上升至2020年的89.5%，在大气自动监测及大气复合污染综合监测分析、重污染天气应对及评估、秋冬季重污染天气预警预报、重大活动空气质量保障、秸秆焚烧风险预测、大气污染模拟评估分析及突发大气污染事件应急等方面开展了全面深入的研究和拓展应用，显著加强了监测预警分析能力，强化了环境防控治理的科技应用和服务能力，为大气污染防治决策、区域重污染天气应对、空气质量持续改善提供了坚强保障，在"蓝天保卫战"中发挥了积极作用。

（一）秋冬季重污染天气应对及评估

为积极应对重污染天气，四川省生态环境监测总站在冬季重污染期间开展重污染天气专题分析及评估工作，从重污染期间空气质量概况、污染期间气象及组分监测情况、重污染天气过程预警成效、重污染减排评估和技术支撑四个方面开展专题分析，下面以2019年12月7—16日污染过程为例进行相关分析。

1. 重污染天气概况

2019年12月4日，四川盆地内个别城市出现轻度污染，7日开始污染加重，8日盆地内出现中度污染，9日受大雾天气影响，空气质量急剧恶化，盆地内出现区域污染，区域污染持续至15日，16日受冷空气前锋影响，川东北经济区和成都平原经济区部分城市空气质量有所改善，17日冷空气主体进入，全省空气质量恢复至优良，本次污染过程结束。在本次污染过程中，成都平原经济区和川南经济区的污染相对严重，其中成都市、德阳市、宜宾市、乐山市、自贡市、达州市、雅安市分别出现7天、6天、6天、3天、3天、2天、1天中度污染，本次污染过程未出现重污染天气。2019年12月1—18日四川省各城市空气质量日历如图5.3-1所示。

区域	城市	12/1	12/2	12/3	12/4	12/5	12/6	12/7	12/8	12/9	12/10	12/11	12/12	12/13	12/14	12/15	12/16	12/17	12/18
成都平原	成都	55	68	73	90	100	70	100	125	156	169	178	173	183	173	156	115	57	53
	德阳	60	70	65	99	104	90	107	134	168	190	156	169	195	199	133	75	58	56
	绵阳	52	58	70	94	105	89	97	82	115	140	127	147	140	127	109	50	57	51
	乐山	49	53	74	102	87	74	98	119	107	120	134	129	129	155	169	163	59	43
	眉山	57	60	72	83	82	63	77	128	129	114	119	119	147	144	133	137	59	40
	资阳	48	57	72	85	74	64	77	100	94	105	110	107	117	130	118	95	53	43
	雅安	39	32	51	55	50	78	102	83	65	95	120	150	186	128	134	113	68	62
	遂宁	42	62	75	70	60	70	69	77	88	80	89	102	100	113	114	72	53	30
川南	自贡	47	60	97	128	95	98	118	122	140	140	185	135	125	162	148	155	60	49
	宜宾	44	50	88	93	74	69	102	156	124	144	200	188	159	148	169	172	51	50
	泸州	43	62	89	80	62	50	77	113	110	148	145	130	105	120	123	122	83	45
	内江	43	58	84	108	94	75	85	102	108	105	122	108	110	129	125	109	48	38
川东北	达州	55	74	72	90	103	99	92	99	118	123	139	192	128	159	122	74	63	43
	广安	41	60	72	82	64	72	65	92	99	102	88	112	119	118	65	59	59	29
	南充	51	79	90	83	72	80	84	94	133	109	102	118	123	137	117	63	68	40
	广元	36	52	54	59	83	103	104	75	80	95	105	107	90	98	49	40	49	35
	巴中	44	43	54	60	75	65	68	69	74	89	92	102	77	102	78	87	73	38
攀西	攀枝花	59	53	52	35	37	51	74	65	65	70	83	70	72	74	80	72	74	68
高原	凉山	34	29	50	47	54	46	43	41	62	65	48	51	43	45	43	42	46	42
川西	阿坝	37	32	38	40	42	37	35	32	35	38	35	32	26	46	38	40		
高原	甘孜	30	24	38	35	40	45	50	37	44	44	45	43	42	50	53	44	30	34

图5.3-1 2019年12月1—18日四川省各城市空气质量日历

2. 重污染成因分析

（1）天气形势静稳导致污染物持续累积。

随着气象环流形势的调整，自12月3日起，亚洲区域低值系统偏北，冷空气影响偏北，四川盆地持续受高压脊控制，中间有高空短槽波动，出现零星降水，维持总体静稳态势，垂直扩散条件极差。垂直、水平扩散条件差，逆温明显、湿度较大有利于颗粒物的吸湿性增长。以成都气象条件为例具体分析，从7日起成都边界层高度极速下降，从1500米左右下降至800米左右，后面呈阶梯式压低趋势，一直在400米左右波动，污染物垂直扩散动力不足；风速明显下降，成都的风速从6日的1.3米/秒下降至8日的0.4米/秒左右，后期多数时间处于静小风状态，污染物水平扩散条件差；污染前期成都的温度、湿度开始波动向上增大，夜间逆温增强，污染期间温度和湿度分别较前期升高30%和60%，有利于颗粒物的二次转化和吸湿性增长。2019年12月1—16日成都边界层、风速、温度、湿度如图5.3-2所示。

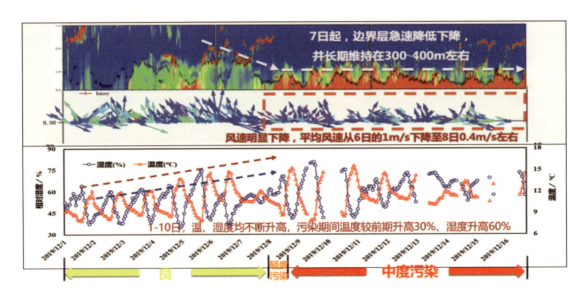

图5.3-2　2019年12月1—16日成都边界层、风速、温度、湿度

（2）氮氧化物（NO_x）的二次转化仍为本次污染的重要成因。

为研究本次污染过程具体成因，重点对成都市和绵阳市的细颗粒物（$PM_{2.5}$）组分进行具体分析，结果表明，二次转化增强，硝酸盐快速增长，是本轮污染的主要原因（硝酸盐占比是硫酸盐的3~4倍）。累积阶段成都市、绵阳市二氧化氮（NO_2）上升，其转化后的硝酸根离子浓度也出现同步上升，快速推高了细颗粒物（$PM_{2.5}$）的浓度。特别是绵阳市9、10日硝酸根离子出现爆发式增长，硝酸根离子浓度在细颗粒物（$PM_{2.5}$）中的占比由前期的小于30%迅速上升至接近40%，期间细颗粒物（$PM_{2.5}$）出现快速飙升。在整个污染过程中，细颗粒物（$PM_{2.5}$）组分中硝酸根离子浓度及占比始终保持最大，表明氮氧化物（NO_x）及其二次转化的硝酸根离子是造成本次污染的主要原因。2019年12月4—15日污染期间成都市细颗粒物（$PM_{2.5}$）组分及污染物变化情况如图5.3-3所示

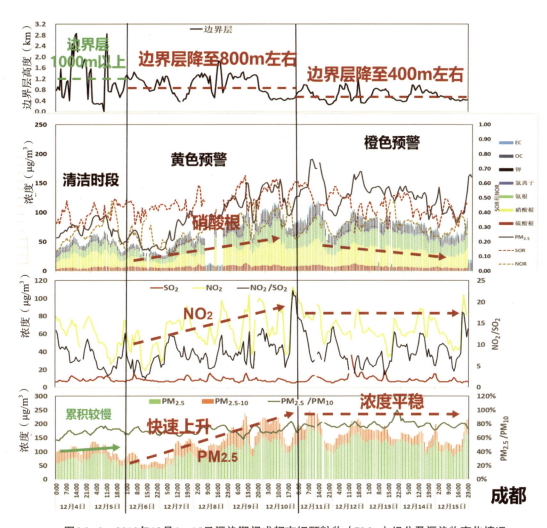

图5.3-3　2019年12月4—15日污染期间成都市细颗粒物（PM₂.₅）组分及污染物变化情况

3. 重污染天气过程预警成效分析

为有效应对重污染天气，6日起，四川省盆地内成都、眉山、德阳、遂宁、内江、乐山、绵阳、自贡、泸州、资阳、宜宾、达州和南充十四个重点城市启动区域黄色预警。9日起，由于区域性污染天气可能进一步加重，八个重点城市升级橙色预警，其中宜宾于9日，德阳、绵阳、乐山于10日，成都于11日，泸州于12日，自贡、达州于13日，内江于14日升级橙色预警，通过采取机动车尾号限行、减少人为活动等方式控制污染物排放，重污染天气于12月17日解除。

（1）重污染天气过程减排评估。

根据数值模拟评估结果，细颗粒物（PM₂.₅）浓度下降主要来自工业源、扬尘源和移动源的减排贡献，其中工业源是最大的减排贡献源，减排贡献在各城市普遍超过50%，其次是扬尘源。评估结果表明，启动预警发挥了显著的成效，区域污染推迟1天形成，预警城市中重度污染减少8天，实测未出现重度污染天，中度污染减少8天，轻度污染减少6天，预警区域细颗粒物（PM₂.₅）浓度下降4.5%～9.1%。重污染应急减排效果评估结果如图5.3-4所示，模式评估：PM₂.₅浓度、工业源、扬尘源、交通源、民用源评估结果如图5.3-5所示。

城市	12月7日 无应急减排PM2.5值	12月7日 减排后浓度	12月8日 无应急减排PM2.5值	12月8日 减排后浓度	12月9日 无应急减排PM2.5值	12月9日 减排后浓度	12月10日 无应急减排PM2.5值	12月10日 减排后浓度	12月11日 无应急减排PM2.5值	12月11日 减排后浓度	12月12日 无应急减排PM2.5值	12月12日 减排后浓度	12月13日 无应急减排PM2.5值	12月13日 减排后浓度	12月14日 无应急减排PM2.5值	12月14日 减排后浓度	12月15日 无应急减排PM2.5值	12月15日 减排后浓度
成都	81	75	102	95	127	119	137	128	151	134	148	131	159	138	149	131	136	119
德阳	84	80	108	102	135	127	152	143	134	119	145	128	165	146	167	149	113	101
绵阳	76	72	64	60	92	87	113	107	108	96	127	112	120	107	107	96	91	82
乐山	77	73	95	90	86	80	103	91	114	102	110	98	110	98	133	118	145	128
资阳	59	56	80	75	74	70	84	79	89	83	84	80	92	88	104	99	93	89
眉山	60	56	103	97	103	98	91	86	96	90	95	90	119	112	117	110	93	89
遂宁	53	50	59	56	68	65	63	59	70	66	80	76	79	75	89	85	90	86
自贡	94	89	98	92	113	107	114	107	147	139	110	103	105	95	138	123	127	113
泸州	59	56	89	85	89	83	127	113	124	111	111	99	88	79	101	91	103	93
宜宾	80	76	126	119	100	94	122	110	168	150	159	141	134	121	127	113	143	128
内江	66	63	80	76	86	81	85	79	98	92	86	81	88	83	104	98	100	95
南充	66	62	74	70	106	101	87	82	80	76	94	89	99	93	110	104	92	88
达州	72	68	78	74	94	89	99	93	112	106	153	144	108	97	134	121	102	92
等级变化	轻度污染减少3个		轻度污染减少2个				重度污染减少1个，中度污染减少2个		重度污染减少2个，中度污染减少1天		重度污染减少2天，中度污染减少1个		重度污染减少2个，中度污染减少1天，轻度污染减少1天		重度污染减少1个，中度污染减少2天		中度污染减少1天	
浓度变化	预警城市浓度平均下降4.5%		预警城市浓度平均下降5.7%		预警城市浓度平均下降5.7%		预警城市浓度平均下降7.2%		预警城市浓度平均下降8.6%		预警城市浓度平均下降8.6%		预警城市浓度平均下降9.1%		预警城市浓度平均下降9.0%		预警城市浓度平均下降8.8%	
预警过程汇总	盆地启动区域预警后，区域污染推迟1天形成，预警城市中重度污染减少8个，中度污染减少8天，轻度污染减少6天，预警城市PM2.5浓度平均下降4.5%～9.1%，升级橙色预警，PM2.5浓度下降更为显著																	

图5.3-4　重污染应急减排效果评估结果

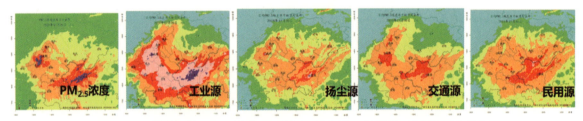

图5.3-5　模式评估：PM2.5浓度、工业源、扬尘源、交通源、民用源评估结果

（2）预警启动前后污染物成分变化分析。

为分析预警启动成效，从污染物组分监测角度重点研究了绵阳市、成都市预警启动及升级后各组分浓度下降情况，结果表明，绵阳市、成都市启动黄色预警后，二氧化氮（NO2）及其转化后的硝酸根离子浓度仍呈上升趋势，同期细颗粒物（PM2.5）浓度也出现明显上升，表明黄色预警未能有效抑制污染物浓度的增长趋势。随着污染形势进一步加剧，绵阳市于10日升级为橙色预警，预警升级后二氧化氮（NO2）浓度明显下降，硝酸根离子浓度开始稳定，细颗粒物（PM2.5）浓度也趋于平稳，并于13日进入下降通道。成都市于11日升级为橙色预警，预警升级后二氧化氮（NO2）浓度保持平稳，硝酸根离子浓度出现缓慢下降，细颗粒物（PM2.5）上升趋势得到明显遏制，并趋于稳定。组分监测结果表明，升级橙色预警后，对机动车和部分氮氧化物（NOx）工业源管控效果凸显，橙色预警成效显著。

4. 秋冬季重污染天气预警预报支撑

为应对秋冬季重污染天气，实现区域性污染过程预报及时、准确和无漏报，四川省生态环境监测总站秋冬季提前3～5天预判污染过程，形成专题污染风险报告，每日跟踪上报，与四川省气象台启动部门联合会商机制，每日加密会商研判，及时跟踪掌握空气质量变化趋势。每年秋冬季联合会商不少于10次，提前2～3天发布重污染天气预警建议函，支撑区域性（重）污染预警应急启动、升级过程，"十三五"期间发布重污染天气预警函50余期。各重点城市按照《四川省重污染天气应急预案》（2018年修订）要求，及时启动预警，落实差异化减排措施。区域性重污染过程结束后，四川省生态环境监测总站编制完成四川省空气质量污染过程形势分析报告，结合空气质量数据和污染传输模拟，梳理污染影响程度、剖析污染成因、评估管控成效，通过"回头看"的方式强化区域性（重）污染综合支撑能力。

（二）夏季臭氧（O_3）污染特征分析

"十三五"期间，全省臭氧（O_3）浓度呈逐年上升趋势，2020年是近五年来臭氧（O_3）形势最为严重的一年。而挥发性有机物（VOCs）是臭氧（O_3）生成的重要前体物之一，为有效防治臭氧（O_3）污染，以2020年5月成都市挥发性有机物（VOCs）组分分析为例，了解全省重点城市挥发性有机物（VOCs）总体特征。

1. 成都市臭氧（O_3）污染整体情况分析

2020年5月，成都市臭氧（O_3）日均浓度为125.3微克/立方米，二氧化氮（NO_2）日均浓度为42.6微克/立方米，总挥发性有机物（TVOC）日均浓度为16.3ppbv。其中烷烃、烯烃、炔烃和芳香烃浓度分别为10.2ppbv、2.0ppbv、1.3ppbv和2.8ppbv。烷烃、烯烃、炔烃和芳香烃占比分别为62.5%、12.4%、7.9%和17.2%。成都市挥发性有机物（VOCs）组分浓度及占比如图5.3-6所示。

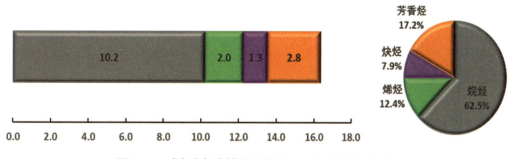

图5.3-6　成都市挥发性有机物（VOCs）组分浓度及占比

5月13—19日，成都市出现一次污染过程，持续共7天，此次污染过程以轻至中度污染为主。对这次污染过程的大气温度、相对湿度与污染指标浓度变化进行相关性分析，发现在优良到污染时期，温度升高19%，相对湿度降低18%，臭氧（O_3）及其重要前体物二氧化氮（NO_2）、总挥发性有机物（TVOC）分别升高95%、23%、25%；在污染后期至优良时期，气象条件好转，温度降低9%，相对湿度升高52%，臭氧（O_3）、二氧化氮（NO_2）、总挥发性有机物（TVOC）分别降低了43%、15%、10%。根据分析结果，在温度升高、相对湿度降低的条件下，臭氧（O_3）及其重要前体物二氧化氮（NO_2）、总挥发性有机物（TVOC）浓度均在升高，容易形成臭氧（O_3）污染过程。成都市5月臭氧、挥发性有机物（VOCs）组分及气象要素综合分析结果如图5.3-7所示。

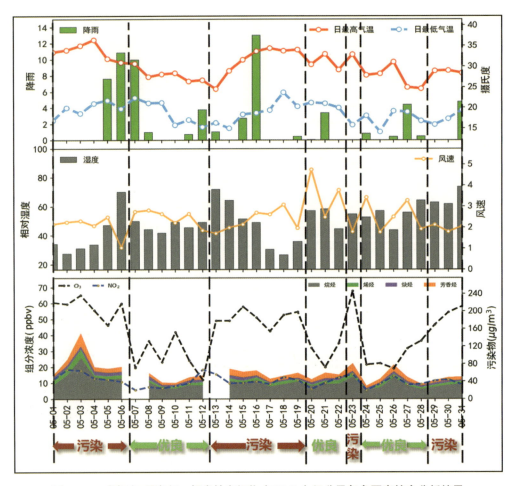

图5.3-7 成都市5月臭氧、挥发性有机物（VOCs）组分及气象要素综合分析结果

从挥发性有机物（VOCs）来源解析结果分析，2020年5月对成都市挥发性有机物（VOCs）贡献最大的为工业源和机动车尾气，分别贡献25.3%、25.1%；其次是溶剂涂料使用，贡献23.4%；汽油挥发、燃烧过程、天然源分别贡献10.3%、9.3%、6.7%。成都市挥发性有机物（VOCs）来源解析结果如图5.3-8所示。

图5.3-8 成都市挥发性有机物（VOCs）来源解析结果

　　臭氧（O₃）生成潜势（OFP）是衡量挥发性有机物（VOCs）的反应活性及对臭氧（O₃）影响的重要指标，并能分析生成臭氧（O₃）的优势物种。从臭氧（O₃）生成潜势（OFP）分析，间/对二甲苯、甲苯既是高浓度挥发性有机物（VOCs），也是高反应活性物种，可作为控制臭氧（O₃）的首选物种。邻二甲苯、乙烯虽然环境浓度较低，但是具有较高的反应活性，其对臭氧（O₃）的贡献仍然不容忽视。间/对二甲苯、邻二甲苯主要来自溶剂涂料使用（54.1%～58.1%）、工业源（23.9%），乙烯主要来自燃烧过程（96.0%），甲苯主要来自工业源（43.9%）和溶剂涂料使用（25.6%）。根据间/对二甲苯、乙烯、甲苯、邻二甲苯的浓度风玫瑰图，可以看出当风速为0.5～1米/秒时，4种关键活性物种浓度均较高，受本地排放影响较大；当风速为1～2米/秒时，甲苯西北和西南方向浓度较高，说明甲苯浓度高值可能受该方向污染源的影响。臭氧（O₃）生成潜势（OFP）与挥发性有机物（VOCs）浓度、臭氧生成潜势系数（MIR）之间的关系如图5.3-9所示，臭氧（O₃）生成潜势（OFP）排名前十的物种来源解析如图5.3-10所示，挥发性有机物（VOCs）关键物种间/对二甲苯、乙烯、甲苯、邻二甲苯污染风玫瑰图如图5.3-11所示。

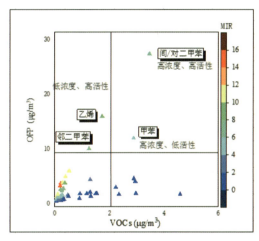

图5.3-9　臭氧（O₃）生成潜势（OFP）与挥发性有机物（VOCs）浓度、臭氧生成潜势系数（MIR）之间的关系

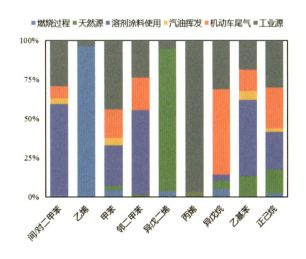

图5.3-10　臭氧（O₃）生成潜势（OFP）排名前十的物种来源解析

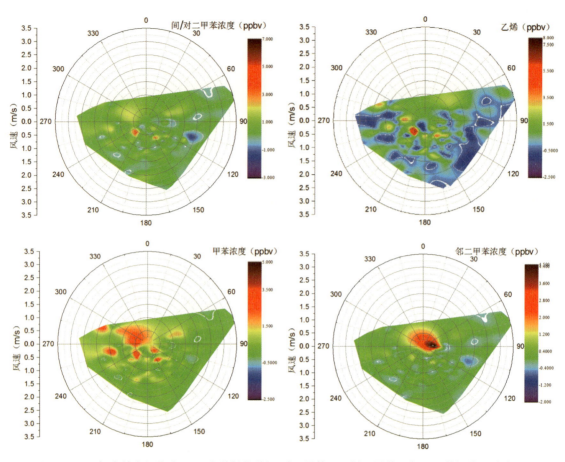

图5.3-11　挥发性有机物（VOCs）关键物种间/对二甲苯、乙烯、甲苯、邻二甲苯污染风玫瑰图

　　从特征物种比值分析，挥发性有机物（VOCs）来源受机动车尾气的影响较大。5月整体甲苯与苯的比值为1.7，说明机动车尾气的排放是芳香烃的重要来源。当空气质量为优或良时，甲苯与苯的比值为1.8；当空气质量为轻度污染、中度污染时，甲苯与苯的比值分别为1.3、2.0。甲苯与苯小时浓度的比值（T/B）如图5.3-12所示。

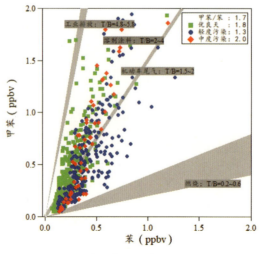

图5.3-12　甲苯与苯小时浓度的比值（T/B）

2. 清洁时段与污染时段对比分析

从浓度分析，2020年5月污染时段臭氧（O_3）、二氧化氮（NO_2）、总挥发性有机物（TVOC）月均浓度分别为228.5微克/立方米、45.9微克/立方米、52.8微克/立方米，清洁时段浓度分别为144.0微克/立方米、34.0微克/立方米、36.1微克/立方米。与清洁时段相比，污染时段臭氧（O_3）、二氧化氮（NO_2）、总挥发性有机物（TVOC）平均浓度分别上升58.7%、34.9%和46.1%。清洁时段与污染时段臭氧（O_3）及其重要前体物浓度如图5.3-13所示。

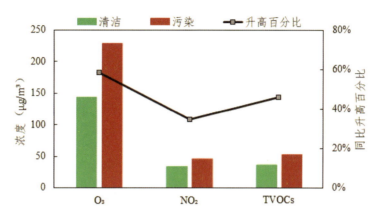

图5.3-13　清洁时段与污染时段臭氧（O_3）及其重要前体物浓度

从挥发性有机物（VOCs）组分浓度分析，与清洁时段相比，污染时段烷烃、烯烃、芳香烃分别上升0.8、0.3、0.1个百分点，炔烃占比降低1.2个百分点。清洁时段与污染时段挥发性有机物（VOCs）各组分浓度占比如图5.3-14所示。

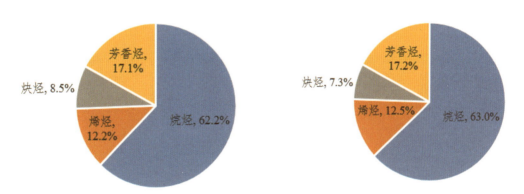

图5.3-14　清洁时段（左）与污染时段（右）挥发性有机物（VOCs）各组分浓度占比

从来源解析结果分析，污染时段机动车尾气源对挥发性有机物（VOCs）的贡献明显增强。污染时段占比最大的为机动车尾气（30.6%），其次为溶剂涂料使用（22.4%）和工业源（22.4%），汽油挥发、燃烧过程、天然源占比分别为9.7%、8.6%、6.3%。其中，仅机动车尾气较清洁时段上升10.9个百分点。清洁时段与污染时段挥发性有机物（VOCs）来源解析如图5.3-15所示。

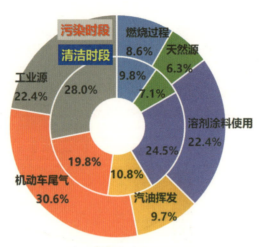

图5.3-15　清洁时段与污染时段挥发性有机物（VOCs）来源解析

　　从臭氧（O_3）生成潜势（OFP）值分析，污染时段排名前四的物种为间/对二甲苯、乙烯、甲苯、邻二甲苯，主要来源有溶剂涂料使用、机动车尾气、工业源。间/对二甲苯、邻二甲苯以溶剂涂料使用为主，清洁时段占比为56.3%～58.2%，污染时段占比为52.1%～58.2%，污染时段与清洁时段基本一致；甲苯以工业源为主，清洁时段和污染时段占比分别为47.3%、40.1%；乙烯超过95%都来自燃烧过程，且清洁时段和污染时段占比基本一致。清洁时段与污染时段臭氧（O_3）生成潜势（OFP）与挥发性有机物（VOCs）浓度、臭氧（O_3）生成潜势系数（MIR）之间的关系如图5.3-16所示，清洁时段与污染时段臭氧（O_3）生成潜势（OFP）排名前十的物种来源解析如图5.3-17所示。

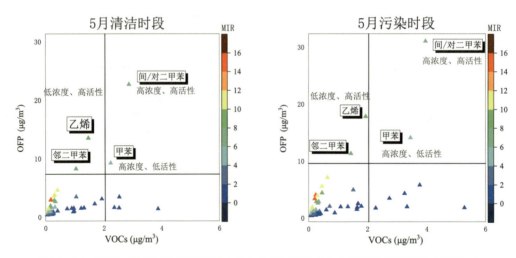

图5.3-16　清洁时段与污染时段臭氧（O_3）生成潜势（OFP）与挥发性有机物（VOCs）
浓度、臭氧（O_3）生成潜势系数（MIR）之间的关系

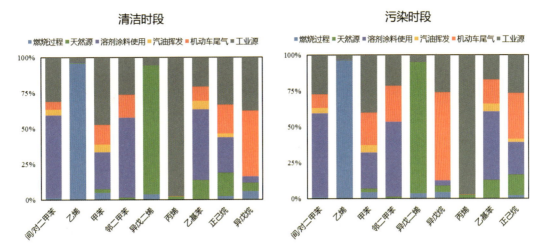

图5.3-17 清洁时段与污染时段臭氧（O₃）生成潜势（OFP）排名前十的物种来源解析

3. 小结

（1）从挥发性有机物（VOCs）来源解析结果分析，2020年5月对成都挥发性有机物（VOCs）贡献最大的为工业源和机动车尾气，分别贡献25.3%、25.1%；其次是溶剂涂料使用，贡献23.4%；汽油挥发、燃烧过程、天然源分别贡献10.3%、9.3%、6.7%。

（2）从臭氧（O₃）生成潜势（OFP）分析，2020年5月成都排名前四的物种为间/对二甲苯、乙烯、甲苯、邻二甲苯。间/对二甲苯、邻二甲苯主要来自溶剂涂料使用（54.1%~58.1%）、工业源（23.9%），乙烯主要来自燃烧过程（96.0%），甲苯主要来自工业源（43.9%）、溶剂涂料使用（25.6%）。

二、大气前瞻性研究取得的成效

（一）气象条件影响评估

为科学评估气象条件与人为排放对细颗粒物（PM₂.₅）和臭氧（O₃）改善的成效，估算气象条件对空气质量改善的客观影响，评估空气质量变化的贡献组成，为下一个五年计划大气污染防治治理精准施策提供参考，四川省生态环境监测总站利用环境空气质量数值模拟业务系统，采用固定排放源、仅改变输入气象条件的方法，对2020年空气质量改善进行客观模拟分析评估。

评估结果表明：2020年，盆地大部分区域细颗粒物（PM₂.₅）气象条件与2019年相比，相差不大。气象条件使盆地城市细颗粒物（PM₂.₅）整体较2019年同期下降0.3%，同时估算人为减排影响使细颗粒物（PM₂.₅）下降9.7%。减排主要影响月份为1月、3月、9月、10月，主要原因是秋冬季重污染应急、春节烟花爆竹燃放管控、新冠肺炎疫情期间的被动减排等。2020年4—8月，盆地臭氧（O₃）气象条件整体不利，盆地城市臭氧（O₃）整体因气象条件恶化反弹了4.0%左右，但同期因人为减排臭氧（O₃）浓度下降贡献约4.5%，减排主要影响月份为7月、8月。盆地城市实测臭氧（O₃）浓度与2019年相比，改善约0.5%，夏季臭氧防治攻坚成效显著。2020年全年气象条件对成都平原、川南、川东北经济区细颗粒物（PM₂.₅）贡献模拟分布和臭氧季（4—8月）气象条件对臭氧（O₃）贡献模拟分布如图5.3-18所示。

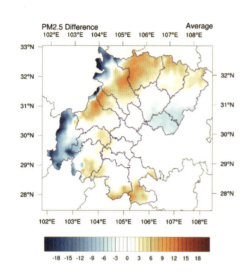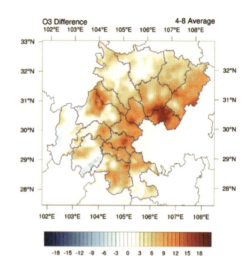

图5.3-18　2020年全年气象条件对成都平原、川南、川东北经济区细颗粒物（PM_{2.5}）贡献模拟分布（左）
和臭氧季（4—8月）气象条件对臭氧（O₃）贡献模拟分布（右）

（二）走航监测能力的建立及应用拓展

1. 全省走航监测能力概述

　　"十三五"期间，随着臭氧（O₃）污染形势日趋严峻，污染防控工作已进入精细化管理。通过走航监测，实时获取区域浓度时空画像，排查污染物排放源、高值区域及高值时段，可实现污染源排放的精准溯源、联动管控、高效治理。

　　2020年起，全省在走航监测能力建设方面取得了突破性进展。截至目前，全省21个市（州）中，成都、德阳、乐山等八个城市具备了挥发性有机物走航监测能力。同时，成都、德阳、绵阳、乐山等十三个城市具备颗粒物激光雷达走航监测能力。颗粒物及挥发性有机物走航监测车如图5.3-19所示，走航监测成果如图5.3-20所示。

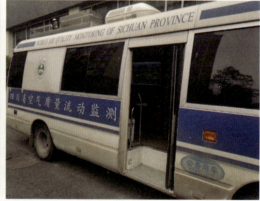

图5.3-19　颗粒物（左）及挥发性有机物（右）走航监测车

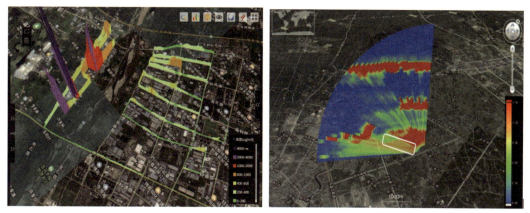

图5.3-20　颗粒物（左）及挥发性有机物（右）走航监测成果

2. 挥发性有机物（VOCs）走航监测

2020年夏季，四川省生态环境监测总站在成都、德阳、绵阳、乐山、眉山、资阳、内江、自贡、宜宾、泸州组织开展了为期3个月的挥发性有机物（VOCs）走航监测，共完成366次挥发性有机物（VOCs）走航监测，总时长754小时，共计发现404个高值排放点位（含疑似排放企业和异常区域），其中瞬时值超固定污染源大气挥发性有机物无组织排放标准（2000微克/立方米）点位199个。

从走航监测浓度空间分布分析，通过对比走航期间重点城市挥发性有机物（VOCs）浓度与臭氧（O₃）实测浓度分布情况，发现成都、德阳、眉山、自贡存在明显的挥发性有机物（VOCs）高值区域，同时，走航期间4个城市臭氧（O₃）环境质量浓度也均超过了160微克/立方米，挥发性有机物（VOCs）高值区域与臭氧（O₃）高值区域吻合度较高。成都平原、川南、川东北经济区走航监测挥发性有机物（VOCs）与臭氧（O₃）浓度分布如图5.3-21所示。

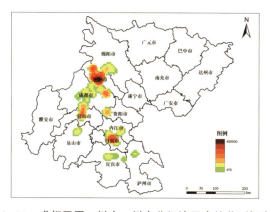
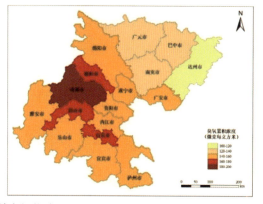

图5.3-21　成都平原、川南、川东北经济区走航监测挥发性有机物（VOCs）（左）与臭氧（O₃）（右）浓度分布

重点城市涉挥发性有机物（VOCs）排放行业主要为汽修喷涂、电气机械及器材制造、印刷包装、橡胶和塑料制品制造、家具制造、加油站。进一步分析重点行业排放挥发性有机物（VOCs）组分及物种特征，从VOCs组分占比分析，汽修喷涂、橡胶和塑料制品制造、电气机械及器材制造和加油站组分占比较大的为芳香烃、卤代烃和烷烃，印刷包装组分占比较大的为烷烃、烯烃，家具制造组分占比较大的为芳香烃和烷烃。

对走航发现的6个主要挥发性有机物（VOCs）行业的特征物种浓度排名靠前且占比总和达到60%的物种进行梳理：

家具制造行业排名靠前的物种依次为二甲苯、乙苯，丁烯，甲基环己烷，戊烷、异戊烷。

印刷包装行业排名靠前的物种依次为丁烯，戊烯，正己烷、二甲基丁烷，己烯、甲基环戊烷，甲基环己烷，甲苯，戊烷、异戊烷，二甲苯、乙苯。

橡胶和塑料制品制造行业排名靠前的物种依次为三氯乙烷，1,1-二氯乙烯，己烯、甲基环戊烷，二甲苯、乙苯，甲基环己烷，己硫醇，苯，壬烷，甲苯，戊烯，苯胺，氯苯。

汽修喷涂行业排名靠前的物种依次为二甲苯、乙苯，壬烷，三氯乙烷，丁烯，甲苯，甲基环己烷，己硫醇，1,1,2,2-四氯乙烷，正葵烷，己烯、甲基环戊烷，丙烯。

电气机械及器材制造行业排名靠前的物种依次为二甲苯、乙苯，壬烷，己烯、甲基环戊烷，丁烯，戊烯，甲基环己烷，四氯乙烯，1,1,2,2-四氯乙烷。

加油站排名靠前的物种依次为甲苯，二甲苯、乙苯，三甲苯，丁烯。

各行业排名前五的物种占比及主要物种清单如图5.3-22所示。

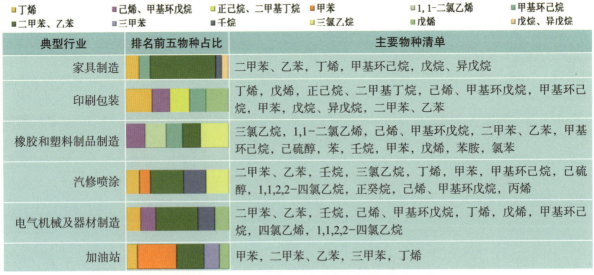

图5.3-22　各行业排名前五的物种占比及主要物种清单

3. 颗粒物及挥发性有机物（VOCs）协同走航监测

2020年冬季，为有效应对秋冬季重污染天气，四川省生态环境监测总站在成都、德阳、绵阳、资阳、眉山、乐山、自贡、宜宾、内江、泸州、达州、南充开展颗粒物激光雷达走航监测，同时，在成都、德阳、眉山、自贡4个挥发性有机物（VOCs）高值城市同步开展挥发性有机物（VOCs）走航监测。

从整体走航结果分析，冬季重污染期间重点关注扬尘源、道路移动源、生物质燃烧及工业源排放的管控。其中，成都、绵阳、宜宾、南充、达州主城区扬尘源问题突出；绵阳、宜宾、自贡主城区道路移动源问题较突出；乐山、达州、南充、巴中存在生物质燃烧问题；乐山市五通桥区、沙湾区、夹江区、峨眉山市等区县工业源问题较突出。

从冬季挥发性有机物（VOCs）走航结果分析，成都家具制造、印刷包装和汽修喷涂行业，德阳电气机械及器材制造行业，眉山家具制造和农副食品加工业走航出的高排放次数较多；从峰值浓度水平分析，成都纺织印染、非金属矿物制品行业，德阳化工、电气机械及器材制造、橡胶和塑料制品制造行业，眉山印刷包装、农副食品加工、家具制造行业挥发性有机物（VOCs）排放浓度水平较高。

（三）大气卫星遥感的能力建设及应用

"十三五"期间，四川省生态环境监测总站运用多种卫星遥感资料，建立了多种污染物和污染前体物（臭氧、氮氧化物、一氧化碳、甲醛、二氧化硫、光学厚度）的卫星遥感观测体系，并集成进入四川省空气质量监测网络管理系统。观测体系主要包括逐日的污染物和污染前体物的浓度分布、主要高值区的位置，并根据实际业务科研需要，逐月编制四川省不同区域的卫星遥感监测报告。卫星监测的空间分辨率最高可达500米×500米的网格，可以为城市、区县和街区级别的污染物高值区监测提供重要的数据支撑，为其他监测手段提供前期依据。部分地区卫星遥感监测成果如图5.3-23、图5.3-24所示。

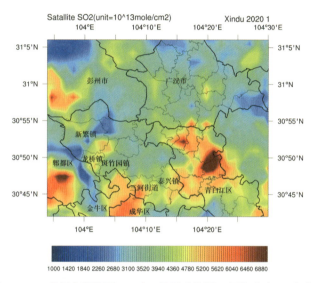

图5.3-23　成都市新都区2020年1月遥感监测二氧化硫（SO_2）分布

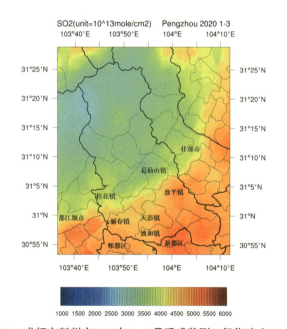

图5.3-24　成都市彭州市2020年1—3月遥感监测二氧化硫（SO_2）分布

三、四川省水环境质量预报预警关键技术与应用

（一）总体概况

通过数据库技术，集成GIS、RS、物联网信息化技术，基于气—陆一体化分布式水文和污染物迁移转化模拟耦合模型，建设完成了基于大数据支撑，以流域控制断面水质预报和预警、污染负荷核算与溯源和相关信息发布为一体的四川省水环境自动监测监控预报预警平台。该平台融合了长系列的气象监测和模拟数据、地表水质监测数据和水文监测数据（数据量超过700万条）、点面源源强数据、高精度土壤信息（土壤物理和化学参数）、土地利用和流域高程模型（DEM）等GIS平台信息，实现了基于平台的大数据整合。初步实现基于水质监测系统的"测管协同"，基于分布式水文和污染负荷模型的"预警预报"为一体的对流域水环境全局性监控预警掌控，响应了水环境质量改善和保障水质安全的管理需求。四川省水质预警预报结构与功能如图5.3-25所示。

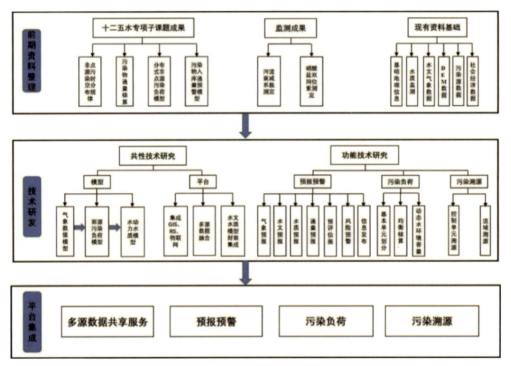

图5.3-25　四川省水质预警预报结构与功能

（二）水环境预警预报系统构建

四川省生态环境监测总站在国家水专项子课题、四川省生态环境厅2017年度科研项目、四川省科技厅重点研发项目等国家、省级科研项目支持下开展全省水质监测预警预报工作，提出了包含风险驱动、风险受体、风险特性三层次指标体系的分析评价技术，建立了水质预报—水质预警—通量预警"三位一体"水环境监控预警理论与技术。水环境预报预警时长扩展为未来7天趋势性预报，预报预警参数包括氨氮、高锰酸盐指数、总磷、总氮等主要污染物指标。自动预报全省146个站点未来7天的气温、降雨、辐射、湿度和蒸发量等气象场，全省87个重点断面未来7天的流量和污染物浓度、污染物通量、首要污染物和水质类别等，基于水质自动监测数据和预报数据进行模拟精度评估，利用多元回归、偏差订正等统计方法对水环境质量预报结果进行统计集成和预报优化。四川省水环境自动监测监控预报预警平台如图5.3-26所示。

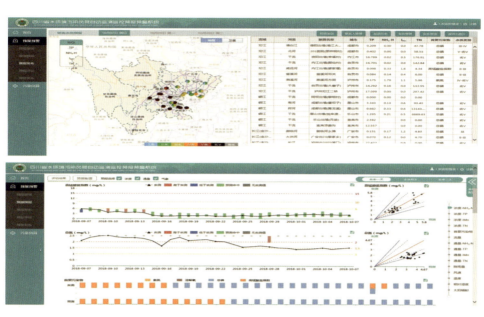

图5.3-26　四川省水环境自动监测监控预报预警平台

（三）水环境质量与断面通量预警

平台系统试运行以来，一直稳定运行，以2017年11月1日至31日为例，评估显示：按相对误差20%考核标准，计算精度水质类别为90.12%、首要污染物为83.22%、总磷浓度为80.15%、氨氮浓度为75.23%、高锰酸盐指数为92.03%。预报结果每日生成后，省站14点之前形成最终的水质预报结果进行内部报送、发布，按照发送模板形成最终短信文档，发送至相关单位。每天形成预报值班日志，记录各项指标数据和预报信息。污染过程发生后，及时进行预报回顾，与实况对比，分析原因，总结经验。每日重要流域断面水质预测短信报送内容如图5.3-27所示。

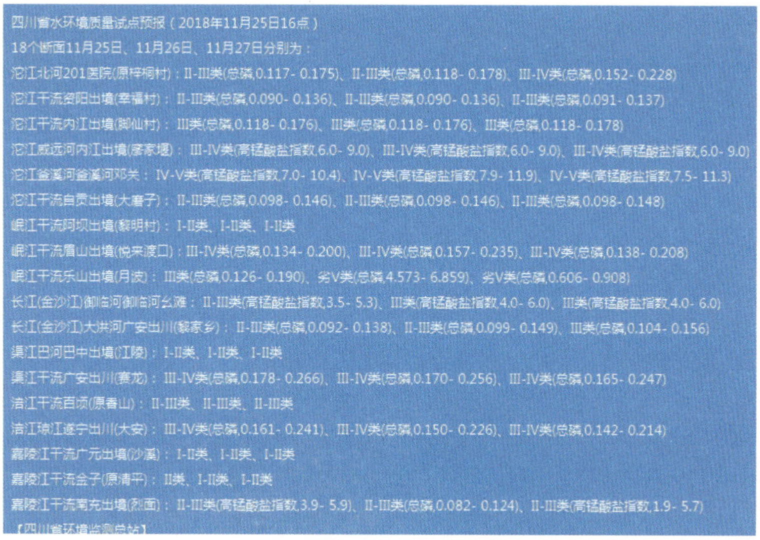

四川省水环境质量试点预报（2018年11月25日16点）

18个断面11月25日、11月26日、11月27日分别为：

沱江北河201医院(原梓桐村)：Ⅱ-Ⅲ类(总磷0.117- 0.175)、Ⅱ-Ⅲ类(总磷0.118- 0.178)、Ⅲ-Ⅳ类(总磷0.152- 0.228)

沱江干流资阳出境(幸福村)：Ⅱ-Ⅲ类(总磷0.090- 0.136)、Ⅱ-Ⅲ类(总磷0.090- 0.136)、Ⅱ-Ⅲ类(总磷0.091- 0.137)

沱江干流内江出境(脚仙村)：Ⅲ类(总磷0.118- 0.176)、Ⅲ类(总磷0.118- 0.176)、Ⅲ类(总磷0.118- 0.178)

沱江威远河内江出境(廖家堰)：Ⅲ-Ⅳ类(高锰酸盐指数6.0- 9.0)、Ⅲ-Ⅳ类(高锰酸盐指数6.0- 9.0)、Ⅲ-Ⅳ类(高锰酸盐指数6.0- 9.0)

沱江釜溪河釜溪河邓关：Ⅳ-Ⅴ类(高锰酸盐指数7.0- 10.4)、Ⅳ-Ⅴ类(高锰酸盐指数7.9- 11.9)、Ⅳ-Ⅴ类(高锰酸盐指数7.5- 11.3)

沱江干流自贡出境(大磨子)：Ⅱ-Ⅲ类(总磷0.098- 0.146)、Ⅱ-Ⅲ类(总磷0.098- 0.146)、Ⅱ-Ⅲ类(总磷0.098- 0.148)

岷江干流阿坝出境(黎明村)：Ⅰ-Ⅱ类、Ⅰ-Ⅱ类、Ⅰ-Ⅱ类

岷江干流眉山出境(悦来渡口)：Ⅲ-Ⅳ类(总磷0.134- 0.200)、Ⅲ-Ⅳ类(总磷0.157- 0.235)、Ⅲ-Ⅳ类(总磷0.138- 0.208)

岷江沱乐山出境(月波)：Ⅲ类(总磷0.126- 0.190)、劣Ⅴ类(总磷4.573- 6.859)、劣Ⅴ类(总磷0.606- 0.908)

长江(金沙江)御临河御临河乡源：Ⅱ-Ⅲ类(高锰酸盐指数3.5- 5.3)、Ⅲ类(高锰酸盐指数4.0- 6.0)、Ⅲ类(高锰酸盐指数4.0- 6.0)

长江(金沙江)大洪河广安出川(额家乡)：Ⅱ-Ⅲ类(总磷0.092- 0.138)、Ⅱ-Ⅲ类(总磷0.099- 0.149)、Ⅲ类(总磷0.104- 0.156)

渠江巴河田中出境(江陵)：Ⅰ-Ⅱ类、Ⅰ-Ⅱ类、Ⅰ-Ⅱ类

渠江干流广安出川(赛龙)：Ⅲ-Ⅳ类(总磷0.178- 0.266)、Ⅲ-Ⅳ类(总磷0.170- 0.256)、Ⅲ-Ⅳ类(总磷0.165- 0.247)

涪江干流百顷(原春山)：Ⅱ-Ⅲ类、Ⅱ-Ⅲ类、Ⅱ-Ⅲ类

涪江涪江遂宁出川(大安)：Ⅲ-Ⅳ类(总磷0.161- 0.241)、Ⅲ-Ⅳ类(总磷0.150- 0.226)、Ⅲ-Ⅳ类(总磷0.142- 0.214)

嘉陵江干流广元出境(沙溪)：Ⅰ-Ⅱ类、Ⅰ-Ⅱ类、Ⅰ-Ⅱ类

嘉陵江干流金子(原清平)：Ⅰ类、Ⅰ-Ⅱ类、Ⅰ-Ⅱ类

嘉陵江干流南充出境(阿面)：Ⅱ-Ⅲ类(高锰酸盐指数3.9- 5.9)、Ⅱ-Ⅲ类(总磷0.082- 0.124)、Ⅱ-Ⅲ类(高锰酸盐指数1.9- 5.7)

【四川省环境监测总站】

图5.3-27　每日重要流域断面水质预测短信报送内容

根据水质及通量预警方案，出现重点流域断面水质及通量预警和入库通量预警时，启动预警应对流程，即省站下发地方市（州）监测站预警信息，依次排查监测仪器运行情况、核查超标污染物

和超标倍数、上游是否点源偷排，及时进行预警。

1. 水质大幅变化超标预警

当预报断面污染物（氨氮、高锰酸盐指数、总磷、总氮）浓度预报结果超过前三天水质自动监测平均浓度50%及以上且该污染物浓度超过地表水Ⅲ类标准时（比如某断面氨氮前三天水质自动监测平均浓度为0.8毫克/升，则预警阈值为1.2毫克/升，即0.8+0.8×50%），触发水质大幅变化超标预警提示。

2. 污染源偷排预警

当预报断面污染物（氨氮、高锰酸盐指数、总磷、总氮）自动监测日平均浓度超过预报浓度3倍偏差上限范围及以上且该污染物浓度超过地表水Ⅲ类标准时（比如某断面氨氮水质自动监测为0.8毫克/升，则预警阈值为1.28毫克/升，即0.8+0.8×20%×3），触发偷排预警提示。

3. 主要断面通量预警

当主要河流出口控制断面预警阈值是污染物（氨氮、高锰酸盐指数、总磷、总氮）日通量预报结果超过最近10年污染物通量过程定义频次85%和95%的通量水平时，分别触发Ⅱ级和Ⅰ级通量预警提示。

以釜溪河流域为例，对断面污染通量变化特性进行分析。釜溪河流域一级支流旭水河贡井断面、威远河大安断面和干流釜溪河邓关断面2013—2015年123次降雨事件所形成的面源污染负荷与降雨强度关系如图5.3-28所示，存在一个临界降雨量，在小于临界值的情况下，污染负荷随径流量的增加非线性增大，而当径流量超过临界值后，污染通量均不再增加。

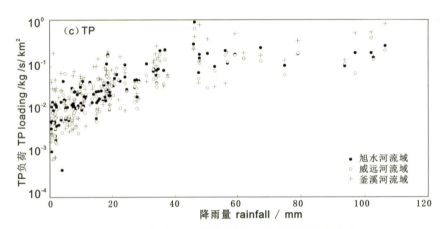

图5.3-28　釜溪河流域面源污染负荷与降雨强度关系

（四）水环境污染负荷核算分析

1. 入境通量、出境通量及净变量

以嘉陵江、渠江共同流经的广安为例，对行政区干支流流入、流出的污染通量、境内的负荷增量以及自净量进行核算。

从不同河流分析，嘉陵江的氨氮出境通量、总磷出境通量、高锰酸盐指数出境通量均相比渠江较大，其中嘉陵江氨氮出境通量2014—2016年均值分别为9352千克/天、9491千克/天、8663千克/天，渠江对应年份分别为嘉陵江流域的43.9%、44.4%和48.4%；嘉陵江总磷出境通量2014—2016年均值分别为3540千克/天、3683千克/天、3467千克/天，渠江对应年份分别为嘉陵江流域的67.2%、58.3%和51.7%；嘉陵江高锰酸盐指数出境通量2014—2016年均值分别为71204千克/天、72760千克/天、75581千克/天，渠江对应年份分别为嘉陵江流域的66.5%、66.2%、52.8%。

从时间变化分析，2014—2016年，渠江和嘉陵江氨氮、总磷和高锰酸盐指数出境通量年际变化平稳略有下降，影响流域出口污染负荷输出涉及的因素很多，比如受到降雨过程（降雨类型、强度及持续时间）、下垫面因素（土壤类型、植被覆盖等）、污染源强入河量等综合影响，但流域出口处的污染物输出存在明显季节性变化特征，氨氮、总磷每年丰水期5—10月高峰值，枯水期11—3月低峰值，表明降雨和径流对河流污染负荷有较大影响，总体表现为降雨强度越大、污染负荷越大的趋势。高锰酸盐指数出境通量高峰值多出现在枯水期及平水期11—3月，表明广安境内氨氮、总磷主要受非点源污染负荷影响，而高锰酸盐指数则可能是点源和面源共同影响的结果。

嘉陵江、渠江广安段氨氮、总磷、高锰酸盐指数入境通量和出境通量变化趋势基本一致，几乎在相同时刻达到最大峰值。2014—2016年渠江、嘉陵江广安段污染负荷通量变化如图5.3-29所示。

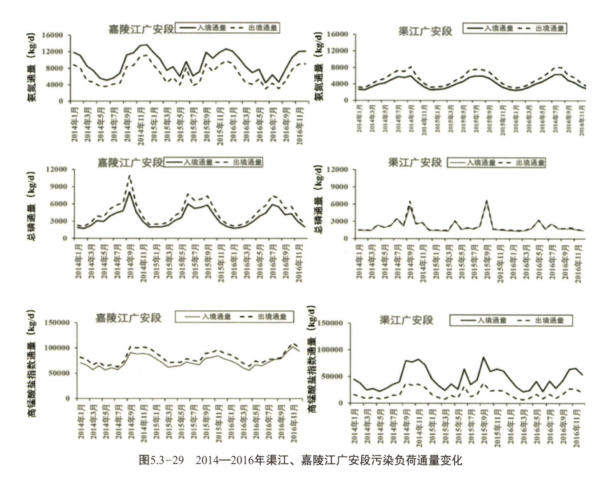

图5.3-29　2014—2016年渠江、嘉陵江广安段污染负荷通量变化

2. 动态水环境容量

以2017年沱江流域自贡段为例研究分析水体环境容量的动态特性，全年氨氮、总磷和高锰酸盐指数水环境容量分别为13917吨/年、−33吨/年和48187吨/年，由于水环境容量受流量、污染源、污染物入河量等因素的影响，其在时间尺度上存在显著的变异性，氨氮、总磷和高锰酸盐指数的月均水环境容量的变化范围分别为698～1730吨/月、75～109吨/月和2268～6695吨/月，氨氮和高锰酸盐指数月均水环境容量最大值出现在丰水期（7—10月），表明氨氮和高锰酸盐指数可能是以点源污染为主，上游来水水质的实际动态变化和流量增大，水环境容量也有所改善；总磷月均水环境容量出现相反变化趋势，最大值出现在枯水期（11—2月），丰水期没有剩余水环境容量，此时的水环境容量即为入河消减量，表明总磷是以非点源污染为主，随着流量增大汇入水质的不同，水环境容量也随之变化。2017年沱江流域自贡段氨氮、总磷、高锰酸盐指数动态水环境容量如图5.3-30所示。

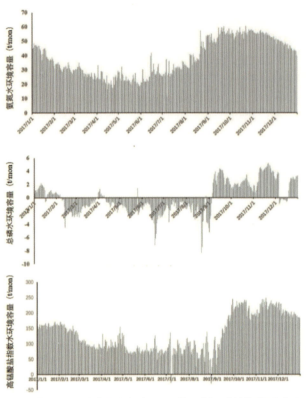

图5.3-30 2017年沱江流域自贡段氨氮、总磷、高锰酸盐指数动态水环境容量

3. 岷、沱江流域总磷溯源分析

基于SWAT模型进行情景设置分析，分析流域面源污染对断面通量（以下统称断面面源通量）的贡献率，并对比分析不同水文期及不同水文年面源污染贡献率的特点。

根据2017年监测数据，发现总磷是全省重点流域中的特征污染指标，分别以市行政区为单元比较岷江流域、沱江流域污染源构成。2017年岷江、沱江流域总磷污染负荷源解析如图5.3-31所示。

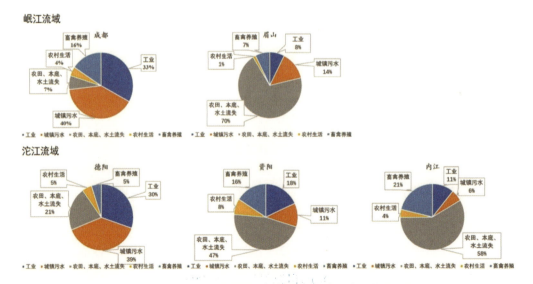

图5.3-31 2017年岷江、沱江流域总磷污染负荷源解析

岷江流域总磷从成都以点源（工业和城镇污水贡献比例相加为73%）贡献比例显著，经下游转化为眉山面源（其中农田、本底、水土流失贡献比例达到70%）贡献比例明显上升。

沱江流域总磷同样有类似变化规律，比较资阳和内江发现，点源贡献比例明显减少，其中工业排放和城镇污水德阳分别减少502.2吨、845.7吨，资阳分别减少911.4吨、1136.8吨；畜禽养殖贡献比例略有增加，农田、本底、水土流失贡献比例显著增加，资阳和内江污染源构成比例几乎一致。污染源贡献比例排名依次为农田及水土流失、畜禽养殖、工业、城镇污水、农村生活。

分析结果表明，农田及水土流失是岷江流域、沱江流域主要污染负荷贡献因子。以资阳为例，资阳的土地利用及入河径流计算结果显示，整个资阳市多年平均的悬移质入河量为1450吨/平方千米/年。根据四川省土壤总氮和土壤总磷分布图计算，地表悬移质进入河道造成的总氮通量为1588.6千克/天，总磷通量为796.8千克/天，与土壤本底有关的总氮通量为2014.0千克/天，占面源污染总通量的73.8%，化肥、农村生活和畜禽养殖等农业生活和生产所形成的面源总氮通量占26.2%。来源于土壤中的面源污染负荷直接与降雨有关，在整个沱江流域，面源污染负荷均表现出随降雨量增加非线性增大的趋势，当降雨量超过临界值后，面源污染负荷不再显著增加。

（五）水污染事件中应急预警的技术支撑

以2015年12月—2016年1月甘陕川嘉陵江锑污染事件为例，针对该区域资料较匮乏的特点，迅速定位突发污染事件所在流域河段，识别流域水文水动力特征和水质条件，采用模型与参数库耦合技术简单概化模型边界条件值，以嘉陵江川陕界为起点，下游至嘉陵江广元段出境沙溪断面，河道长234千米，该区域内河床平均比降为0.0038，河床糙率范围是$n=0.02\sim0.045$。嘉陵江广元段河道纵剖面为"U"形，模拟河段的沙河镇和千佛崖断面，其流量均认定为55立方米/秒，流速均为0.2米/秒。将嘉陵江川陕界断面的实测值作为模型初始值，沙河镇、千佛崖断面用作模型校正断面，通过对其浓度模拟值和实测值做对比，可以看出相关系数R^2都在0.9以上。嘉陵江锑污染事发地区域如图5.3-32所示，主要断面污染指标模拟效果如图5.3-33所示。

图5.3-32　嘉陵江锑污染事发地区域

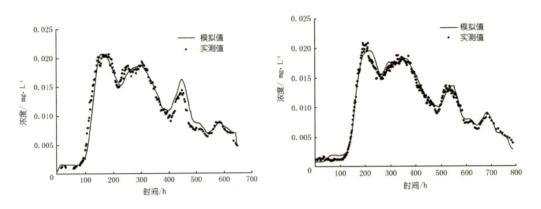

图5.3-33 主要断面污染指标模拟效果

完成模型构建和模型校正后，调用模型生成的结果，通过网格渲染、生成风险预警图并以动态演进的方法，展现污染物在水体中的迁移演进过程，效果如图5.3-34所示，表示突发事故发生7小时48分59秒后锑污染物在河道内的分布情况，以红色对河道内污染物超标区域进行展现，发出预警信息。

图5.3-34 模型模拟污染物迁移过程

同时应急监测预警处理支持还体现在每天定时发布未来1天在各重要断面金属锑浓度的警情预报。

污染事件发生后模型模拟，在下游千佛崖是四川省广元市主城区的饮用水源西湾水厂的取水口，自12月7日起的未来15天超标，并在12月8—9日到达第一个污染团的峰值，此后呈逐渐下降趋势，但受上游来水经采取断源截污工作以及局部地区支流河网的影响，使得锑浓度在下降过程中出现多个峰值，比如12月15日、12月21—22日出现小幅上升的峰值，并预测在12月26日以后开始稳定达标。嘉陵江锑污染广元段警情预报如图5.3-35所示。

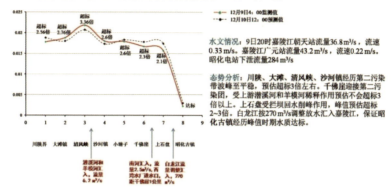

嘉陵江广元段锑污染事件各监测断面浓度态势变化图（12月10日 7点）

图5.3-35　嘉陵江锑污染广元段警情预报

根据模型模拟的多次预测预警结果，及时发出相关污染警情，为广元市采取应急措施保证饮水安全提供了重要的决策依据。

四、地表水中持久性有机污染物和新型污染物调查监测研究

1. 持久性有机污染物调查研究

2019—2020年，四川省生态环境监测总站对沱江流域主要城市饮用水中二噁英类物质含量开展了调查监测，对常见二噁英在饮用水和饮用水水源地水中的前处理和分析方法、污染特征及设施消减机制进行了较全面的研究，评估流域内饮用水安全，为人体健康研究和环境管理提供数据支撑和科学基础。

研究借鉴国外先进经验，采用磁质谱仪分析法调查从饮用水水源地至自来水厂出厂水各阶段水样、水源地污泥样中二噁英类物质含量，统计调查水厂使用的消毒工艺及其数量，分析不同消毒工艺对饮用水中二噁英类物质的消减影响，对其机理开展创新研究。

沱江流域主要城市饮用水水源地水中二噁英浓度平均值约为0.027皮克毒性当量/升，自来水厂出厂水的浓度平均值约为0.019皮克毒性当量/升，与日本的浓度水平相当，是瑞典自来水二噁英浓度的7~8倍，该浓度低于日本和美国的饮用水二噁英限量标准。

评估表明，长期饮用自来水厂出厂水是安全的，水源地底泥二噁英含量远低于水中含量。从水源地到自来水的生产过程中，现有数据表明自来水厂对二噁英的去除率约为30%。

2. 新型污染物调查研究

环境中抗生素的来源主要有三部分，即养殖业使用、制药工业废水及医用，其中人体及动物用药是主要来源。畜牧业和水产养殖业为防治感染性疾病大量使用抗生素，以及抗生素成药过程中产生的含多种难降解生物毒性物质和较高浓度活性抗生素的废水，均会造成环境水体污染。传统的饮用水和污水处理厂并没有针对抗生素去除的专用设备和技术，抗生素大量排放后，经由水生循环系统以饮用水的方式进入人体，对人体健康有潜在威胁和深远影响。因此，水环境中抗生素的污染受到社会各界和政府的广泛关注。

我国对于抗生素污染的研究主要集中于沿海城市等经济较发达的地方，针对四川省重要流域及饮用水水源地中抗生素的污染研究几乎为零。沱江干流流经重要工业城市，与人们的生产生活联系紧密，研究沱江干流表层水中常用抗生素的残留水平及污染特征，评估其空间分布情况和生态风险，提供排放标准及监测标准制定所需的必要基础监测数据，对今后沱江流域的管理具有显著意义。

2019年1—12月，四川省生态环境监测总站开展了沱江干流冬、夏两季及沱江流域重要饮用水水源地春、夏、秋、冬四季七大类35种抗生素含量水平的调查监测，并对其时空变化及潜在生态风险进行评估。35种抗生素的名称见表5.3-1。

表5.3-1　35种抗生素的名称

类别	化合物	英文简写	类别	化合物	英文简写
磺胺类	磺胺噻唑	STHIA	喹诺酮类	恩诺沙星	ENROF
	磺胺氯哒嗪	SCHLO		依诺沙星	ENOXA
	磺胺间二甲氧嘧啶	SDIME		诺氟沙星	NORFL
	磺胺甲恶唑	SMETO		左氧氟沙星	LEVOF
	磺胺二甲嘧啶	SMETA		盐酸环丙沙星	CIPHY
	磺胺嘧啶	SDIAZ		甲磺酸达氟沙星	DANME
	磺胺甲基嘧啶	SMERA		盐酸洛美沙星	LOMHY
	磺胺吡啶	SPYRI		氧氟沙星	OFLOX
	甲氧苄啶	TRIME	酰胺醇类	氟苯尼考	FLORF
大环内脂类	罗红霉素	ROXIT		甲砜霉素	THIAM
	利福平	RIFAM		氯霉素	CHLOR
	红霉素	ERYTH	硝基咪唑类	罗硝唑	RONID
	阿奇霉素二水合物	AZIDI		甲硝唑	METRO
	酒石酸泰乐菌素	TYLTA		二甲硝唑	DIMET
β-内酰胺类	青霉素G钾盐	PENGO	四环素类	盐酸金霉素	CHLHY
	阿莫西林三水合物	AMOTR		盐酸地美环素	DEMHY
	氨苄西林三水合物	AMPTR		盐酸四环素	TETHY
				盐酸土霉素	OXYHY

统计分析发现，除了四环素类和β-内酰胺类，其余五类抗生素在冬季的平均浓度均显著高于夏季的平均浓度。不同类别抗生素在沱江干流中浓度的季节变化如图5.3-36所示，沱江沿岸城市饮用水源水中抗生素在4个采样季节的浓度分布如图5.3-37所示。

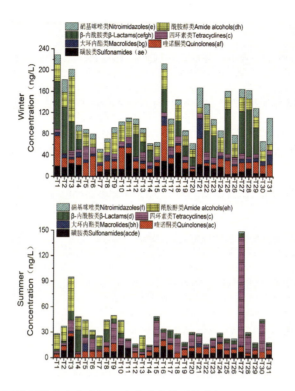

图5.3-36　不同类别抗生素在沱江干流中浓度的季节变化（上图为冬季，下图为夏季）

注：T1～T31为监测点位编号。

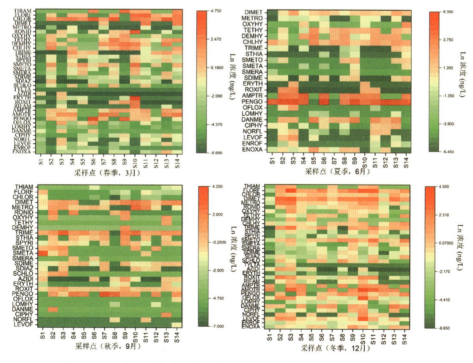

图5.3-37　沱江沿岸城市饮用水源水中抗生素在4个采样季节的浓度分布

五、遥感技术在四川省自然灾害生态破坏评估中的应用

四川省地貌差异大,地形复杂多样,气候分布多样,地质构造复杂,故而自然灾害多发、频发。"十三五"期间,全省共发生9次较大破坏性地震,累计影响面积2.57万平方千米,累计直接经济损失146.47亿元;暴雨过程59次,37次过程达到大型气象灾害标准,累计造成直接经济损失约950亿元,其中2020年发生气象灾害次数最多,灾害覆盖全省21个市(州),其中雅安、乐山、成都、德阳受到的直接经济损失最严重,均超过100亿元。自然灾害造成了大量的人员伤亡和经济损失,快速全面地获取灾情信息特别是次生地质灾害的分布信息对抗震救灾和灾后恢复重建的科学决策有重要意义。

2017年九寨沟"8.8"地震和2020年乐山"8.18"特大洪水自然灾害发生后,四川省生态环境监测总站利用遥感技术对重大自然灾害生态破坏进行了评估。

(一)九寨沟"8.8"地震生态状况影响分析

1. 评价内容和评价方法

评价范围:九寨沟县全境。

监测及评价项目:震前2016年和震后2017年生态环境状况指数对比评价。

评价标准及方法:参照《生态环境状况评价技术规范》(HJ 192—2015)。

数据源:震前数据主要采用高分一号多光谱(8米)和全色(2米)影像,资源三号01星多光谱(6米)和全色(2米)影像作为补充。震后收集灾后(2017年8月9日)高分二号多光谱(4米)和全色(1米)影像,共8景,云量40%~50%。所有影像均进行多光谱和全色波段融合。

2. 生态破坏空间评估

九寨沟地震形成的地质灾害、湖泊变化等生态破坏区域集中分布于以震中比芒村为中心的"25×10"平方千米范围内,在空间上呈"西北—东南"走向。生态破坏区域与地震烈度分布走向一致,地震烈度范围是8°~9°。九寨沟"8.8"地震灾区生态破坏空间分布如图5.3-38所示。

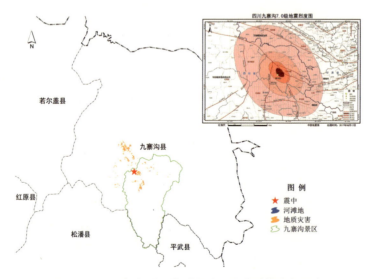

图5.3-38 九寨沟"8.8"地震灾区生态破坏空间分布

3. 生态环境破坏评估

对影像人工目视解译结果显示:九寨沟县地震生态破坏共解译各类型损毁面积586.7公顷(不包括40%~50%的云覆盖区),占九寨沟县总面积的0.11%。九寨沟县生态类型破坏见表5.3-2。

表5.3-2　九寨沟县生态类型破坏

生态类型			九寨沟县生态破坏				
			河滩地（公顷）	地质灾害（公顷）	合计（公顷）	百分比（%）	导致ΔEI变化量
地震损毁	林地	有林地	—	554.8	554.8	94.6	-0.04
		灌木林	—	0.7	0.7	0.1	-0.00002
		疏林地	—	8.5	8.5	1.5	-0.0002
	草地	高覆盖度草地	—	13.3	13.3	2.3	-0.0006
		低覆盖度草地	—	0.3	0.3	0.05	-0.000006
	水域湿地	湖泊	9.1	—	9.1	1.5	-0.0003
合计			9.1	577.6	586.7	—	-0.04
百分比（%）			1.5	98.5	—	—	

地震共引发滑坡、崩塌等地质灾害644处，导致九寨沟核心景区内至少2个海子（湖泊）变成河滩地。生态破坏造成河滩地9.1公顷，占解译灾害面积的1.5%；地质灾害577.6公顷，占解译灾害面积的98.5%。九寨沟县地震前后卫星影像典型对比如图5.3-39所示。

九寨沟地震之前　　　　　　九寨沟地震之后　　　　　　九寨沟地震之前　　　　　　九寨沟地震之后

图5.3-39　九寨沟县地震前后卫星影像典型对比

此次地震对九寨沟县的生态环境状况产生了一定影响，其中林地的破坏导致年际ΔEI变化-0.04，草地的破坏导致ΔEI变化-0.0006，水域湿地的破坏导致ΔEI变化-0.0003。

4. 地形破坏评估

九寨沟县地貌类型以高山山原、高山峡谷和中山河谷为主，坡度范围为0～80°，参照国际地理学会坡度划分标准，将坡度划分为六个等级，即0～5°、5°～15°、15°～25°、25°～35°、35°～45°、45°～80°，基于分辨率30米的DEM数据对九寨沟县及生态损害进行坡度分析。

九寨沟县90%以上地形超过15°，地势普遍陡峭，生态脆弱性强。经统计，地震产生的地质灾害90%以上发生在25°～80°的坡度，影像基本呈裸岩特征，残存的土量少，植被覆盖度自行恢复需要一定时间，植被种群结构恢复到震前水平较困难。九寨沟县受损坡度分析对比如图5.3-40所示。

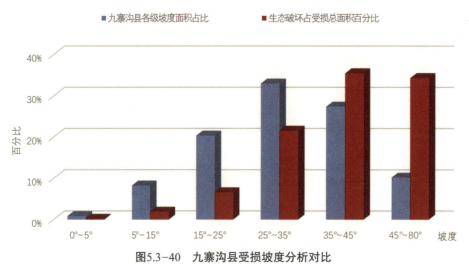

■九寨沟县各级坡度面积占比　■生态破坏占受损总面积百分比

百分比

图5.3-40　九寨沟县受损坡度分析对比

（二）乐山"8.18"洪水生态破坏遥感调查评估

1. 评价内容和评价方法

评价范围：乐山全境。重点为乐山境内受灾较为严重的青衣江、岷江、大渡河部分河段。

数据源：灾前：高分1号D星影像3景，高分6号影像1景，影像获取时间均为2020年5月，包含多光谱波段（分辨率8米）和全色波段（分辨率2米）。灾后：高分6号影像3景，影像获取时间均为2020年8月25日，包含多光谱波段（分辨率8米）和全色波段（分辨率2米）。

所有影像校正后进行融合，得到分辨率为2米的多光谱影像。

2. 重点研究区遥感调查评估

根据乐山土地利用/植被覆盖，乐山境内沿江两岸的城镇用地主要分布在河流两岸1千米内的平坝区，也是此次受灾最严重的区域。将以上河段做1千米的缓冲，在此基础上考虑地形特征、城镇用地分布整体性、工业园区的敏感性，进一步优化得到最终的洪水灾后重点评估研究区域。

乐山"8.18"特大洪灾水位于19日退去后，民众即刻开展城市清淤治理活动，故在灾后8月25日遥感影像上已经识别不到洪水发生时的最大灾害范围。

在水灾重点研究区内，对于沿江两岸的耕地、有林地、灌木林地等受破坏区及对于被水淹没的滩地均视为乐山"8.18"特大洪灾产生的灾害。乐山"8.18"特大洪灾部分区域灾前与灾后影像特征对比如图5.3-41所示（为突出变化，采用假彩色波段组合）。经人工判断与解译，乐山"8.18"特大洪灾人工解译灾害分布如图5.3-42所示。

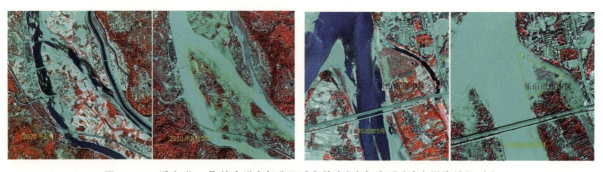

图5.3-41　乐山"8.18"特大洪灾部分区域灾前（左）与灾后（右）影像特征对比

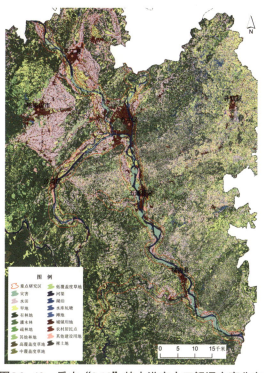

图5.3-42　乐山"8.18"特大洪灾人工解译灾害分布

　　根据灾前与灾后两期影像，人工目视解译出灾害总面积3005.1公顷，涉及5个区县：犍为县、五通桥区及市中区受损最为严重，受灾面积分别为1229.7公顷、1079.7公顷、402.4公顷；夹江县与沙湾区有少量受损，受灾面积分别为246.9公顷、46.4公顷。

　　受损的各类型地表覆盖：主要是水田1711.9公顷，滩地654.0公顷，旱地499.3公顷；其他类型相对较少，林地61.1公顷，工矿、交通用地23.5公顷，灌木林地20.8公顷，裸土地19.6公顷，有林地8.2公顷，农村居民点5.1公顷，低覆盖度草地1.6公顷。受损地表覆盖信息见表5.3-3。

表5.3-3　受损地表覆盖信息

行政区	灾前的类型	面积（公顷）	占本区（县）面积百分比（%）
市中区	水田	14.5	0.02
	旱地	102.9	0.12
	灌木林地	20.8	0.02
	其他林地	24.4	0.03
	滩地	234.7	0.28
	农村居民点	5.1	0.01
沙湾区	滩地	46.4	0.08
五通桥区	水田	661.8	1.43
	旱地	276.0	0.59
	其他林地	25.0	0.05
	滩地	116.9	0.25

行政区	灾前的类型	面积（公顷）	占本区（县）面积百分比（%）
犍为县	水田	1035.6	0.76
	旱地	12.2	0.01
	有林地	8.2	0.01
	低覆盖度草地	1.6	0.00
	滩地	129.0	0.09
	工矿、交通用地	23.5	0.02
	裸土地	19.6	0.01
夹江县	旱地	108.2	0.15
	其他林地	11.7	0.02
	滩地	127.0	0.17

3. 重点研究区外遥感调查评估

由于乐山"8.18"特大洪灾此次强降水的影响，乐山全境均受不同程度的影响，各地有散发地质灾害的报道，包括自然保护区，故对研究区外的地质灾害也进行了查找，在本次研究所用的影像上并未发现确凿的新增地质灾害。推测是地质灾害发生后地表仍有植被覆盖导致影像识别不出或者面积较小、分布不集中，其信息被综合在其他地物的像元中。

4. 洪灾影响评估分析

基于遥感影像的灾害解译结果可知，乐山"8.18"特大洪灾的主要影响范围在市中区、沙湾区、五通桥区、犍为县及夹江县，分布在支流两岸1千米范围内的平坝区，对乐山的生态环境状况产生了一定影响，其中水田的破坏导致年际ΔEI变化最大（-0.02），其次是滩地（-0.01），整体影响较小。乐山生态受损情况见表5.3-4，受损地表覆盖的各类型占比如图5.3-43所示。

表5.3-4　乐山生态受损情况

受灾前类型	灾害面积（公顷）	导致ΔEI
水田	1711.9	-0.02
滩地	654	-0.01
旱地	499.3	-0.003
其他林地	61.1	-0.0005
工矿、交通用地	23.5	-0.00004
灌木林地	20.8	-0.0003
裸土地	19.6	-0.000006
有林地	8.2	-0.0002
农村居民点	5.1	-0.00001
低覆盖度草地	1.6	-0.000006

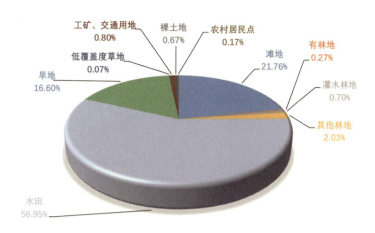

工矿、交通用地 0.80%　裸土地 0.67%　农村居民点 0.17%　滩地 21.76%　有林地 0.27%
低覆盖度草地 0.07%　灌木林地 0.70%
旱地 16.60%　其他林地 2.03%
水田 56.95%

图5.3-43　受损地表覆盖的各类型占比

　　此次洪灾并未对乐山境内的自然保护区造成明显的破坏。值得注意的是，根据解译结果，乐山部分工业园区周围有灾害发生，此次洪水可能对园区内企业产生影响。受影响的工业园区受灾前与受灾后影像对比如图5.3-44所示。

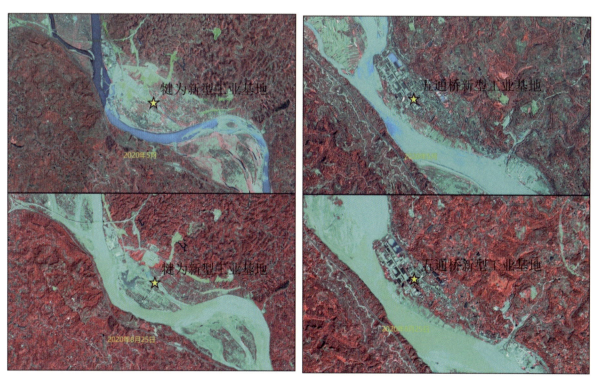

图5.3-44　犍为县（左）和五通桥区（右）工业园区受灾前（上）与受灾后（下）影像对比

5. 小结

在全省生态环境监测评价工作中，高分专项数据已经代替了进口卫星遥感数据，其获取影像方便、高效且费用显著降低。国产高分辨率卫星遥感影像的应用为四川省灾后损害评估提供了有效支撑，其在各行业的广泛应用为国家经济稳定增长、人民安居乐业保驾护航。

由于四川多云雾等气候原因，遥感影像获取困难，对于面积较大的省、市级的大尺度全覆盖时间响应受限，而重大自然灾害发生往往伴随着极端天气，影像采集难度增加。未来可探索微波遥感和无人机遥感的使用，对气象条件不好、常规光学遥感数据质量欠佳的情况可进行有效补充。

附　表

附表1　"十三五"期间全省21个市（州）城市优良天数率、污染天数

城市	优良天数率（%）					重度污染及以上（天数）				
	2016年	2017年	2018年	2019年	2020年	2016年	2017年	2018年	2019年	2020年
成都市	68.0	72.1	74.5	78.6	76.5	3	18	4	0	2
自贡市	65.0	69.0	71.5	80.3	81.1	10	22	7	2	1
攀枝花市	100	100	99.2	97.5	98.6	0	0	0	0	0
泸州市	69.7	80.8	88.2	83.8	88.5	1	8	0	0	0
德阳市	74.3	73.7	81.6	83.6	80.6	2	10	2	1	2
绵阳市	81.4	84.1	83.6	89.0	88.5	1	2	3	1	0
广元市	92.3	95.9	96.7	96.7	97.0	0	1	2	0	0
遂宁市	87.7	89.0	93.2	93.4	95.1	1	0	1	0	0
内江市	79.0	80.0	86.8	87.4	89.6	2	5	0	0	0
乐山市	79.0	78.4	86.0	83.8	87.2	1	11	1	3	1
南充市	82.5	85.8	87.1	89.0	94.0	3	0	1	1	0
眉山市	74.9	79.5	82.5	85.8	87.4	2	9	1	0	0
宜宾市	77.3	79.5	78.1	79.5	83.6	4	12	2	3	2
广安市	87.2	88.8	88.8	90.1	90.7	3	0	2	0	1
达州市	80.1	87.4	83.8	82.5	89.3	8	9	5	4	2
雅安市	90.4	86.6	91.5	90.7	96.2	0	2	1	0	0
巴中市	90.7	93.2	96.2	94.8	96.7	1	0	0	2	0
资阳市	82.0	86.3	86.8	87.1	88.8	2	1	0	0	0
马尔康市	100	100	100	100	100	0	0	0	0	0
康定市	99.2	100	100	100	100	0	0	0	0	0
西昌市	100	99.7	100	97.5	97.8	0	0	0	0	2
全省平均	83.8	86.2	88.4	89.1	90.8	2.1	5.2	1.5	0.8	0.6

附表2 "十三五"期间全省21个市（州）城市主要污染物年平均浓度

城市	SO₂年平均浓度 （μg/m³）					NO₂年平均浓度 （μg/m³）					CO年平均浓度 （mg/m³）				
	2016年	2017年	2018年	2019年	2020年	2016年	2017年	2018年	2019年	2020年	2016年	2017年	2018年	2019年	2020年
成都市	12	10	9	6	6	49	48	44	42	37	1.7	1.5	1.2	1.1	1
自贡市	14	14	12	8	6	30	34	28	26	27	1.4	1.4	1.2	1.1	1
攀枝花市	35	32	37	31	25	31	33	35	36	32	2	2.4	2.3	2.3	2.5
泸州市	16	16	14	11	10	26	32	32	30	27	0.8	0.9	0.9	1	1
德阳市	11	8	7	5	6	24	28	30	31	29	1.3	1.2	1.1	1.1	1
绵阳市	10	8	6	5	5	33	29	29	30	28	1.4	1.3	1	1	1
广元市	17	19	18	11	10	33	35	32	31	30	1.4	1.4	1.2	1.4	1
遂宁市	12	11	9	9	8	22	23	26	23	18	1.3	1.2	1	0.9	1
内江市	17	13	9	7	8	25	25	24	25	22	1.2	1	1.1	1.2	1.1
乐山市	16	11	7	7	6	31	31	30	29	27	1.5	1.4	1.2	1.2	1.1
南充市	11	11	9	5	5	28	31	30	27	26	1.2	1.2	1.1	1.1	1
眉山市	12	12	10	10	9	29	39	35	36	34	1.2	1	1.1	1.2	1.1
宜宾市	17	16	15	10	7	28	31	33	30	28	1.3	1.6	1.3	1.1	1.1
广安市	16	12	8	6	5	22	25	25	26	19	1.3	1.4	1.2	1.1	1
达州市	11	10	9	10	9	38	36	37	43	33	1.8	1.7	1.7	1.6	1.2
雅安市	14	10	13	8	7	25	26	19	22	20	1.4	1.1	1	1	0.9
巴中市	4	4	4	4	4	28	24	24	25	23	1.6	1.4	1.1	1.1	1
资阳市	16	9	7	7	7	18	25	25	27	24	1.1	1.1	1	1	1
马尔康市	8	8	7	8	8	12	9	9	8	10	1.2	0.7	0.7	0.8	0.8
康定市	21	17	10	13	9	28	22	15	21	20	1	0.7	0.6	0.6	0.6
西昌市	27	16	15	15	11	20	21	19	17	16	1.4	1	1.1	1	0.9
全省平均	15	13	11	9	8	28	29	28	28	25	1.4	1.3	1.1	1.1	1.1

注：监测指标浓度为实况数据计算。

城市	O$_3$年平均浓度（μg/m^3）					PM$_{2.5}$年平均浓度（μg/m^3）					PM$_{10}$年平均浓度（μg/m^3）				
	2016年	2017年	2018年	2019年	2020年	2016年	2017年	2018年	2019年	2020年	2016年	2017年	2018年	2019年	2020年
成都市	155	157	153	160	169	56	50	46	43	41	92	80	73	68	64
自贡市	106	138	157	155	152	66	61	49	45	43	90	81	70	67	62
攀枝花市	103	109	128	140	128	26	28	29	30	29	52	54	52	53	48
泸州市	140	134	137	147	142	58	48	35	41	38	78	73	54	54	48
德阳市	146	152	142	147	158	47	46	39	40	37	78	76	70	67	61
绵阳市	124	122	139	137	150	44	43	42	38	34	68	64	66	59	54
广元市	123	111	115	101	122	24	21	24	28	25	59	53	51	49	44
遂宁市	138	140	134	135	132	40	35	32	31	29	61	57	55	49	47
内江市	144	141	140	140	142	49	44	35	35	34	69	64	53	51	48
乐山市	130	144	118	132	144	48	50	43	42	35	72	71	64	58	53
南充市	102	137	138	129	114	52	42	44	42	37	74	66	66	64	56
眉山市	140	148	155	152	156	55	45	35	36	32	83	72	61	61	54
宜宾市	122	134	146	146	151	51	52	47	47	40	71	73	67	62	60
广安市	134	130	132	136	138	42	34	38	34	32	70	67	64	56	51
达州市	106	112	131	126	112	51	45	43	46	39	78	70	68	73	61
雅安市	108	121	113	130	132	37	43	36	30	27	60	59	50	42	38
巴中市	78	106	107	110	118	35	30	30	32	28	54	49	51	51	45
资阳市	144	137	144	147	148	43	33	32	35	30	84	75	63	54	50
马尔康市	108	108	109	109	107	14	8	11	16	16	25	17	19	22	23
康定市	72	102	116	94	102	16	13	14	11	9	27	22	22	19	16
西昌市	120	121	125	145	126	20	18	19	20	22	32	30	29	34	37
全省平均	121	129	132	134	135	42	38	34	34	31	66	60	56	53	49

附表3　"十三五"期间全省降水pH、酸雨频率统计结果

城市	降水pH					酸雨频率（%）				
	2016年	2017年	2018年	2019年	2020年	2016年	2017年	2018年	2019年	2020年
成都市	6.59	6.4	6.45	6.32	6.08	1.6	0.8	0	0	1.9
自贡市	5.4	5.68	5.52	5.67	5.63	28.6	21	15.7	20.2	12
攀枝花市	5.29	5.23	5.43	5.74	6	39.2	44.6	24.6	17.5	6.3
泸州市	5.09	5.2	5.1	5.41	5.56	41.1	26.1	44.4	29.9	34.9
德阳市	5.73	5.44	5.39	6.15	6.3	7.3	10	12.9	2.2	0
绵阳市	6.38	5.97	6.24	5.71	5.36	1.3	4.4	2.4	21.9	37.5
广元市	6.98	6.43	6.1	6.5	6.66	0	0.8	1.5	0	0
遂宁市	7.54	7.47	7.45	7.13	7.53	0	0	0	0	0
内江市	5.95	6.26	6.1	6.06	6.4	10.3	0	4.3	2.5	2
乐山市	6.95	7.21	7.07	7.68	6.97	0	0	0	0	0
南充市	6.84	6.21	6.38	7.11	6.86	0	3.3	12.8	0	0
眉山市	6.85	6.77	6.7	7.2	7.09	0	0	0	0	0
宜宾市	6.42	6.54	6.44	6.67	6.38	0	0	0	0	0
广安市	5.74	5.75	5.81	5.76	6.06	12.6	3	1.8	1.3	1.9
达州市	6.4	6.18	6.33	6.26	6.25	0	0	0	0	0
雅安市	6.67	6.73	6.4	6.68	6.84	3.3	5.5	0	0	0
巴中市	6.66	5.99	6.06	5.48	6.84	0	4.7	5.7	14	0
资阳市	6.77	6.87	6.19	6.31	6.15	0	0	0	0	0
马尔康市	6.89	7.07	7.32	7.08	6.82	0	0	0	0	0
康定市	6.61	6.61	6.71	6.82	6.94	0	0	0	0	0
西昌市	6.16	6.51	6.74	7.03	6.8	0	0	0	0	0
全省	5.68	5.8	5.78	5.97	6.06	11.3	8.4	9.8	7.2	6.9

附表4 "十三五"期间全省地表水断面水质类别

序号	水系	河流	断面名称	2016年	2017年	2018年	2019年	2020年
1	金沙江水系	干流	岗托桥	Ⅱ	Ⅱ	Ⅰ	Ⅰ	Ⅱ
2	金沙江水系	干流	贺龙桥	Ⅰ	Ⅱ	Ⅱ	Ⅱ	Ⅱ
3	金沙江水系	干流	龙洞	Ⅰ	Ⅰ	Ⅰ	Ⅰ	Ⅰ
4	金沙江水系	干流	倮果	Ⅱ	Ⅱ	Ⅱ	Ⅱ	Ⅰ
5	金沙江水系	干流	金江	Ⅱ	Ⅱ	Ⅱ	Ⅰ	Ⅱ
6	金沙江水系	干流	蒙姑	Ⅱ	Ⅱ	Ⅱ	Ⅱ	Ⅱ
7	金沙江水系	干流	大湾子	Ⅱ	Ⅱ	Ⅱ	Ⅱ	Ⅱ
8	金沙江水系	干流	葫芦口	Ⅱ	Ⅱ	Ⅱ	Ⅱ	Ⅱ
9	金沙江水系	干流	安边镇	Ⅱ	Ⅱ	Ⅱ	Ⅱ	Ⅱ
10	金沙江水系	干流	石门子	Ⅱ	Ⅱ	Ⅱ	Ⅱ	Ⅰ
11	金沙江水系	雅砻江	二滩	Ⅰ	Ⅰ	Ⅱ	Ⅰ	Ⅰ
12	金沙江水系	雅砻江	柏枝	Ⅰ	Ⅰ	Ⅱ	Ⅰ	Ⅰ
13	金沙江水系	雅砻江	雅砻江口	Ⅱ	Ⅱ	Ⅱ	Ⅱ	Ⅰ
14	金沙江水系	安宁河	观音岩水电站	Ⅱ	Ⅱ	Ⅱ	Ⅱ	Ⅱ
15	金沙江水系	安宁河	阿七大桥	Ⅱ	Ⅱ	Ⅱ	Ⅱ	Ⅱ
16	金沙江水系	安宁河	昔街大桥	Ⅱ	Ⅱ	Ⅱ	Ⅱ	Ⅱ
17	长江干流（四川段）	干流	挂弓山	Ⅱ	Ⅱ	Ⅱ	Ⅱ	Ⅱ
18	长江干流（四川段）	干流	井口	Ⅱ	Ⅱ	Ⅱ	Ⅱ	Ⅱ
19	长江干流（四川段）	干流	纳溪大渡口	Ⅱ	Ⅱ	Ⅱ	Ⅱ	Ⅱ
20	长江干流（四川段）	干流	手爬岩	Ⅲ	Ⅱ	Ⅱ	Ⅱ	Ⅱ
21	长江干流（四川段）	干流	朱沱（沙溪口）	Ⅲ	Ⅱ	Ⅱ	Ⅱ	Ⅱ
22	长江干流（四川段）	永宁河	泸天化大桥	Ⅱ	Ⅱ	Ⅱ	Ⅱ	Ⅱ
23	长江干流（四川段）	赤水河	醒觉溪	Ⅱ	Ⅱ	Ⅱ	Ⅱ	Ⅱ
24	长江干流（四川段）	御临河	幺滩	Ⅲ	Ⅱ	Ⅱ	Ⅲ	Ⅱ
25	长江干流（四川段）	长宁河	蔡家渡口	Ⅲ	Ⅲ	Ⅲ	Ⅲ	Ⅱ
26	长江干流（四川段）	南广河	洛亥	Ⅱ	Ⅱ	Ⅱ	Ⅱ	Ⅱ
27	长江干流（四川段）	南广河	南广镇	Ⅱ	Ⅱ	Ⅱ	Ⅱ	Ⅱ
28	长江干流（四川段）	大洪河	黎家乡崔家岩村	Ⅲ	Ⅲ	Ⅲ	Ⅲ	Ⅲ
29	岷江水系	干流	渭门桥	Ⅱ	Ⅱ	Ⅰ	Ⅱ	Ⅰ
30	岷江水系	干流	映秀	Ⅱ	Ⅱ	Ⅱ	Ⅱ	Ⅱ

序号	水系	河流	断面名称	2016年	2017年	2018年	2019年	2020年
31	岷江水系	干流	黎明村	Ⅱ	Ⅱ	Ⅱ	Ⅱ	Ⅱ
32	岷江水系	干流	都江堰水文站	Ⅱ	Ⅱ	Ⅱ	Ⅱ	Ⅰ
33	岷江水系	干流	岳店子下	Ⅳ	Ⅲ	Ⅲ	Ⅲ	Ⅱ
34	岷江水系	干流	彭山岷江大桥	Ⅳ	Ⅳ	Ⅲ	/	Ⅱ
35	岷江水系	干流	眉山糖厂	Ⅳ	Ⅲ	Ⅲ	Ⅲ	Ⅲ
36	岷江水系	干流	罗波渡	Ⅳ	Ⅳ	Ⅲ	Ⅲ	Ⅲ
37	岷江水系	干流	悦来渡口	Ⅳ	Ⅳ	Ⅲ	Ⅲ	Ⅲ
38	岷江水系	干流	马鞍山	Ⅱ	Ⅱ	Ⅱ	Ⅱ	Ⅱ
39	岷江水系	干流	河口渡口	Ⅲ	Ⅲ	Ⅲ	Ⅲ	Ⅲ
40	岷江水系	干流	月波	Ⅲ	Ⅲ	Ⅲ	Ⅲ	Ⅱ
41	岷江水系	干流	凉姜沟	Ⅲ	Ⅲ	Ⅲ	Ⅲ	Ⅲ
42	岷江水系	寿溪河	水磨	Ⅱ	Ⅱ	Ⅱ	Ⅱ	Ⅱ
43	岷江水系	梭磨河	小水沟	Ⅱ	Ⅱ	Ⅱ	Ⅱ	Ⅰ
44	岷江水系	府河	永安大桥	Ⅴ	Ⅳ	Ⅳ	Ⅲ	Ⅲ
45	岷江水系	府河	黄龙溪	劣Ⅴ	Ⅴ	Ⅳ	Ⅳ	Ⅲ
46	岷江水系	江安河	二江寺	劣Ⅴ	Ⅴ	劣Ⅴ	Ⅲ	Ⅲ
47	岷江水系	新津南河	老南河大桥	劣Ⅴ	Ⅴ	Ⅳ	Ⅳ	Ⅲ
48	岷江水系	金牛河	金牛河口	劣Ⅴ	劣Ⅴ	Ⅳ	Ⅲ	Ⅲ
49	岷江水系	思蒙河	思蒙河口	劣Ⅴ	劣Ⅴ	Ⅳ	Ⅳ	Ⅲ
50	岷江水系	体泉河	醴泉河口	劣Ⅴ	劣Ⅴ	劣Ⅴ	Ⅳ	Ⅳ
51	岷江水系	毛河	桥江桥	劣Ⅴ	Ⅴ	Ⅴ	Ⅳ	Ⅲ
52	岷江水系	东风渠	东风桥	Ⅲ	Ⅱ	Ⅱ	Ⅱ	Ⅱ
53	岷江水系	大渡河	黄荆坪	Ⅱ	Ⅱ	Ⅱ	Ⅱ	Ⅱ
54	岷江水系	大渡河	大岗山	Ⅱ	Ⅱ	Ⅰ	Ⅰ	Ⅰ
55	岷江水系	大渡河	三谷庄	Ⅱ	Ⅱ	Ⅱ	Ⅰ	Ⅰ
56	岷江水系	大渡河	李码头	Ⅱ	Ⅱ	Ⅱ	Ⅱ	Ⅱ
57	岷江水系	大金川河	马尔邦碉王山庄	Ⅱ	Ⅱ	Ⅱ	Ⅱ	Ⅰ
58	岷江水系	青衣江	水冲坝	Ⅱ	Ⅱ	Ⅱ	Ⅱ	Ⅱ
59	岷江水系	青衣江	龟都府	Ⅱ	Ⅱ	Ⅱ	Ⅱ	Ⅱ
60	岷江水系	青衣江	木城镇	Ⅱ	Ⅱ	Ⅱ	Ⅱ	Ⅱ
61	岷江水系	青衣江	姜公堰	Ⅱ	Ⅱ	Ⅱ	Ⅱ	Ⅱ
62	岷江水系	马边河	马边河口	Ⅲ	Ⅲ	Ⅱ	Ⅱ	Ⅱ
63	岷江水系	茫溪河	茫溪大桥	劣Ⅴ	劣Ⅴ	Ⅳ	Ⅴ	Ⅳ
64	岷江水系	龙溪河	龙溪河口	Ⅱ	Ⅱ	Ⅱ	Ⅱ	Ⅱ
65	岷江水系	越溪河	佳乡黄龙桥	Ⅳ	Ⅳ	Ⅳ	Ⅲ	Ⅲ
66	岷江水系	越溪河	两河口	Ⅲ	Ⅲ	Ⅲ	Ⅲ	Ⅲ
67	岷江水系	越溪河	越溪河口	Ⅱ	Ⅱ	Ⅱ	Ⅱ	Ⅱ
68	沱江水系	干流	三皇庙	Ⅴ	Ⅴ	Ⅳ	Ⅲ	Ⅲ
69	沱江水系	干流	宏缘	Ⅴ	Ⅳ	Ⅳ	Ⅲ	Ⅲ
70	沱江水系	干流	临江寺	Ⅳ	Ⅳ	Ⅲ	Ⅲ	Ⅲ

序号	水系	河流	断面名称	2016年	2017年	2018年	2019年	2020年
71	沱江水系	干流	拱城铺渡口	V	IV	III	III	III
72	沱江水系	干流	幸福村	IV	III	III	III	III
73	沱江水系	干流	顺河场	IV	IV	III	III	III
74	沱江水系	干流	银山镇	IV	IV	III	III	III
75	沱江水系	干流	高寺渡口	IV	IV	III	III	III
76	沱江水系	干流	脚仙村	IV	IV	III	III	III
77	沱江水系	干流	釜沱口前	IV	IV	III	III	III
78	沱江水系	干流	李家湾	IV	IV	III	III	III
79	沱江水系	干流	怀德渡口	IV	IV	III	III	III
80	沱江水系	干流	大磨子	IV	IV	III	III	III
81	沱江水系	干流	沱江大桥	IV	IV	III	III	III
82	沱江水系	绵远河	清平铁索桥	I	I	I	II	II
83	沱江水系	绵远河	八角	III	III	III	III	III
84	沱江水系	绵远河	双江桥	V	IV	IV	III	III
85	沱江水系	鸭子河	三川	V	IV	IV	III	III
86	沱江水系	北河	201医院	IV	IV	III	III	III
87	沱江水系	中河	清江桥	劣V	V	IV	III	III
88	沱江水系	中河	清江大桥	劣V	IV	IV	III	III
89	沱江水系	青白江	三邑大桥	III	III	II	II	II
90	沱江水系	毗河	毗河二桥	劣V	劣V	IV	III	III
91	沱江水系	阳化河	巷子口	IV	IV	IV	IV	IV
92	沱江水系	九曲河	九曲河大桥	劣V	劣V	劣V	V	III
93	沱江水系	绛溪河	爱民桥	III	IV	IV	III	III
94	沱江水系	球溪河	北斗	V	劣V	劣V	IV	III
95	沱江水系	球溪河	发轮河口	劣V	劣V	V	V	III
96	沱江水系	球溪河	球溪河口	劣V	劣V	IV	III	III
97	沱江水系	旭水河	雷公滩	IV	V	IV	IV	IV
98	沱江水系	威远河	廖家堰	劣V	IV	IV	III	III
99	沱江水系	釜溪河	双河口	IV	IV	IV	IV	IV
100	沱江水系	釜溪河	碳研所	劣V	劣V	IV	IV	IV
101	沱江水系	釜溪河	邓关	IV	IV	IV	IV	IV
102	沱江水系	濑溪河	高洞电站（天竺寺大桥）	IV	IV	IV	III	III
103	沱江水系	濑溪河	胡市大桥	IV	III	III	IV	III
104	嘉陵江水系	干流	八庙沟	II	II	II	II	I
105	嘉陵江水系	干流	上石盘	II	II	II	II	I
106	嘉陵江水系	干流	张家岩	II	II	II	II	II
107	嘉陵江水系	干流	阆中沙溪	II	II	II	II	II
108	嘉陵江水系	干流	金溪电站	II	II	II	II	II
109	嘉陵江水系	干流	小渡口	II	II	II	II	II

序号	水系	河流	断面名称	2016年	2017年	2018年	2019年	2020年
110	嘉陵江水系	干流	李渡镇	II	II	II	II	II
111	嘉陵江水系	干流	烈面	II	II	II	II	II
112	嘉陵江水系	干流	金子（清平）	II	II	II	II	II
113	嘉陵江水系	南河	安家湾	II	II	II	II	II
114	嘉陵江水系	南河	南渡	II	II	II	II	I
115	嘉陵江水系	白龙江	姚渡	I	I	I	II	II
116	嘉陵江水系	白龙江	苴国村	I	I	I	II	I
117	嘉陵江水系	白水江	县城马踏石	I	II	II	II	I
118	嘉陵江水系	清竹江	竹园镇阳泉坝	II	II	I	I	I
119	嘉陵江水系	东河	文成镇	II	II	II	II	II
120	嘉陵江水系	西河	升钟水库铁炉寺	II	II	III	II	II
121	嘉陵江水系	西充河	彩虹桥	IV	III	IV	III	III
122	嘉陵江水系	巴河	手傍岩	III	III	III	III	III
123	嘉陵江水系	巴河	排马梯	II	II	II	II	II
124	嘉陵江水系	巴河	江陵	II	II	II	II	II
125	嘉陵江水系	巴河	大蹬沟	II	II	III	III	III
126	嘉陵江水系	州河	水井湾	III	III	III	III	III
127	嘉陵江水系	州河	舵石盘	III	III	III	III	II
128	嘉陵江水系	州河	车家河	II	II	III	II	II
129	嘉陵江水系	后河	漩坑坝	II	II	III	II	II
130	嘉陵江水系	流江河	白兔乡	IV	III	III	III	III
131	嘉陵江水系	任市河	联盟桥	III	III	III	III	III
132	嘉陵江水系	铜钵河	上河坝	V	IV	III	III	III
133	嘉陵江水系	渠江	团堡岭	III	II	II	II	II
134	嘉陵江水系	渠江	白塔	III	III	II	II	II
135	嘉陵江水系	渠江	码头（赛龙）	II	II	II	II	II
136	嘉陵江水系	清溪河	双龙桥	III	III	III	III	III
137	嘉陵江水系	涪江	平武水文站	I	I	I	I	I
138	嘉陵江水系	涪江	福田坝	II	II	II	II	II
139	嘉陵江水系	涪江	丰谷	III	III	II	II	II
140	嘉陵江水系	涪江	百顷	III	II	II	II	II
141	嘉陵江水系	涪江	米家桥	III	II	II	II	II
142	嘉陵江水系	涪江	玉溪（老池）	III	III	II	II	II
143	嘉陵江水系	通口河	北川通口	II	II	II	II	I
144	嘉陵江水系	凯江	西平镇	III	III	III	III	III
145	嘉陵江水系	凯江	老南桥	IV	III	III	III	III
146	嘉陵江水系	梓江	天仙镇大佛寺渡口	II	III	III	III	III
147	嘉陵江水系	梓江	梓江大桥	III	III	III	II	III
148	嘉陵江水系	郪江	象山	V	IV	III	III	III
149	嘉陵江水系	郪江	郪江口	V	V	III	III	III

续附表4

序号	水系	河流	断面名称	2016年	2017年	2018年	2019年	2020年
150	嘉陵江水系	琼江	跑马滩	V	IV	IV	III	III
151	嘉陵江水系	琼江	光辉（大安）	III	IV	IV	III	III
152	黄河干流（四川段）	干流	泽修村	II	II	II	II	II
153	黄河干流（四川段）	干流	玛曲	II	II	II	II	II

附表5　"十三五"期间全省县级以上城市集中式饮用水水源地达标率

地区	断面达标率（%）				
	2016年	2017年	2018年	2019年	2020年
成都	100	100	100	100	100
自贡	66.7	66.7	100	100	100
攀枝花	100	100	100	100	100
泸州	100	100	100	91.1	100
德阳	91.7	91.7	91.7	100	100
绵阳	100	100	100	100	100
广元	100	100	100	100	100
遂宁	60.0	100	100	100	100
内江	100	100	100	100	100
乐山	100	100	100	100	100
南充	100	100	100	100	100
眉山	83.3	100	83.3	100	100
宜宾	100	100	100	100	100
广安	100	100	100	100	100
达州	100	100	100	100	100
雅安	93.8	100	100	100	100
巴中	100	100	100	100	100
资阳	80.0	20.0	71.4	100	100
阿坝州	100	100	100	100	100
凉山州	100	100	100	100	100
甘孜州	100	100	100	100	100
全省	96.9	97.4	98.9	99.6	100

附表6 "十三五"期间全省地下水环境国考点位水质状况

序号	地区	考核点位位置	2015年	2016年	2017年	2018年	2019年	2020年
1	成都	金牛区王贾社区王贾村6组	极差	较差	较差	较差	较差	较差
2	成都	都江堰市崇义镇界牌村5村79号	较差	良好	良好	良好	良好	优良
3	成都	新都区大丰镇双林村6组	较差	较差	较差	较差	良好	较差
4	成都	温江区万春镇幸福村2组	良好	较差	较差	较差	较差	优良
5	成都	邛崃市固驿镇春台社区18组（华美商务酒店旁）	良好	较差	较差	较差	良好	较差
6	成都	郫都区安德镇黄龙村3组（黄广路）	良好	较差	较差	较差	较差	良好
7	成都	青羊区苏坡百仁村1组	良好	较差	较差	较差	良好	良好
8	成都	武侯区机投镇半边街3组（九康2路）	良好	较差	较差	较差	—	—
9	成都	武侯区簇桥锦街道福锦路一段（西府兰庭）	良好	较差	较差	较差	较差	较差
10	成都	武侯区金花桥街道川西营村3组（永康路）	良好	较差	较差	较差	较差	较差
11	成都	都江堰市石羊镇苏院村2组	良好	良好	较好	良好	较差	优良
12	成都	武侯区第一人民医院旁	良好	良好	较差	较差	良好	—
13	成都	崇州市燎原乡行政村6组（顺兴街18号）	较差	良好	较好	良好	良好	良好
14	成都	大邑县董场镇铁溪社区1组（铁溪路376号）	较差	较差	较差	较差	较差	较差
15	成都	崇州市街子镇唐公村4组（徐家井坎）	较差	较差	较差	较差	优良	良好
16	成都	金牛区金牛宾馆（成都金泉路2号）	较差	较差	较差	良好	较差	较差
17	成都	彭州市隆丰镇黄高村12组	良好	良好	良好	较差	良好	良好
18	成都	武侯区四川大学望江校区放化馆附近	良好	良好	良好	良好	较差	—
19	成都	新都区新都镇封赐村8组	极差	较差	极差	较差	极差	较差
20	德阳	德阳市广汉市南兴镇塔子村14组	良好	较差	较好	良好	良好	良好
21	德阳	什邡市洛水镇幸福村7组	较差	良好	良好	优良	优良	优良
22	德阳	绵竹市汉旺镇牛鼻村4组	较差	良好	良好	良好	良好	良好
23	德阳	旌阳区千佛社区耐火材料厂（金山街260号）	良好	较差	较差	较差	较差	较差
24	德阳	旌阳区孝感镇黄河村8组	良好	较差	较差	良好	良好	良好
25	德阳	旌阳区北郊水厂1号井	良好	较差	较好	优良	优良	较差
26	德阳	旌阳区黄许江林村7组	良好	较差	较好	较差	较差	较差
27	德阳	什邡市禾丰镇禾丰社区	良好	良好	较好	良好	良好	良好
28	德阳	广汉市三水镇宝莲村19组	较差	较差	较差	较差	较差	良好
29	德阳	旌阳区孝感镇联合村4组80号	较差	较差	较差	较差	较差	较差
30	德阳	旌阳区工农街道东升村9组	—	较差	较差	较差	较差	良好
31	德阳	绵竹市绵远镇广西村2组（富乐路）	良好	较差	良好	良好	良好	良好
32	德阳	什邡市隐丰镇黄龙村4组	良好	较差	良好	良好	较差	良好
33	德阳	什邡市马祖镇高桥村4组（两路口）	良好	较差	良好	良好	较差	良好
34	德阳	绵竹市孝德镇孝北路（中林商务酒店旁）	良好	良好	良好	良好	良好	良好

附表7　"十三五"期间全省城市区域声环境监测结果统计

单位：dB（A）

城市名称	2016年	2017年	2018年	2019年	2020年	秩相关系数	变化趋势
成都市	54.1	54.3	55	54.5	54.6	0.700	上升趋势
自贡市	56.2	56.6	59.3	57.2	56.9	0.600	上升趋势
攀枝花市	51.6	51.6	51.5	51.5	50.7	−0.850	下降趋势
泸州市	54	53.2	52.8	54.7	53.6	0.100	上升趋势
德阳市	53	52.2	52.5	51	51	−0.825	下降趋势
绵阳市	54.6	56.3	56.8	56.6	55.7	0.300	上升趋势
广元市	52.3	51.8	53.9	56.3	54	0.800	上升趋势
遂宁市	56.1	55.8	54.5	54.9	51.7	−0.900	下降趋势
内江市	58.3	56.9	58	52.9	55.1	−0.800	下降趋势
乐山市	54.6	54.7	54.8	55	54.8	0.825	上升趋势
南充市	55.4	55.4	51	52.9	56.6	0.175	上升趋势
眉山市	54.3	54.3	56.2	55.6	55.2	0.575	上升趋势
宜宾市	53.7	54.3	54.8	54.4	55	0.900	上升趋势
广安市	52.3	54	54.3	54.8	54.3	0.825	上升趋势
达州市	56.8	57.1	57	56.8	56.8	−0.200	下降趋势
雅安市	59.3	53.6	52.3	53.1	52.3	−0.775	下降趋势
巴中市	52.7	53.9	55.1	54.1	55	0.700	上升趋势
资阳市	53.3	53.3	54.4	52.4	52.7	−0.525	下降趋势
马尔康市	50.1	52.8	54.8	54.8	54.2	0.675	上升趋势
康定市	56.6	54.8	51.7	51.5	51.9	−0.700	下降趋势
西昌市	52.2	53.8	53.7	51.5	52.3	−0.200	下降趋势
全省	54.5	54.3	54.5	54.1	54.6	0.225	上升趋势

附表8　"十三五"期间全省城市道路交通声环境监测结果统计

单位：dB（A）

城市名称	2016年	2017年	2018年	2019年	2020年	秩相关系数	变化趋势
成都市	70.9	69.3	69.7	69.2	69.6	−0.500	下降趋势
自贡市	68.1	66.8	71.3	68.8	69.5	0.600	上升趋势
攀枝花市	68	69.3	69.7	69.6	69.4	0.600	上升趋势
泸州市	68.5	71.6	70.6	70.2	71.8	0.600	上升趋势
德阳市	63.2	64.3	66.2	68.5	67.6	0.900	上升趋势
绵阳市	69.8	69.8	70.3	69.7	69.6	−0.625	下降趋势
广元市	67	67.7	69.8	62.2	67.3	−0.100	下降趋势
遂宁市	66.4	66.2	66.1	65.3	64.2	−1.000	下降趋势

城市名称	2016年	2017年	2018年	2019年	2020年	秩相关系数	变化趋势
内江市	69.1	70.5	70.7	70.1	70.3	0.200	上升趋势
乐山市	66.4	66.6	65.8	65.3	65.3	−0.825	下降趋势
南充市	67.5	67.1	67	69.2	67.5	0.325	上升趋势
眉山市	65.5	66	65.4	66.5	66	0.475	上升趋势
宜宾市	69.1	67.4	67.5	66.7	67.7	−0.300	下降趋势
广安市	67.1	67.3	66.9	67.1	67.7	0.375	上升趋势
达州市	70.5	71.6	71.4	69.6	71.4	−0.075	下降趋势
雅安市	72.1	71.4	65.8	69.7	70.6	−0.600	下降趋势
巴中市	67.6	67.6	69.4	67.7	67.6	0.300	上升趋势
资阳市	68	69.6	69	67.9	70.7	0.300	上升趋势
马尔康市	64.2	64.8	62.4	63.1	53.3	−0.800	下降趋势
康定市	66.2	66.6	55	55.2	56.8	−0.500	下降趋势
西昌市	66.6	67.2	68	67	66.6	−0.075	下降趋势
全省	68.5	68.3	68.8	68.1	68.4	−0.300	下降趋势

附表9　土壤国控网背景点不同监测指标不同深度的含量统计

深度	统计量	有机质含量	阳离子交换量	pH	镉	汞	砷	铜	铅
		g/kg	cmol/kg	无量纲	mg/kg	mg/kg	mg/kg	mg/kg	mg/kg
A层	最小值	4.26	2.1	4.22	0.06	0.0086	2.3	7	17.7
	平均值	46.9	13.1	6.62	0.41	0.1	18.7	44.2	37.4
	最大值	255	48.9	9.12	7.1	1.16	135.1	240.7	174
	变异系数%	90.7	64.6	20.7	231.7	210.0	110.9	93.5	76.3
B层	最小值	2.87	1.2	4.56	0.05	0.0071	未检出	6.4	13.1
	平均值	25.1	11.3	6.85	0.2	0.08	16.6	42.4	29.8
	最大值	208	35.6	9.12	0.88	0.7351	82.8	271.4	101.8
	变异系数%	130.8	61.1	19.0	85.0	175.0	85.7	103.9	47.8
C层	最小值	2.5	1.2	4.57	0.04	0.0046	未检出	9.3	13.7
	平均值	17.2	11	6.93	0.31	0.08	25.6	45.5	32.5
	最大值	127	28.3	9.8	6.56	0.7027	463.8	288.9	154.4
	变异系数%	116.3	62.7	18.8	287.1	162.5	246.9	101.4	70.4

续附表9

深度	统计量	铬	锌	镍	铥	镱	镥	钍	铀
		mg/kg	mg/kg	mg/kg	mg/kg	mg/kg	mg/kg	mg/kg	mg/kg
A层	最小值	21.4	36.1	12.2	0.25	1.53	0.23	8	1.265
	平均值	105.9	109.6	50	0.51	3.17	0.49	15.52	3.38
	最大值	530	595.5	364.2	0.98	6.12	0.98	22.1	20.714
	变异系数%	78.0	68.5	98.9	27.5	27.4	26.5	20.0	76.3
B层	最小值	24.4	24.5	8.4	0.28	1.78	0.29	6.7	1.335
	平均值	107.1	93.8	50.3	0.53	3.33	0.51	14.8	3.2
	最大值	567.6	172.7	354.1	1.04	6.44	1	23.3	11.066
	变异系数%	84.4	33.4	100.9	30.2	29.1	29.4	22.5	47.5
C层	最小值	29.3	35	11.5	0.25	1.52	0.24	7.8	1.327
	平均值	104.9	106.7	51.9	0.54	3.38	0.53	15.9	3.52
	最大值	592.9	699.1	313.8	1.12	7.32	1.14	25.1	18.998
	变异系数%	84.6	82.5	90.0	32.1	32.1	31.9	22.4	75.9

深度	统计量	银	钴	锰	钒	锂	钠	钾	铷
		mg/kg	mg/kg	mg/kg	mg/kg	mg/kg	%	%	mg/kg
A层	最小值	0.046	未检出	43.6	36.5	14.24	0.09	0.52	46.9
	平均值	0.14	18.1	898.4	131.5	46.12	0.69	2.13	123
	最大值	1.189	65.8	3551	348	78.16	1.83	3.7	215
	变异系数%	114.3	57.9	60.2	50.6	31.4	59.4	29.6	28.3
B层	最小值	0.029	2.2	59	35.7	10.52	0.07	0.48	36
	平均值	0.14	17.8	975.1	131.7	46.82	0.71	2.15	120.2
	最大值	1.613	67.2	5046	386	75.95	2.13	4.01	233
	变异系数%	157.1	61.9	87.8	53.6	30.4	64.8	31.6	30.9
C层	最小值	0.038	3.4	69.4	46.5	14.08	0.09	0.47	47.6
	平均值	0.15	20.6	943	134.4	48.09	0.72	2.32	130.6
	最大值	1.534	90.5	4433	423	128.39	3.05	4.03	234
	变异系数%	180.0	78.2	69.2	53.8	39.9	75.0	26.3	27.8

深度	统计量	铯	铍	镁	钙	锶	钡	硼	铝
		mg/kg	mg/kg	%	%	mg/kg	mg/kg	mg/kg	%
A层	最小值	2.656	1.209	0.21	未检出	28.4	217	17.33	4.47
	平均值	10.56	2.57	0.99	1.31	113	565	72.22	8.01
	最大值	32.533	4.202	2.42	6.41	335	2743	234.99	12.18
	变异系数%	44.6	24.5	41.4	116.8	57.7	61.6	54.2	16.5
B层	最小值	1.486	0.93	0.13	0.07	19.9	166	15.97	4.09
	平均值	10.24	2.69	0.98	1.16	111	580	60.27	8.1
	最大值	27.697	5.356	2.27	6.66	354	3804	179.46	13.42
	变异系数%	40.9	27.5	43.9	126.7	57.0	84.7	45.6	19.0
C层	最小值	2.321	0.938	0.18	0.08	21.6	210	10.94	6.11
	平均值	10.79	2.85	1.03	1.28	108	610	61.82	8.57
	最大值	39.248	9.322	2.33	6.14	354	3974	157.79	14.22
	变异系数%	53.2	41.1	39.8	132.0	57.3	80.8	46.2	16.1

深度	统计量	镓	铟	铊	钪	钇	锗	锡	钛
		mg/kg	mg/kg	mg/kg	mg/kg	mg/kg	mg/kg	mg/kg	%
A层	最小值	12	0.038	0.316	5.2	16.04	1.14	2.2	0.19
	平均值	20.3	0.08	0.76	14.8	31.12	1.7	5.5	0.56
	最大值	34.1	0.378	1.876	39.8	65.48	2.41	38.4	2.01
	变异系数%	19.3	62.5	30.3	38.2	31.0	17.6	85.7	58.9
B层	最小值	9.2	0.025	0.284	5	16.68	0.87	1.7	0.19
	平均值	20.3	0.07	0.77	15.4	32.74	1.72	4.5	0.58
	最大值	38.1	0.151	1.908	40.3	64.61	2.48	8.2	1.98
	变异系数%	22.1	28.6	36.4	39.7	34.4	19.8	32.0	60.3
C层	最小值	13	0.028	0.376	5.4	14.37	1.03	1.9	0.22
	平均值	21.2	0.08	0.8	15.2	32.81	1.74	5.3	0.57
	最大值	37.2	0.475	2.414	46.2	67.47	2.57	56.6	1.93
	变异系数%	19.9	75.0	38.8	44.1	32.5	17.8	137.3	59.6

深度	统计量	锆	铪	锑	铋	钽	钼	钨	铁
		mg/kg	mg/kg	mg/kg	mg/kg	mg/kg	mg/kg	mg/kg	%
A层	最小值	121	4	0.19	0.172	0.85	0.34	0.86	1.23
	平均值	257	7.1	1.35	0.52	1.32	1.11	2.37	4.41
	最大值	463	12	14.3	3.526	3.6	5.04	5.8	11.75
	变异系数%	23.0	21.8	157.0	86.5	38.6	87.4	40.1	44.0
B层	最小值	118	4.1	0.19	0.102	0.75	0.27	0.95	0.85
	平均值	26	7.1	1	0.4	1.36	1.02	2.25	4.57
	最大值	450	11.7	8.52	0.84	3.51	6.05	5.4	12.01
	变异系数%	22.0	20.3	113.0	35.0	37.5	99.0	36.4	45.7
C层	最小值	134	4.4	0.06	0.162	0.84	0.23	1.05	1.09
	平均值	255	7	1.23	0.52	1.34	1.04	2.5	4.7
	最大值	430	11.3	14.2	5.971	3.43	4.43	20.04	11.56
	变异系数%	21.1	19.4	168.3	148.1	36.6	96.2	102.0	46.0

深度	统计量	镧	铈	镨	钕	钐	铕	钆	铽
		mg/kg	mg/kg	mg/kg	mg/kg	mg/kg	mg/kg	mg/kg	mg/kg
A层	最小值	19.37	40.26	4.74	18.06	3.14	0.69	2.75	0.46
	平均值	47.97	89.45	10.52	39.66	7.34	1.49	6.55	1.06
	最大值	157.95	243.08	25.13	100.62	19.25	4.43	16.75	2.52
	变异系数%	40.0	32.0	34.2	35.0	34.3	41.2	33.9	31.7
B层	最小值	26.39	38.32	6.29	22.38	3.63	0.70	3.29	0.53
	平均值	48.91	91.37	10.92	41.41	7.72	1.59	6.91	1.11
	最大值	122.45	190.82	21.84	90.18	17.66	4.15	15.67	2.38
	变异系数%	30.9	26.7	30.0	31.9	34.3	40.2	35.9	34.8
C层	最小值	21.31	38.59	5.13	19.50	3.38	0.61	3.02	0.50
	平均值	47.88	92.84	10.67	40.34	7.59	1.53	6.84	1.11
	最大值	84.78	168.59	17.73	72.26	15.02	3.35	13.45	2.12
	变异系数%	26.4	27.0	27.5	29.1	32.8	36.3	33.4	32.7

续附表9

深度	统计量	氟 mg/kg	溴 mg/kg	碘 mg/kg	硒 mg/kg	碲 mg/kg	镝 mg/kg	钬 mg/kg	铒 mg/kg
A层	最小值	273	未检出	0.4	0.06	0.041	2.65	0.58	1.63
	平均值	676	6.3	2.8	0.32	0.06	5.66	1.14	3.19
	最大值	1184	64.1	17.5	1.44	0.102	12.49	2.40	6.37
	变异系数%	27.2	142.6	95.6	84.4	16.7	30.4	29.8	28.4
B层	最小值	284	未检出	0.3	0.06	0.039	2.87	0.61	1.77
	平均值	697	5.4	2.6	0.25	0.05	5.98	1.21	3.36
	最大值	1288	56.5	17.3	1.14	0.082	12.58	2.41	6.53
	变异系数%	27.1	150.1	109.8	80.0	20.0	34.0	33.1	31.3
C层	最小值	240	未检出	0.2	0.07	0.039	2.81	0.54	1.50
	平均值	702	4.1	2.5	0.25	0.05	5.97	1.21	3.39
	最大值	1445	33.5	24.2	1.32	0.091	11.37	2.26	6.53
	变异系数%	34.8	118.8	136.6	104.0	20.0	32.9	32.2	31.6

深度	统计量	苯并[a]芘 mg/kg	六六六 mg/kg	滴滴涕 mg/kg
A层	最小值	0.00033	未检出	未检出
	平均值	0.00354	0.017	0.0156
	最大值	0.03301	0.03408	0.0248
	变异系数%	133.6	61.5	83.3

附表10　"十三五"期间全省183个县域生态环境状况（EI）指数

市	县	2016年	2017年	2018年	2019年	2020年
成都	锦江区	48.3	49.1	46.0	48.1	45.7
成都	青羊区	45.9	47.6	43.8	45.8	44.5
成都	金牛区	45.9	46.8	43.4	45.3	43.6
成都	武侯区	41.3	41.0	38.4	40.9	39.5
成都	成华区	47.3	47.7	45.7	47.4	44.4
成都	龙泉驿区	57.6	58.0	57.4	58.9	56.4
成都	青白江区	57.2	57.8	56.1	57.4	55.5
成都	新都区	56.8	57.3	55.0	56.4	55.2
成都	温江区	60.0	60.9	58.5	59.6	58.5
成都	郫都区	58.3	58.6	56.5	57.9	56.7

市	县	2016年	2017年	2018年	2019年	2020年
成都	金堂县	59.9	60.1	59.2	61.1	59.6
成都	双流县	58.1	58.6	56.8	58.1	56.3
成都	大邑县	78.3	79.0	76.8	79.3	78.5
成都	蒲江县	62.7	63.5	61.9	63.6	62.4
成都	新津县	63.5	64.3	60.8	62.8	61.6
成都	都江堰市	76.0	76.8	74.9	77.0	76.0
成都	彭州市	71.4	72.3	70.4	72.1	71.1
成都	邛崃市	73.0	73.4	72.2	74.1	72.9
成都	崇州市	73.0	73.7	71.6	74.1	72.9
成都	简阳市	63.3	63.9	63.0	63.6	63.0
自贡	自流井区	60.6	61.2	58.4	59.3	59.5
自贡	贡井区	63.2	63.0	60.8	61.2	61.6
自贡	大安区	61.6	60.5	58.1	58.9	58.9
自贡	沿滩区	62.5	62.1	59.6	60.0	60.6
自贡	荣县	67.9	67.8	66.3	66.7	66.5
自贡	富顺县	68.2	68.0	65.4	66.3	66.6
攀枝花	东区	51.6	49.4	51.8	51.9	50.7
攀枝花	西区	55.9	58.0	58.7	57.0	56.8
攀枝花	仁和区	66.4	67.2	67.7	66.2	65.2
攀枝花	米易县	77.4	78.4	78.5	77.9	76.8
攀枝花	盐边县	74.4	75.3	75.6	75.0	73.5
泸州	江阳区	64.3	63.4	60.3	60.7	61.7
泸州	纳溪区	76.7	76.1	74.0	74.7	75.4
泸州	龙马潭区	64.7	63.9	60.2	60.9	61.1
泸州	泸县	68.7	67.8	65.6	66.2	66.9
泸州	合江县	78.3	78.3	76.7	76.8	77.3
泸州	叙永县	77.2	77.6	75.1	76.7	77.0
泸州	古蔺县	73.6	74.4	72.0	73.3	72.0
德阳	旌阳区	61.5	62.4	60.7	62.2	60.8
德阳	中江县	64.5	64.3	63.4	65.1	63.8
德阳	罗江县	64.1	65.0	63.1	64.5	63.3
德阳	广汉市	60.2	60.4	58.2	59.6	58.3
德阳	什邡市	71.3	71.7	70.2	71.3	70.7
德阳	绵竹市	73.2	73.7	71.4	73.6	73.1
绵阳	涪城区	60.8	61.5	59.7	60.7	59.4

市	县	2016年	2017年	2018年	2019年	2020年
绵阳	游仙区	67.0	67.6	66.4	67.2	66.1
绵阳	三台县	68.6	68.0	67.6	68.7	67.6
绵阳	盐亭县	70.8	70.1	69.9	71.1	70.0
绵阳	安县	72.3	73.1	71.6	73.0	72.2
绵阳	梓潼县	70.8	70.7	70.4	71.5	70.4
绵阳	北川羌族自治县	75.4	75.8	75.6	77.8	76.4
绵阳	平武县	76.3	76.6	76.5	78.5	77.0
绵阳	江油市	75.1	75.5	74.8	76.0	75.0
广元	利州区	77.1	77.0	77.5	78.1	77.9
广元	昭化区	76.1	75.9	76.0	76.8	76.2
广元	朝天区	73.6	73.6	74.3	74.8	75.0
广元	旺苍县	81.4	80.9	81.7	82.4	82.2
广元	青川县	82.7	82.5	83.0	83.7	83.7
广元	剑阁县	75.8	75.4	75.8	76.2	75.7
广元	苍溪县	70.7	70.0	70.6	71.2	70.8
遂宁	船山区	59.8	58.7	57.6	58.0	57.6
遂宁	安居区	62.4	61.0	60.8	60.7	60.7
遂宁	蓬溪县	67.4	66.4	66.5	66.7	66.5
遂宁	射洪县	68.7	67.5	67.4	67.5	67.1
遂宁	大英县	62.6	61.6	62.0	62.0	61.5
内江	市中区	59.0	59.8	58.0	58.5	58.1
内江	东兴区	64.2	64.4	62.3	62.8	62.6
内江	威远县	66.6	67.3	66.0	65.9	65.4
内江	资中县	61.9	61.8	60.2	60.5	60.1
内江	隆昌县	65.8	64.5	62.8	63.5	63.4
乐山	市中区	74.4	74.8	73.2	74.7	73.3
乐山	沙湾区	78.8	79.6	78.7	79.8	79.0
乐山	五通桥区	72.4	72.7	71.1	72.7	71.4
乐山	金口河区	87.5	89.8	88.3	89.3	89.5
乐山	犍为县	73.5	74.0	73.0	74.1	73.7
乐山	井研县	69.1	69.6	68.5	70.1	68.6
乐山	夹江县	75.2	76.1	74.7	76.0	74.5
乐山	沐川县	81.8	82.9	81.9	83.2	82.4
乐山	峨边彝族自治县	82.9	84.8	82.7	84.8	84.8
乐山	马边彝族自治县	81.9	83.4	81.8	83.3	82.5

市	县	2016年	2017年	2018年	2019年	2020年
乐山	峨眉山市	77.0	79.0	77.4	78.5	77.9
南充	顺庆区	64.2	62.3	61.4	62.0	61.9
南充	高坪区	68.0	66.4	65.3	66.2	66.0
南充	嘉陵区	66.0	64.6	64.1	64.8	64.8
南充	南部县	69.7	68.1	67.9	68.0	67.6
南充	营山县	67.3	65.4	65.4	65.5	65.4
南充	蓬安县	68.5	66.7	66.2	66.6	66.7
南充	仪陇县	70.3	68.9	69.4	69.4	69.6
南充	西充县	69.6	68.1	67.9	68.1	67.9
南充	阆中市	72.4	71.0	71.0	71.3	70.8
眉山	东坡区	63.9	65.0	62.6	64.4	62.7
眉山	仁寿县	68.4	68.7	67.8	69.4	68.0
眉山	彭山县	65.2	66.0	64.0	65.8	65.2
眉山	洪雅县	81.9	84.1	83.0	84.9	84.4
眉山	丹棱县	67.8	69.1	68.5	70.2	68.8
眉山	青神县	72.0	72.5	70.9	72.8	70.9
宜宾	翠屏区	67.7	68.0	65.2	65.9	65.5
宜宾	叙州区	73.5	74.3	72.1	72.4	72.0
宜宾	南溪区	66.6	66.9	64.2	64.7	64.5
宜宾	江安县	74.2	74.1	71.0	72.0	72.1
宜宾	长宁县	76.1	76.2	74.2	74.8	74.8
宜宾	高县	71.7	72.0	70.3	70.7	70.6
宜宾	珙县	73.3	73.9	72.3	72.9	72.1
宜宾	筠连县	73.0	73.6	71.7	72.3	71.7
宜宾	兴文县	76.2	77.1	74.2	75.9	75.3
宜宾	屏山县	77.6	78.7	76.7	77.1	76.2
广安	广安区	66.0	64.8	65.1	63.9	64.8
广安	前锋区	66.8	66.3	66.8	65.7	66.1
广安	岳池县	64.5	63.8	64.0	63.1	64.4
广安	武胜县	68.8	68.0	67.9	66.9	67.6
广安	邻水县	70.2	70.0	70.2	69.4	69.8
广安	华蓥市	71.8	71.8	72.1	70.9	71.0
达州	通川区	68.7	68.6	70.2	68.6	69.4
达州	达川区	69.6	69.0	70.4	69.0	69.6
达州	宣汉县	76.3	76.3	77.8	76.1	76.8

市	县	2016年	2017年	2018年	2019年	2020年
达州	开江县	69.6	69.3	70.9	69.2	70.1
达州	大竹县	70.9	70.8	71.7	70.3	71.0
达州	渠县	65.2	64.3	65.4	63.8	64.7
达州	万源市	75.8	76.1	77.6	76.0	76.7
雅安	雨城区	82.4	84.5	84.0	85.6	84.5
雅安	名山区	68.5	70.2	69.7	70.9	69.3
雅安	荥经县	87.3	90.5	90.4	91.5	90.4
雅安	汉源县	75.0	77.1	76.8	78.2	77.5
雅安	石棉县	80.8	83.0	81.5	84.5	82.4
雅安	天全县	84.9	87.7	85.8	88.6	87.3
雅安	芦山县	84.5	87.1	85.1	87.4	86.0
雅安	宝兴县	81.5	84.7	82.1	85.9	83.7
巴中	巴州区	72.7	71.6	73.0	72.7	72.3
巴中	恩阳区	69.2	67.6	69.0	68.9	68.3
巴中	通江县	70.4	70.0	71.4	70.9	70.5
巴中	南江县	81.4	81.0	82.2	82.0	81.4
巴中	平昌县	71.0	69.7	71.0	70.6	70.4
资阳	雁江区	60.1	60.3	59.1	59.3	58.4
资阳	安岳县	62.4	61.9	61.4	61.7	60.8
资阳	乐至县	64.1	63.7	63.4	63.5	62.7
阿坝州	马尔康市	73.4	73.3	74.2	74.2	73.8
阿坝州	汶川县	73.5	74.5	73.1	75.1	74.0
阿坝州	理县	66.6	66.6	66.4	67.3	66.8
阿坝州	茂县	75.1	75.1	75.0	76.1	75.7
阿坝州	松潘县	70.0	70.1	70.6	71.0	70.6
阿坝州	九寨沟县	73.5	73.5	73.8	74.2	73.9
阿坝州	金川县	72.6	72.6	73.2	73.7	73.1
阿坝州	小金县	66.5	66.3	66.5	67.5	67.1
阿坝州	黑水县	70.3	70.2	70.6	70.9	70.7
阿坝州	壤塘县	70.2	70.0	71.5	71.4	70.6
阿坝州	阿坝县	71.4	71.5	73.1	72.9	72.3
阿坝州	若尔盖县	71.5	71.5	73.2	72.8	72.7
阿坝州	红原县	70.7	70.7	72.4	72.2	72.0
甘孜州	康定市	69.4	69.2	69.3	70.2	69.1
甘孜州	泸定县	68.9	69.7	67.8	70.2	69.0

市	县	2016年	2017年	2018年	2019年	2020年
甘孜州	丹巴县	73.0	73.2	73.3	74.0	72.9
甘孜州	九龙县	70.7	70.7	69.9	71.0	70.5
甘孜州	雅江县	68.7	68.1	69.3	69.4	69.0
甘孜州	道孚县	71.0	71.2	71.8	72.0	71.1
甘孜州	炉霍县	70.9	70.9	72.2	72.1	71.1
甘孜州	甘孜县	65.2	64.9	66.9	66.5	65.6
甘孜州	新龙县	69.1	69.0	70.3	70.1	69.5
甘孜州	德格县	70.2	69.9	71.6	71.3	70.2
甘孜州	白玉县	69.5	69.2	70.5	70.7	69.8
甘孜州	石渠县	63.6	63.4	65.8	65.1	64.6
甘孜州	色达县	68.8	68.7	70.5	70.0	69.2
甘孜州	理塘县	67.6	67.4	68.6	68.4	68.1
甘孜州	巴塘县	64.2	64.1	65.1	65.4	65.0
甘孜州	乡城县	70.0	69.5	69.7	70.7	70.6
甘孜州	稻城县	70.0	69.5	70.2	70.5	70.1
甘孜州	得荣县	71.9	72.0	72.7	73.6	73.8
凉山州	西昌市	73.0	74.2	73.3	73.3	73.0
凉山州	木里藏族自治县	80.7	80.6	80.8	81.4	80.3
凉山州	盐源县	76.6	77.6	77.6	77.8	77.1
凉山州	德昌县	77.9	79.4	78.2	78.2	77.5
凉山州	会理县	68.1	69.3	68.7	68.0	67.6
凉山州	会东县	68.6	69.1	68.4	67.8	67.9
凉山州	宁南县	68.8	69.8	68.7	68.9	68.6
凉山州	普格县	72.1	73.2	72.2	72.7	71.7
凉山州	布拖县	68.3	69.6	68.0	69.4	68.6
凉山州	金阳县	68.7	69.8	68.0	69.3	69.1
凉山州	昭觉县	71.0	71.8	71.4	72.0	71.5
凉山州	喜德县	73.0	74.3	73.7	73.7	73.4
凉山州	冕宁县	77.7	79.3	78.3	78.8	77.5
凉山州	越西县	73.3	75.0	73.7	74.8	74.0
凉山州	甘洛县	75.4	76.9	75.2	76.4	75.3
凉山州	美姑县	73.6	75.0	73.9	75.0	74.5
凉山州	雷波县	77.6	79.1	77.4	77.9	77.5

附表11 "十三五"期间全省183个县域生态环境状况（ΔEI）逐年变化统计

市	县	2016—2017年	2017—2018年	2018—2019年	2019—2020年	2015—2020年
成都	锦江区	0.8	−3.1	2.1	−2.4	−2.6
成都	青羊区	1.7	−3.8	2.0	−1.3	−2.1
成都	金牛区	0.9	−3.4	1.9	−1.7	−2.5
成都	武侯区	−0.3	−2.6	2.5	−1.4	−1.9
成都	成华区	0.4	−2.0	1.7	−3.0	−2.9
成都	龙泉驿区	0.4	−0.6	1.5	−2.5	−1.9
成都	青白江区	0.6	−1.7	1.3	−1.9	−1.3
成都	新都区	0.5	−2.3	1.4	−1.2	−1.3
成都	温江区	0.9	−2.4	1.1	−1.1	−2.0
成都	郫都区	0.3	−2.1	1.4	−1.2	−1.7
成都	金堂县	0.2	−0.9	1.9	−1.5	−0.7
成都	双流县	0.5	−1.8	1.3	−1.8	−2.3
成都	大邑县	0.7	−2.2	2.5	−0.8	−0.2
成都	蒲江县	0.8	−1.6	1.7	−1.2	−0.9
成都	新津县	0.8	−3.5	2.0	−1.2	−2.3
成都	都江堰市	0.8	−1.9	2.1	−1.0	−0.1
成都	彭州市	0.9	−1.9	1.7	−1.0	−0.5
成都	邛崃市	0.4	−1.2	1.9	−1.2	−0.3
成都	崇州市	0.7	−2.1	2.5	−1.2	0.3
成都	简阳市	0.6	−0.9	0.6	−0.6	−0.3
自贡	自流井区	0.6	−2.8	0.9	0.2	−0.7
自贡	贡井区	−0.2	−2.2	0.4	0.4	−0.3
自贡	大安区	−1.1	−2.4	0.8	0.0	−1.7
自贡	沿滩区	−0.4	−2.5	0.4	0.6	−1.2
自贡	荣县	−0.1	−1.5	0.4	−0.2	−0.9
自贡	富顺县	−0.2	−2.6	0.9	0.3	−0.8
攀枝花	东区	−2.2	2.4	0.1	−1.2	3.4
攀枝花	西区	2.1	0.7	−1.7	−0.2	5.7
攀枝花	仁和区	0.8	0.5	−1.5	−1.0	−0.5
攀枝花	米易县	1.0	0.1	−0.6	−1.1	0.2
攀枝花	盐边县	0.9	0.3	−0.6	−1.5	0.0
泸州	江阳区	−0.9	−3.1	0.4	1.0	−1.5
泸州	纳溪区	−0.6	−2.1	0.7	0.7	−0.1
泸州	龙马潭区	−0.8	−3.7	0.7	0.2	−2.9
泸州	泸县	−0.9	−2.2	0.6	0.7	−1.0
泸州	合江县	0.0	−1.6	0.1	0.5	−0.6

市	县	2016—2017年	2017—2018年	2018—2019年	2019—2020年	2015—2020年
泸州	叙永县	0.4	−2.5	1.6	0.3	0.0
泸州	古蔺县	0.8	−2.4	1.3	−1.3	−1.5
德阳	旌阳区	0.9	−1.7	1.5	−1.4	−0.9
德阳	中江县	−0.2	−0.9	1.7	−1.3	−0.5
德阳	罗江县	0.9	−1.9	1.4	−1.2	−1.5
德阳	广汉市	0.2	−2.2	1.4	−1.3	−1.3
德阳	什邡市	0.4	−1.5	1.1	−0.6	−0.6
德阳	绵竹市	0.5	−2.3	2.2	−0.5	0.4
绵阳	涪城区	0.7	−1.8	1.0	−1.3	−2.5
绵阳	游仙区	0.6	−1.2	0.8	−1.1	−1.6
绵阳	三台县	−0.6	−0.4	1.1	−1.1	−0.4
绵阳	盐亭县	−0.7	−0.2	1.2	−1.1	−0.1
绵阳	安县	0.8	−1.5	1.4	−0.8	0.0
绵阳	梓潼县	−0.1	−0.3	1.1	−1.1	0.1
绵阳	北川羌族自治县	0.4	−0.2	2.2	−1.4	1.0
绵阳	平武县	0.3	−0.1	2.0	−1.5	0.5
绵阳	江油市	0.4	−0.7	1.2	−1.0	−0.3
广元	利州区	−0.1	0.5	0.6	−0.2	0.7
广元	昭化区	−0.2	0.1	0.8	−0.6	0.3
广元	朝天区	0.0	0.7	0.5	0.2	1.1
广元	旺苍县	−0.5	0.8	0.7	−0.2	0.9
广元	青川县	−0.2	0.5	0.7	0.0	1.0
广元	剑阁县	−0.4	0.4	0.4	−0.5	0.3
广元	苍溪县	−0.7	0.6	0.6	−0.4	0.8
遂宁	船山区	−1.1	−1.1	0.4	−0.4	−1.8
遂宁	安居区	−1.4	−0.2	−0.1	0.0	−1.3
遂宁	蓬溪县	−1.0	0.1	0.2	−0.2	−0.5
遂宁	射洪县	−1.2	−0.1	0.1	−0.4	−0.9
遂宁	大英县	−1.0	0.4	0.0	−0.5	−0.8
内江	市中区	0.8	−1.8	0.5	−0.4	−0.6
内江	东兴区	0.2	−2.1	0.5	−0.2	−1.8
内江	威远县	0.7	−1.3	−0.1	−0.5	−1.8
内江	资中县	−0.1	−1.6	0.3	−0.4	−2.2
内江	隆昌县	−1.3	−1.7	0.7	−0.1	−1.5
乐山	市中区	0.4	−1.6	1.5	−1.4	−1.3
乐山	沙湾区	0.8	−0.9	1.1	−0.8	0.3

市	县	2016—2017年	2017—2018年	2018—2019年	2019—2020年	2015—2020年
乐山	五通桥区	0.3	−1.6	1.6	−1.3	−1.2
乐山	金口河区	2.3	−1.5	1.0	0.2	0.8
乐山	犍为县	0.5	−1.0	1.1	−0.4	−0.3
乐山	井研县	0.5	−1.1	1.6	−1.5	−1.1
乐山	夹江县	0.9	−1.4	1.3	−1.5	−1.3
乐山	沐川县	1.1	−1.0	1.3	−0.8	0.1
乐山	峨边彝族自治县	1.9	−2.1	2.1	0.0	1.4
乐山	马边彝族自治县	1.5	−1.6	1.5	−0.8	0.3
乐山	峨眉山市	2.0	−1.6	1.1	−0.6	−0.6
南充	顺庆区	−1.9	−0.9	0.6	−0.1	−1.5
南充	高坪区	−1.6	−1.1	0.9	−0.2	−1.6
南充	嘉陵区	−1.4	−0.5	0.7	0.0	−1.2
南充	南部县	−1.6	−0.2	0.1	−0.4	−1.4
南充	营山县	−1.9	0.0	0.1	−0.1	−1.2
南充	蓬安县	−1.8	−0.5	0.4	0.1	−1.3
南充	仪陇县	−1.4	0.5	0.0	0.2	−0.3
南充	西充县	−1.5	−0.2	0.2	−0.2	−1.1
南充	阆中市	−1.4	0.0	0.3	−0.5	−0.8
眉山	东坡区	1.1	−2.4	1.8	−1.7	−1.9
眉山	仁寿县	0.3	−0.9	1.6	−1.4	−1.1
眉山	彭山县	0.8	−2.0	1.8	−0.6	−1.3
眉山	洪雅县	2.2	−1.1	1.9	−0.5	0.4
眉山	丹棱县	1.3	−0.6	1.7	−1.4	−0.1
眉山	青神县	0.5	−1.6	1.9	−1.9	−1.4
宜宾	翠屏区	0.3	−2.8	0.7	−0.4	−1.5
宜宾	叙州区	0.8	−2.2	0.3	−0.4	−0.9
宜宾	南溪区	0.3	−2.7	0.5	−0.2	−0.6
宜宾	江安县	−0.1	−3.1	1.0	0.1	−1.2
宜宾	长宁县	0.1	−2.0	0.6	0.0	−0.6
宜宾	高县	0.3	−1.7	0.4	−0.1	−0.3
宜宾	珙县	0.6	−1.6	0.6	−0.8	−0.8
宜宾	筠连县	0.6	−1.9	0.6	−0.6	−1.0
宜宾	兴文县	0.9	−2.9	1.7	−0.6	−0.7
宜宾	屏山县	1.1	−2.0	0.4	−0.9	−1.1
广安	广安区	−1.2	0.3	−1.2	0.9	−1.3
广安	前锋区	−0.5	0.5	−1.1	0.4	—

市	县	2016—2017年	2017—2018年	2018—2019年	2019—2020年	2015—2020年
广安	岳池县	-0.7	0.2	-0.9	1.3	-1.0
广安	武胜县	-0.8	-0.1	-1.0	0.7	-2.0
广安	邻水县	-0.2	0.2	-0.8	0.4	-0.9
广安	华蓥市	0.0	0.3	-1.2	0.1	-1.6
达州	通川区	-0.1	1.6	-1.6	0.8	-1.1
达州	达川区	-0.6	1.4	-1.4	0.6	-0.5
达州	宣汉县	0.0	1.5	-1.7	0.7	-0.3
达州	开江县	-0.3	1.6	-1.7	0.9	-0.4
达州	大竹县	-0.1	0.9	-1.4	0.7	-0.7
达州	渠县	-0.9	1.1	-1.6	0.9	-0.7
达州市	万源市	0.3	1.5	-1.6	0.7	0.0
雅安	雨城区	2.1	-0.5	1.6	-1.1	0.1
雅安	名山区	1.7	-0.5	1.2	-1.6	-1.1
雅安	荥经县	3.2	-0.1	1.1	-1.1	0.3
雅安	汉源县	2.1	-0.3	1.4	-0.7	1.6
雅安	石棉县	2.2	-1.5	3.0	-2.1	1.0
雅安	天全县	2.8	-1.9	2.8	-1.3	0.0
雅安	芦山县	2.6	-2.0	2.3	-1.4	-0.3
雅安	宝兴县	3.2	-2.6	3.8	-2.2	-0.3
巴中	巴州区	-1.1	1.4	-0.3	-0.4	1.5
巴中	恩阳区	-1.6	1.4	-0.1	-0.6	—
巴中	通江县	-0.4	1.4	-0.5	-0.4	-0.9
巴中	南江县	-0.4	1.2	-0.2	-0.6	-1.1
巴中	平昌县	-1.3	1.3	-0.4	-0.2	-1.3
资阳	雁江区	0.2	-1.2	0.2	-0.9	-1.9
资阳	安岳县	-0.5	-0.5	0.3	-0.9	-1.7
资阳	乐至县	-0.4	-0.3	0.1	-0.8	-1.0
阿坝州	马尔康市	-0.1	0.9	0.0	-0.4	0.2
阿坝州	汶川县	1.0	-1.4	2.0	-1.1	-0.9
阿坝州	理县	0.0	-0.2	0.9	-0.5	-0.3
阿坝州	茂县	0.0	-0.1	1.1	-0.4	0.2
阿坝州	松潘县	0.1	0.5	0.4	-0.4	0.4
阿坝州	九寨沟县	0.0	0.3	0.4	-0.3	0.2
阿坝州	金川县	0.0	0.6	0.5	-0.6	0.4
阿坝州	小金县	-0.2	0.2	1.0	-0.4	0.4
阿坝州	黑水县	-0.1	0.4	0.3	-0.2	0.3

市	县	2016—2017年	2017—2018年	2018—2019年	2019—2020年	2015—2020年
阿坝州	壤塘县	−0.2	1.5	−0.1	−0.8	0.4
阿坝州	阿坝县	0.1	1.6	−0.2	−0.6	0.7
阿坝州	若尔盖县	0.0	1.7	−0.4	−0.1	1.2
阿坝州	红原县	0.0	1.7	−0.2	−0.2	1.0
甘孜州	康定市	−0.2	0.1	0.9	−1.1	0.1
甘孜州	泸定县	0.8	−1.9	2.4	−1.2	0.5
甘孜州	丹巴县	0.2	0.1	0.7	−1.1	−0.1
甘孜州	九龙县	0.0	−0.8	1.1	−0.5	0.8
甘孜州	雅江县	−0.6	1.2	0.1	−0.4	0.5
甘孜州	道孚县	0.2	0.6	0.2	−0.9	0.0
甘孜州	炉霍县	0.0	1.3	−0.1	−1.0	0.1
甘孜州	甘孜县	−0.3	2.0	−0.4	−0.9	0.1
甘孜州	新龙县	−0.1	1.3	−0.2	−0.6	0.3
甘孜州	德格县	−0.3	1.7	−0.3	−1.1	−0.4
甘孜州	白玉县	−0.3	1.3	0.2	−0.9	0.2
甘孜州	石渠县	−0.2	2.4	−0.7	−0.5	0.4
甘孜州	色达县	−0.1	1.8	−0.5	−0.8	0.1
甘孜州	理塘县	−0.2	1.2	−0.2	−0.3	0.5
甘孜州	巴塘县	−0.1	1.0	0.3	−0.4	0.6
甘孜州	乡城县	−0.5	0.2	1.0	−0.1	0.6
甘孜州	稻城县	−0.5	0.7	0.3	−0.4	0.8
甘孜州	得荣县	0.1	0.7	0.9	0.2	1.1
凉山州	西昌市	1.2	−0.9	0.0	−0.3	0.5
凉山州	木里藏族自治县	−0.1	0.2	0.6	−1.1	1.1
凉山州	盐源县	1.0	0.0	0.2	−0.7	1.6
凉山州	德昌县	1.5	−1.2	0.0	−0.7	0.5
凉山州	会理县	1.2	−0.6	−0.7	−0.4	0.6
凉山州	会东县	0.5	−0.7	−0.6	0.1	0.6
凉山州	宁南县	1.0	−1.1	0.2	−0.3	0.7
凉山州	普格县	1.1	−1.0	0.5	−1.0	0.4
凉山州	布拖县	1.3	−1.6	1.4	−0.8	0.7
凉山州	金阳县	1.1	−1.8	1.3	−0.2	0.8
凉山州	昭觉县	0.8	−0.4	0.6	−0.5	1.4
凉山州	喜德县	1.3	−0.6	0.0	−0.3	0.9
凉山州	冕宁县	1.6	−1.0	0.5	−1.3	0.6
凉山州	越西县	1.7	−1.3	1.1	−0.8	1.1
凉山州	甘洛县	1.5	−1.7	1.2	−1.1	0.4
凉山州	美姑县	1.4	−1.1	1.1	−0.5	0.9
凉山州	雷波县	1.5	−1.7	0.5	−0.4	0.2

附表12 "十三五"期间全省生态环境质量监测点位（省控）数量情况统计

单位：个

地区名称（地级）	空气			地表水								声环境			备注
	空气站	其中空气考核点位（省考）	超级站	地表水点位				其中地表水考核点位（省考）				城市区域	道路交通	功能区	
				河流		湖库		河流		湖库					
				手工	自动站	手工	自动站	手工	自动站	手工	自动站				
成都市	24	21	1	7	6	8	1	5	5	—	—	146	112	20	—
绵阳市	7	6	—	1	—	3	—	1	1	—	—	238	64	10	—
自贡市	4	4	1	5	6	1	1	3	3	—	—	307	50	15	—
攀枝花市	2	2	—	1	—	3	—	—	—	—	—	207	45	5	—
泸州市	4	4	—	2	1	—	—	—	—	—	—	236	42	7	—
德阳市	7	5	—	1	—	—	—	—	—	—	—	200	16	6	—
广元市	7	6	—	2	1	1	—	—	—	—	—	202	27	7	—
遂宁市	6	5	—	3	5	—	—	1	1	—	—	220	74	7	—
内江市	4	4	—	2	3	—	—	1	1	—	—	216	32	7	—
乐山市	10	10	—	4	2	—	—	2	2	—	—	173	32	7	—
资阳市	2	2	—	2	3	3	1	—	—	—	—	204	12	5	—
宜宾市	9	9	—	3	2	—	—	1	1	—	—	112	11	4	—
南充市	7	6	—	2	1	4	—	2	2	—	—	205	54	10	—
达州市	5	5	—	3	—	—	—	—	—	—	—	201	10	9	—
雅安市	8	7	—	—	—	3	—	—	—	—	—	202	16	7	—
广安市	5	5	—	4	1	1	1	1	1	—	—	112	11	4	—
巴中市	4	4	—	0	—	—	—	—	—	—	—	203	22	4	—
眉山市	5	5	—	8	5	3	1	3	3	—	—	206	50	6	—
阿坝州	13	13	—	2	1	—	—	1	1	—	—	15	4	6	—
甘孜州	17	17	—	1	—	—	—	—	—	—	—	15	2	2	—
凉山州	16	16	—	1	2	3	—	—	—	—	—	100	25	7	—
合计	166	156	2	55	38	33	5	23	23	—	—	3843	763	167	—